團體關係理論入門

比昂傳統下的系統心理動力學論文選集

Introduction to Theories of Group Relations

Selection of Papers on Systems Psychodynamics in Bion's Tradition

許明輝 博士 —— 主編

比昂(W. R. Bion)、瑪格麗特·里奧克(Margaret J. Rioch)、夏拉·海登(Charla Hayden)、雷內·莫倫坎普(René J. Molenkamp)、艾瑞克·米勒(Eric J. Miller)、艾伯特·萊斯(Albert K. Rice)、李奧納德·霍洛維茨(Leonard Horwitz)、小勒羅伊·威爾斯(Leroy Wells, Jr.)、皮耶·圖爾凱(Pierre M. Turquet)、瑪喬麗·貝葉斯(Marjorie A. Bayes)、彼得·牛頓(Peter M. Newton)、馬文·斯考尼克(Marvin R. Skolnick)、扎卡里·格林(Zachary G. Green)、威廉·卡恩(William A. Kahn)、伊莎貝爾·孟席斯(Isabel E. P. Menzies)、肯溫·史密斯(Kenwyn K. Smith)、羅斯·米勒(Rose S. Miller)、達納·卡明斯坦(Dana S. Kaminstein)／合著

盧盈任、徐維廷、王裕安、陳意玫、許明輝／合譯

目錄

導言　004

推薦序一　關係、潛意識與團體動力　009

推薦序二　臨床工作者不可或缺的經驗：團體關係　011

推薦序三　轉化思維，改變你的世界觀　013

推薦序四　跨越文化、語言與世代的貢獻　015

第一部　起源與概論　017

第一章　團體關係：基本原理與技術　019

第二章　塔維斯托克入門 II　029

第二部　基本理論　067

第三章　選自：比昂論團體經驗　069

第四章　選自：組織系統　083

第五章　雙人組與團體中的投射性認同　117

第六章　團體作為一個整體的視角及其理論根源　139

第三部　重要議題　163

第七章　領導力：個體與團體　165

第八章　當權的女性：一個社會心理分析　191

第九章　被詆毀的他者：多元性與團體關係　211

第十章　誘惑與背叛：領導團隊對權威的潛意識濫用歷程　233

第四部　應用　269

第十一章　社會系統作為焦慮防禦功能的案例：
　　　　　一家綜合醫院護理部門的研究報告　271

第十二章　顧問作為容器：協助曼德拉時代南非的組織重生　309

謝誌　346

原始論文出處　348

導言

　　人的一生不可避免地會遇到挑戰——父母可能不了解為什麼自己的小孩在學校會被霸凌，公司老闆可能不了解為什麼優秀員工總是留不下來，醫院主管可能不了解為什麼員工越來越難管理，一個地方政府員工可能不了解為什麼自己總是跟同事發生衝突。有的時候我們能看清造成這些挑戰的原因，但有的時候我們可能看不清。

　　在台灣的傳統文化中，當人們遇到挑戰時往往會去求神問卜。有社會人文素養的人可能會試圖從心理學、社會學、管理學、政治學等學科去尋找答案。建立在比昂的精神分析與系統動力理論傳統下的團體關係理論（或稱系統心理動力學）是社會人文學科的一部分，能為遭遇上述這類挑戰的人提供一個理解的視角與解決問題的行動指引。

　　比昂（Bion）是一位著名的已故英國精神分析師。除了在精神分析上的傑出貢獻外，他對系統心理動力學的貢獻可說是劃時代的。比昂有一句名言：「一個新的結論要有價值，它必須能將看似散落各處彼此無關的已知元素連結起來，在混亂的表象中引入秩序。」他將他在二次大戰期間軍醫院與後來在塔維斯托克醫院的團體治療實驗經驗與反思整理出來後發表了一系列的文章，並在後來集結成一本論文集《比昂論團體經驗》（*Experiences in Groups*）。比昂在系統心理動力學上最偉大的貢獻在於他將克萊恩（Klein）的客體關係理論概念如投射性認同應用在對團體動力的理解上。比昂發現，團體除了有意識層面的部分還有潛意識層面的部分，而團體潛意識是「團體作為一個整體」這個視角的基礎。簡單來說，「團體作為一個整體」就是把團體當成一個個體來看待。不同的團

體就像不同的個體一樣有其個性及內在動力。團體關係理論就是關於「團體作爲一個整體」的理論。

雖然團體關係理論是建立在比昂對其治療團體經驗的理解上，但後續的發展與應用已被擴展到對更大系統（如組織、社會）的理解上。因此，系統心理動力學已被用來指稱當前這門學科。在英國塔維斯托克機構的領導下，團體關係理論的學習與應用聚焦在系統中關於權威與領導的學習並已發展成管理學最重要的思想之一，對歐美政府部門與企業組織的經營管理影響深遠。雖然團體關係理論的發展與應用主要是在組織管理上，作爲一個系統心理動力理論它也可被應用到其它層面，例如一個名爲OPUS（An Organization for Promoting Understanding of Society，促進社會理解組織）的英國組織將團體關係理論應用在對組織與社會動力的理解並推動公民的反思能力。

我是在2002年就讀紐約大學諮商心理學博士班時透過系上的Mary McRae教授而開始學習團體關係理論並參與團體關係研習會。我在團體關係學習上的熱情主要是從團體關係研習會的體驗而來，而我對團體關係理論的理解是隨著我在團體關係研習會體驗的累積而逐漸深入——從作爲研習會成員開始，後來接受訓練成爲研習會顧問，然後在以顧問的角色工作多年後受邀擔任副主席並最後成爲主席。在不同的研習會角色中我有不同的學習，在越高層級的角色所承受的投射越多，要處理的議題也更複雜，但核心的學習——個人權威與領導力的行使——一直是一致的。

我們每個人行使權威的模式與能力跟我們早年的家庭經驗有關。用客體關係理論的語言來說，我們行使權威的模式與能力跟我們內在的客體關係有關。如果我們所內化的親子關係是施受虐的，我們會傾向以施受虐的方式在團體中行使權威；如果我們所內化的

親子關係是融合的，我們會傾向以融合的方式在團體中行使權威。對權威與領導力的學習一方面需要去面對自己內在系統的動力，一方面要去面對外在系統的動力，這跟精神分析治療師的訓練類似，不過因為要面對的不只是個體而是更大的系統所以更有挑戰性。

　　理論上一個有精神分析相關訓練的人會比沒有相關訓練的人更容易了解團體關係的理論，但這不意謂著要有精神分析相關訓練才能了解團體關係理論。在現實中，除了有精神分析相關訓練背景的人外，團體關係的學習與實踐者來自很多其它行業，尤其是企業經理人、高階主管教練與組織顧問。我的理解是，不管是來自哪個行業，對團體關係有興趣的人通常是那些對團體、組織或社會現象背後的動力有好奇心並對自我成長及幫助他人或組織成長有熱忱的人。

• 如何閱讀本書

　　這本書是由我從美國萊斯社會系統研究機構（A. K. Rice Institute for the Study of Social Systems）於1983、1985及2004年出版的三本《團體關係選讀》（Group Relations Reader 1,2,3）中精心挑選出十二篇論文的中文譯本所組成。作為中文世界第一本團體關係理論入門書，為了兼顧代表性、豐富性與實用性，我依照以下四個部分來挑選論文：（一）起源與概論、（二）基本理論、（三）重要議題以及（四）應用。這十二篇論文都是團體關係理論的經典之作，包含從二十世紀中的比昂到二十一世紀初橫跨英美兩地作者的論文。

　　如果你是初次接觸團體關係理論，建議你先讀第一個部分，包含〈團體關係：基本原理與技術〉與〈塔維斯托克入門II〉，這兩篇論文會讓你對團體關係理論與團體關係研習會有基本的了解。接

著可以考慮讀最後一個部分，包含〈社會系統作爲焦慮防禦功能的案例：一家綜合醫院護理部門的研究報告〉與〈顧問作爲容器：協助曼德拉時代南非的組織重生〉，這兩篇論文會讓你對團體關係理論在組織與社會系統的應用有些概念。

如果你在看完頭尾兩個部分後還行有餘力，你可以從第二和第三部分挑選任何你感興趣的文章來閱讀。第二個部分包含四篇團體關係基本理論的文章，一篇選自《比昂論團體經驗》描述團體中有意識與潛意識部分的論文，一篇選自《組織系統》介紹開放系統的論文，〈雙人組與團體中的投射性認同〉詳細討論「投射性認同」這個精神分析概念在雙人與團體關係中的複雜機制，而〈團體作爲一個整體的視角及其理論根源〉則詳細闡述「團體作爲一個整體」這個現象在團體中是怎麼發生的。

第三個部分包含關於團體關係重要議題的四篇文章。〈領導力：個體與團體〉闡述基本假設團體的領導力並提出第四個基本假設團體——合一（oneness），比較領導工作團體與基本假設團體的差異，並說明個體在加入團體時所遇到的兩難。〈當權的女性：一個社會心理分析〉探討的是女性在工作上行使權威時所遇到個人內在與系統中性別刻板印象的干擾，包括女性對行使權威的不自信與男性與女性員工對女性主管行使權威的抵抗。〈被詆毀的他者：多元性與團體關係〉從克萊恩的「偏執分裂心理位置」來理解人類對「他者」詆毀的根源，並探索團體關係研習會作爲處理族群關係議題之工具的可行性與潛在困境。最後，〈誘惑與背叛：領導團隊對權威的潛意識濫用歷程〉把焦點放在一個關於領導倫理的議題——領導團隊在無意中將自身有困難面對的議題投射到下屬團體中而讓下屬團體在不知情的情況下替領導團隊背黑鍋。作者用一些現實的情境做例子，用一個團體關係研習會的案例來詳細說明這個誘惑與

背叛動力的細節，然後指出造成這個動力的條件並提出診斷與介入的建議。

　　作為一本團體關係理論或系統心理動力學的中文入門書，讀者能在讀完這十二篇經典論文後對這個領域有基礎的了解。隨著時間的進展與時代的演變，這本論文選集的內容自然無法反映出這門學科過去二十年整體的進展。如果讀者希望能對系統心理動力學的發展有更全面的了解，可以參考塔維斯托克機構近三年出版的系統心理動力學叢書（共三本）。如果讀者希望對團體關係在台灣過去七年的發展有所了解，可以參考台灣團體關係小組的網頁。

　　團體關係理論的學習除了研讀相關文獻外，最重要的是透過團體關係研習會或工作坊的體驗而來的學習。這是團體關係學習一個很特別的地方。如果只是用讀文獻的方式來學習，學習的成果會很有限。唯有團體關係研習會或工作坊的體驗學習才能為團體關係文獻的學習帶來真實的生命。台灣團體關係小組與中華團體治療學會每年都會舉辦一些團體關係學習活動。

● 結論

　　能完成這本書是一件很不容易的事。希望這本書的面世對中文世界而言是個有啟發性的開始，能為中文讀者開啟一扇窗，讓讀者在面對生命的種種挑戰時更能看清其背後系統的動力且多一些面對這些挑戰的智慧與力量。

許明輝博士

推薦序一
關係、潛意識與團體動力

　　關係簡而言之就是兩個物體之間的互動，放在人的面向就是所謂的人際關係。人自受孕就與人（即母親）產生關係，直至死亡，都離不開與人的連結；如出生後的母嬰關係、成長的與父母三角關係、進一步與兄弟姊妹的連結、入學後與老師同學的互動、就業後與領導和同事的關係、婚後與配偶及兒孫的連結，似乎與人的關係，是我們人生永遠必須面對的課題！

　　我們常說關係深淺，如何判知？大家耳熟能詳的人際議題：關係連結是否發展到親密？親密表示兩人關係深到骨髓了，也就是進展到潛意識了。但因為潛意識的難測與不易掌控，而使得原本關係感受如空氣呼吸般的自然生命，變得愛恨難明的複雜困擾，嚴重者更牽涉到生死存亡威脅；因此如何學習對潛意識的覺察，進而改善人際關係，已成為我們人生無法逃避的功課！

　　因潛意識難察覺，才使我們的人際關係陷於愛恨糾纏痛苦中；那什麼影響我們對潛意識的覺察呢？首先是舉止過於理智，另一則是完全相反的衝動型者，也就是說不是被過強理性淹沒、就是被情緒或衝動完全淹沒，而使得潛意識被掩蓋了；對於前者的因應之道是先學習去「感覺」心情，尤其在人際關係上，而後者則是學習凡事「放慢」反應，亦有的人則理智與衝動兩者都過強，因此兩者就都需要學習自我訓練了，而筆者長期以來一直都在這兩者上訓練自己，上述純是個人經驗，相信各人的體會定不盡相同。總之：大家若有這樣的覺醒與磨練，那接近潛意識的「意識」不遠矣！

　　上述談的都聚焦於兩人關係，而本書強調的是團體關係，尤其

是大團體，自然更複雜了；不過其立基於比昂的團體基本假設與克萊恩的投射認同之學說，可謂理論架構已足夠具體清晰。但重點是若沒親身參與團體體驗，那是無法完全領會書上所談的理論，意指唯有親身體驗才能經驗到潛意識如何在人的內心流動，尤其作為組織的領導或團體的帶領者，更需要能覺察個人潛意識，才能完整真實的明瞭團體現狀，進而方能整合團體的動力，且創造出對團體發展及個人成長的功能，否則團體將朝向崩解與人際衝突不斷的惡果！

猶記1992年在曼哈頓進修時，有次機會首次參加了A. K. Rice舉辦三天的週末團體關係工作坊，當時參加人員約150位來自各行各業，因當時剛來美不到五個月，語言聽力不佳，致無法完全理解團體進行的內容，但過程中夾雜火藥味的鬧哄哄場子，相當的震撼與難忘；印象最深的是怎麼這麼多扭曲的認知發生在人與人及許多小團體間，往後就未再接觸這類團體。還記得陳珠璋教授擔任學會理事長時，曾邀請美國華盛頓特區的Zimmerman團體治療師，來臺帶過相同工作坊，之後就直到明輝博士返臺後再把這類團體模式帶入國內。

明輝自2015年回國已近十年，期間曾辦理過兩場大型五天研習會及多場兩天的週末工作坊，可見其在推動對大型團體動力理解與體悟的企圖心與使命感。今其戮力完成了中文版相關書籍，實在可喜可賀，我想這份成就對在臺灣推動團體動力的團體關係模式將進入新的紀元；也希望對團體或群體心理動力有興趣的同道能透過此中文版的書籍，樂於進入此撼動人心的領域。

張達人

國際團體心理治療學會理事

天主教仁慈醫療財團法人仁慈醫院院長

天主教仁慈醫療財團法人執行長、身心科主治醫師

推薦序二
臨床工作者不可或缺的經驗：團體關係

2007年12月，我於Tavistock完成「兒童青少年分析取向心理治療」訓練的最後一個學期，參加了為期六天的「團體關係大會」（Group Relation Conference）。這是所有Tavistock臨床受訓者都必須參與的活動——此乃比昂在Tavistock留下的傳統。我在這六天的活動裡，經驗了從未感受過的團體潛意識／前意識之強大運作，以及個人在團體中如何「身不由己」。

這六天的活動，有非結構性、無既訂議題，因而引發焦慮的大團體歷程；有「目標」明確，邀請成員自組團體以完成任務，考驗個人如何形成團體並一起合作的活動；亦有以「強調不同團體之間溝通協調」之「組織對組織」的設計；每天結束前則有Small Study Group（六人～八人），由精神分析師或分析取向心理治療師帶領的反思回顧團體，消化成員們一天下來的各種情緒經驗。

整個過程，有團體顧問（Group Consultants，皆為精神分析師或分析取向治療師）進行團體動力之詮釋。

這是一場震撼五感、高度提升個人覺察力的活動。

現場感受到因著我個人成長經驗而易於團體中扮演的某種角色、發揮的某種功能，呼應著個人分析裡對自身的理解，且是以一種張力極大、力道極強的方式更鮮活地體驗著。

結束後，我清楚地明白，為何這樣一個活動，會被列為「必修課」。它協助所有臨床工作者更清楚地意識到個人與組織、組織與

組織之間的關係——這無庸置疑，是臨床工作者需要具備的能力。

然而，臺灣的臨床訓練一直忽略這個領域的教導。現在，由許明輝博士引介並導讀的《團體關係理論入門：比昂傳統下的系統心理動力學論文選集》問世，我很榮幸向所有對團體心理動力有興趣的臨床工作者推薦此書。更希望中文世界有越來越多的臨床工作者參與許博士每兩兩年舉辦的「團體關係大會」，親身經驗比昂於Tavistock留下的傳統。

樊雪梅

兒童心理治療博士（Tavistock & UEL，東倫敦大學）
英國精神分析學會、國際精神分析學會成人暨兒童分析師
Tavistock訓練認證之兒童青少年分析取向心理治療師

推薦序三
轉化思維，改變你的世界觀

我是里歐·威爾頓博士（Dr. Leo Wilton），現任美國紐約州立大學賓漢頓分校（State University of New York at Binghamton）人類發展系教授，同時也是美國萊斯社會系統研究機構（A. K. Rice Institute for the Study of Social Systems，簡稱AKRI）的董事會主席。對於剛接觸團體關係領域的朋友們來說，AKRI是美國專門推廣團體關係理論與實務的教育性非營利組織。該機構的教育使命，是探討潛意識中的思想與情感，在我們處於各種團體中——無論是家庭、職場，還是國家層級——對生活所造成的重要影響。

我懷著極大的熱忱，為《團體關係理論入門》撰寫這篇推薦序。這本意義重大的著作收錄了由許明輝博士精心挑選的十二篇論文之中文翻譯。這些章節摘選自AKRI三本具代表性的出版品：《團體關係選讀1》、《團體關係選讀2》與《團體關係選讀3》。本書的翻譯旨在促進跨文化對團體關係的理解，並豐富此一領域中的對話與交流。

《團體關係理論入門》是一部重要的理論文獻集，讓讀者有機會深入探索團體關係理論的歷史基礎、核心理論與實務應用，並理解這些內容如何影響我們對團體動力的理解。讀者將會接觸到來自不同觀點、在團體關係理論與實務領域具影響力的作者。本書的關鍵使命，在於搭建一座橋樑，使團體關係理論與實務的原則能更廣泛地傳遞，促進全球理解與跨文化的對話。我們的共同努力，體現在全球社群的凝聚力與團結之中。

這部論文選集邀請讀者深入探討那些形塑我們對團體關係（或

稱系統心理動力學）理解的深刻理念與理論。透過與這些章節的互動，讀者將獲得豐富的知識與更深層的理解，洞察那些構成我們社會世界的複雜人際關係。試著閱讀看看吧！它或許會開啓並轉化你的思維，以你從未想像過的方式改變你的世界觀。

里歐・威爾頓博士
美國紐約州立大學賓漢頓分校人類發展系教授
萊斯社會系統研究機構（AKRI）董事會主席

推薦序四
跨越文化、語言與世代的貢獻

　　我懷著無比的自豪與深深的欣賞之情，為這本由許明輝博士主編的書寫下這篇推薦序。我首次與明輝相識，是在他於紐約大學攻讀博士學位期間；當時我已在該校任教長達 27 年。他是在我所教授的團體動力學課程中初次接觸到團體關係工作。從那一刻起，他便展現出對體驗式學習、理論探索與組織生活罕見的高度好奇心與投入精神。

　　明輝早期參與團體關係研習會的經歷——從成員、受訓顧問，到最終成為顧問——只是他的起點。取得博士學位後，他加入曼哈頓學院（Manhattan College）擔任教職，並創立了一門極具特色的海外學習課程。這門課程帶領學生前往倫敦，親身參與塔維斯托克醫院（Tavistock Clinic）的團體關係研習會，讓學生獲得強烈而深刻的體驗式學習機會。

　　然而，最令我印象深刻的是，明輝將團體關係工作的精神與嚴謹帶回他的家鄉。在返回台灣後，他創立了「台灣團體關係小組」（Group Relations Taiwan），開始籌辦各種研習會，將這項重要的工作推廣至更廣大的亞洲群體。2024 年，他更受邀擔任國際團體關係學術會議的主題演講者，這不僅是對他個人成就的肯定，也彰顯了他在此領域日益增長的影響力與領導地位。

　　這本書則是他另一項重要的貢獻。許博士從萊斯社會系統研究機構（A. K. Rice Institute for the Study of Social Systems）出版的三本《團體關係選讀》中精選出十二篇論文，內容涵蓋團體關係理論與實務的深度、複雜性與持久相關性。這些著作不僅為讀者引介

了基本概念，同時也激發對其在當代組織、文化與社會脈絡中應用方式的省思。透過本書的出版，許博士持續推動教育、連結社群，並在關鍵時刻促進社會對話與知識擴展。

團體關係研習會的獨特性在於其體驗式學習的重視。這些研習會創造出一個臨時性的機構空間，讓成員們能夠探索領導與追隨、權威與責任、界線與任務等議題。它們提供了一個動態的環境，使個人與團體能檢視彼此的互動方式，以及與更大系統的關係。最具轉化性的往往是能夠探索意識與潛意識的交互作用——那些潛藏卻影響我們思考、行動與領導方式的微妙動力。團體關係的工作幫助我們聆聽那些未被說出的話語，洞察被隱藏的模式，並揭示塑造集體經驗的深層結構。

當我回顧自己的職涯歷程，深知這個工作對我有多麼根本性的影響。如今，身為威廉・艾倫森・懷特精神醫學、精神分析與心理學機構（William Alanson White Institute of Psychiatry, Psychoanalysis & Psychology）的董事會主席，我每日都受益於從團體關係而來的洞察。能夠系統性地思考權威、任務、界線與組織動力，是我在這個充滿變動與挑戰的環境中承擔領導角色的核心能力。作為萊斯機構的榮譽會員，我一直以來都珍視這個工作挑戰我們以清晰、誠信與覺察的態度來領導的方式。

許博士正是這種精神的典範。透過他的學術研究、教學與領導，他正在跨越文化、語言與世代，持續傳承並拓展團體關係的傳統。本書正是他遠見與奉獻精神的具體展現，而作為他以前的老師與在此領域的同道，對於能支持他的工作我深感榮幸。

瑪麗・麥克雷博士（Mary B. McRae, Ed.D.）
威廉・艾倫森・懷特精神醫學、精神分析與心理學機構董事會主席
萊斯社會系統研究機構（AKRI）榮譽會員

【第一部】
起源與概論

第一章
團體關係：基本原理與技術

瑪格麗特・里奧克（Margaret J. Rioch）

> **瑪格麗特・里奧克（Margaret J. Rioch, 1907-1996）**
> 享譽國際的美國心理治療師，在為心理健康顧問建立新的培訓方法方面所發揮的作用而聞名，其中包括危機熱線和支持小組的使用。

　　1965年6月，華盛頓精神醫學院、耶魯大學精神醫學系以及倫敦的塔維斯托克應用社會研究中心在美國曼荷蓮學院（Mount Holyoke College）舉辦了他們第一個團體關係研習會。藉由這個活動，在倫敦塔維斯托克人類關係機構所發展出的教育性方法開始移植到美國土地上。

　　團體關係訓練的這些方法開始於由塔維斯托克機構與萊斯特大學於1957年9月所組織的兩週住宿型研習會，這已經被特里斯特（Trist）和索弗（Sofer, 1959）描述過了。在他們的書《團體關係的探索》（*Explorations in Group Relations*）的前言，這些作者談到社會心理學，特別是庫爾特・勒溫（Kurt Lewin）的著作；團體心理治療，特別是比昂（W. R. Bion）的著作；以及貝瑟爾（Bethel）❶對這個研習會的安排在思考上的影響。在那時的主要關注是對小團體的學習，次要關注是這個學習在成員自身工作所遇到問題上的應用。成員來自各種組織，超過半數的參與者來自行業或相關領域。工作人員均是專業心理學家或是受過心理學訓練的相關社會科學學科成員。這些小團體，稱為研究團體，只讓那些有過心理分析經驗

編按：在本書中，〇為原注；●為譯注。
❶意指位於緬因州貝瑟爾的國家訓練實驗室。

的帶領。這個研習會所提供訓練的目標是「鼓勵參與者以一種建設性地分析和批判態度來面對他們在所屬團體扮演他們角色的方式」（Trist & Sofer, 1959）。這個研習會似乎跟那些1950年代在美國由國家訓練實驗室所舉辦的類似。事實上，在籌備期間，國家訓練實驗室的計畫與政策委員會的一個成員曾向執行委員會諮詢。

在特里斯特與索弗（1959）所描述研習會後的十二年間，英國研習會發生了理論和實踐上的重大改變，現在是在塔維斯托克機構應用社會研究中心的舉辦下，因此當它們在1965年被移植到美國時，它們跟國家訓練實驗室類似的活動再也不那麼相似了。英國與美國的機構已經各走各的路。英國研習會的改變將會在本篇文章的下個段落描述。它們大部分來自萊斯（A. Kenneth Rice）的工作，他在1962到1968年間主持了所有塔維斯托克－萊斯特研習會。一直到1968年萊斯是應用社會研究中心主任，在那裡，他扮演資深工作人員直到1969年11月15日他過早地去世為止。這個中心是塔維斯托克機構的一個分部。在發展他獨特的團體關係訓練理論和實踐上，萊斯受到皮耶・圖爾凱（Pierre Turquet），現在（1969）是塔維斯托克醫院成人部門主任，能幹且具創意性的支持。萊斯作為中心主任與英國核心研習會主席的繼承人是艾瑞克・米勒（Eric Miller）。

這些研習會每年春天在萊斯特大學舉辦一次。有一段時間它們是由兩個機構共同舉辦，但現在是由中心獨立舉辦。非住宿型的課程也曾在倫敦舉辦過。英國的其它機構已經組織過類似的研習會與課程，通常與塔維斯托克機構的工作人員合作。格魯布（Grubb）行為研究機構（過去被稱為基督教團隊工作教育機構）已發展出一系列獨立的課程與每年數個在概念與方法上均源自塔維斯托克－萊斯特模式的住宿型研習會。布里斯托（Bristol）大學教育系、財政部、

Tube投資有限公司和其它英國的組織曾邀請過塔維斯托克機構為它們舉辦研習會，或是在塔維斯托克機構提供的諮詢下發展他們自己的研習會。

1963年，兩位華盛頓精神醫學院的成員（莫利斯・帕洛夫與瑪格麗特・里奧克❷）參加了塔維斯托克—萊斯特研習會。他們認為將這種研習會引入美國對這個國家團體關係訓練的方法來說會是一個有價值的擴充。在他們確定這不會是國家訓練實驗室那時所使用方法的複製後，他們建議塔維斯托克機構在1964年夏天的一個時間點在英國舉辦一次特別的研習會，讓一些美國人能方便參加並對輸入這個方法到美國的可行性與嚮往性形成他們自己的判斷。因此，在1964年7月，一個特別的研習會被安排了，約二十五名英國與二十五名美國成員參加。後者的招募得到華盛頓精神醫學院的協助與支持。有足夠的成員覺得研習會的經驗有用，因此決定在1965年6月，在華盛頓精神醫學院和耶魯大學精神醫學系的共同贊助下舉辦第一場美國研習會。沃爾特・里德陸軍研究所（Walter Reed Army Institute of Research），作為一個政府機構，無法正式共同舉辦這個活動，但是由大衛・里奧克所領導的神經精神醫學部給予非正式的精神支持、提供成員與工作人員並協助組織上的規劃。塔維斯托克機構雖然在此研習會的經費與管理上沒有正式的責任，但作為提供主席（萊斯）與其它兩位資深工作人員（皮耶・圖爾凱與薩瑟蘭）並代表著立基傳統的機構，它實為這次研習會的中心。研習會執行委員會是由研習會主席與兩位美國成員擔任，弗雷德里克・卡爾・雷德利希（F. C. Redlich），那時的耶魯大學精神醫學系主任，現在是醫學院院長，以及瑪格麗特・里奧克，

---

❷本文作者。

華盛頓精神醫學院執行委員會成員。研習會在曼荷蓮學院（Mount Holyoke College）舉辦。這個地點已經成為自從1965年6月至今每年都會舉辦兩週住宿型研習會這個傳統的一部分。在1967年的研習會結束時，執行委員會決定，由華盛頓精神醫學院和耶魯大學精神醫學系共同舉辦已維持三年的兩週研習會應告一段落。背後的想法是，更統一與更有效率的管理可以由將舉辦權給華盛頓精神醫學院獨自承擔來獲得。為了保存此研習會的機構間與國際性特色，華盛頓精神醫學院授權成立一個委員會，成員來自美國與英國一些不同機構的個體。該委員會對研習會主席與工作人員任命以及研習會一般性政策具有權威與責任。

在美國研習會開始舉辦不久後，變得清楚的是，有許多可能從作為成員受益但無法花時間或錢在兩週住宿的人，尤其是對研習會在做什麼和可能從中獲得什麼益處沒有第一手認識者。因此，在1966年9月，第一個一週的美國研習會在新倫敦（New London）❸的康乃狄克學院舉辦。自那時開始，一週的研習會每年8月底會在安默斯特學院舉辦。在這些研習會中對於培養可獨立運作的美國工作人員已有特別的努力。從1967年開始，研習會主席已經是美國人，而目標是維持與培養這些研習會的美國領導層。

自1968年開始，一些其它使用塔維斯托克模式的活動在美國舉辦。一神論普世主義協會的約瑟夫・普利斯特里區（Joseph Priestley District）自1968年開始，已於每年2月或3月舉辦一個四天的住宿型研習會。馬里蘭大學在1968年舉辦了一個發生在連續兩個週末的工作坊。普林斯頓大學的伍德羅・威爾遜公共和國際關係學院與約翰・霍普金斯大學，在1969年舉辦了一場兩天的團體

---

❸ 位於康乃狄克州的城市。

間工作坊。

雖然這些活動代表著塔維斯托克—華盛頓精神醫學院團體研習會活動的擴大以及傳統的擴張，發展的速度是被有目的性的放慢且與該活動有關的機構規模也不大。這讓方法與觀點能有同質性，這在一個很大的組織會更難維持。當前英國塔維斯托克研習會和美國華盛頓學院研習會在原理與方法上是非常接近的。這個接近的關係得以維持，是因為英國與美國的工作人員均會參與對方舉辦的研習會。

為了簡明，這篇文章會主要提到在美國由華盛頓精神醫學院舉辦作為研究團體關係主要方法的住宿型研習會。然而，這只是個捷徑，因為一些較短、非住宿型的工作坊與一些較長的課程已經有在舉辦。雖然這些活動的設計有所不同，但底層的原理與方法是相同的。

基本原理

為了理解社會中的人，有必要將觀點從個人與配對轉換到一個較大的整體上。華盛頓精神醫學院—塔維斯托克研習會的目標就是促成這個轉換的企圖。

十九世紀的科學傾向於將事物分解為越來越小的部分，而在這個方向有了巨大的進展，但現在的任務是將各個小部分整合組織成清晰有圖案的整體。這在生物學與醫學的確如此，而在社會科學也是如此。一位在醫學領域的研究者，喬治華盛頓大學的湯瑪斯·麥克皮特森·布朗博士（Dr. Thomas McP Brown），將這個任務比喻成一個人身處旋轉木馬上，木馬不只會旋轉與上下，還會左右移動，同時整個旋轉木馬被架設在一輛以時速100英里❹狂飆的巨大

---

❹ 160公里。

卡車上。在這個狀況下，研究者應該描述與理解在他旁邊一個在路上前進相似旋轉木馬的現象（Brown, 1969）。面對像這個情況的通常方法是將注意力縮限在一個隨時可以被包圍與觀察到的小部分，像在我們自己的旋轉木馬上前面的一匹木馬。但這對在醫學與生物學上的複雜問題無法產生解決方法，在社會科學這更不可能。為了看到整體型態，我們必須將注意力從單一木馬轉移，或是，換句話說，從單一個體轉移，而採用一個更宏大的觀點。這說起來容易，但在實務上它很難做到，特別是那些接受個體心理學訓練或是在生物學透過顯微鏡觀察個別細胞的人。就連社會心理學家，定義上是對數量上大於個體之事物有興趣，時常發現自己的任務極度困難，因而選擇一些像個人行為在團體中如何不同的研究。

在萊斯領導的幾年間，塔維斯托克—萊斯特研習會中所發生的兩個主要改變與這個觀點轉換有關。第一是跟領導力與權威有關。在萊斯（1965）的《為領導力學習》（*Learning for Leadership*），他指出，「我現在正致力於這個假設，我同事與我所關注的住宿型研習會主要任務是為參與者提供學習領導力的機會。」他對領導力的概念是複雜的，帶有他對於組織結構與機構生命的豐富概念。近來研習會已被描述成是關於權威，而在1969年，研習會的目標在研習會手冊上被定義為「提供成員機會去學習有關權威的本質，以及在權威的行使下所遇到的人際與團體間問題」。

研習會的工作人員沒有試圖規定成員要如何定義或使用「權威」和「領導力」這兩個詞。考慮到在不同具體情況下這些詞被體驗到的不同意思，成員有時候在他們自己關於這些重要主題的思考上獲得更清晰的理解。在使用「權威」這個詞上，研習會工作人員表明他們對現下社會這個重要議題的關注。

藉由聚焦在領導力與權威的問題，有可能看到關於這些概念所

浮現的團體型態。團體中的領導者或領導力可被視為代表或包含團體的功能，特別是它的主要功能或主要任務。「主要任務」是萊斯的中心概念之一，並在他的一些著作中被定義與解釋（Rice, 1963, 1965; Miller and Rice, 1967）。簡單來說，關於這個詞，他的意思是，一個組織或機構為了生存而必須執行的任務。組織可能，並通常會，執行次要任務。一個重要問題則變成，團體成員如何與由領導者所代表的主要任務連結？他們會完成它的各個部分，而當把這些部分放在一起時，完成整個任務？他們會奮力去毀壞它、背叛它、破壞它、努力重新定義或改變它？他們會為了領導者的位置而競爭嗎？他們在團體中如何去想像權威？觀察這些和其它對領導者、領導力與權威的態度是理解團體整體的功能的方法。

　　第二個在萊斯的領導下而發生的重要改變是，重點從小團體轉移到機構整體。整個研習會被想像成所組成各個團體間的相互作用。再者，機構作為整體包括了與外部團體的關係，例如研習會所在的學院；提供工作人員、成員和主辦者的機構；以及影響研習會生命的國家或國際環境。這意謂著，當然，這些研習會相較於1957年時處理更巨大的複雜性。任何一個有小團體工作經驗的人都知道在其中作用的許多因素。為了作出關於團體任何有意義的陳述，也覺得有必要將這些因素組織成某種型態，並／或排除一些妨礙他神經系統的資料。如果聚焦在一個有五十至七十位成員的機構，它的組成部分以及與外部機構的關係，這個情況明顯地會更困難。為了盡可能處理這個情況，要有，第一，一些採取這個整體觀點的經驗與練習，以及，第二點，有一些能幫助我們從壓倒性大量資料中獲取理解的概念與指引。因此，對特定目標的鋒利聚焦，像是權威與領導力本質的研究，就如同硬幣的反面，必須伴隨著以機構整體（包含它的外部關係）的宏觀概念。

當然，設計一個主要任務不是研究領導力與權威本質是可能的。這些研習會的一個必要特色是，試圖將目標清楚的描述並聚焦在其上，不管那個目標是什麼。現下每場研習會的工作人員試圖對其目標與立場作出清楚的陳述，並且遵循這個目標與立場，無論它變得有多困難。同時，工作人員邀請及鼓勵成員質問他們的任務、目的與立場，並且經常對自己的活動進行自我質問。領導層所致力的一個重要價值觀是在對思考自己和自己的團體時不帶任何假設這點上的堅決誠實，而這樣的誠實必然會導致衝突的解決。想法、才智與理性被高度重視，如同為了指定目標所作清楚與篤定的決定。

　　研習會領導層理解到，人類容易——太容易——形成團體，他們形成行私刑的一群暴民，美化狂熱領導者的團體，容易陷入狂歡體驗或親密無間溫暖熱情的團體。另一方面，形成一個認真或始終如一致力於一個嚴肅任務、沒有狂熱或幻想的人類團體，是一個極度困難的歷程且相對少見的。然而，人類有潛力形成這種團體，而當它發生時，即使短暫與不完美，那是最有價值的人類現象之一，也是最能使個體滿足的經驗之一。沒有一些這樣的元素，團體，不論大或小，都容易保持對一個領導者或一組口號的幼稚依賴，尋找可以透過對抗來達到團結的敵人，或以某種方式瓦解。

　　研習會的一個主要目標是促進人們形成致力於執行清晰定義任務的嚴肅工作團體的能力。不管這樣團體的成員對彼此是否覺得友善、溫暖、親近、競爭或敵意不是最重要的。我們的假設是這些和其它感覺有時會發生，但這不是重點。重點是一個每個個體可作出他自己獨特貢獻的共同目標。第二個主要的目標，與第一個緊密連結，是在團體生命中發展出更負責任的領導力與追隨力。

第二章
塔維斯托克入門 II

夏拉・海登（Charla Hayden）
雷內・莫倫坎普（René J. Molenkamp）

夏拉・海登（Charla Hayden）

夏拉・海登是一位經驗豐富的組織顧問，在團體關係領域擁有傑出的職業生涯，尤其以其與美國萊斯機構（A. K. Rice Institute）的長期合作而聞名，包括擔任其董事會成員和領導其培訓項目。她對該領域的重要貢獻包括合著《塔維斯托克入門II》（Tavistock Primer II），以及在團體動力中關於種族和結構性不平等問題的學術著作。

雷內・莫倫坎普（René J. Molenkamp）

雷內・莫倫坎普博士是一位在團體關係和組織領導領域備受尊敬的學者與實踐家。莫倫坎普博士是國際團體關係（Group Relations International）的創始成員及執行董事，同時也是美國萊斯機構的資深會員。他與他人合著了具影響力的著作，包括《塔維斯托克入門II》和《BART團體與組織分析系統》（The BART System of Group and Organizational Analysis: Boundary, Authority, Role and Task），這些著作在學術界和實務界均獲得廣泛應用。目前，他在聖地牙哥大學領導力研究系任教，並擔任組織領導教育博士課程的學術主任。

前言

自1977年以來，當〈塔維斯托克入門〉（A Tavistock Primer）首次以文章的形式出版於大學夥伴出版社的《團體催化者年度手冊》（Annual Handbook for Group Facilitators）中，它已被使用在組織、臨床與諮商心理學的研究所；組織行為與組織發展；社會工作；住院精神科醫師；以及團體催化者的訓練計畫、人類關係實習

計畫，並被辦理團體關係研習會機構使用作為給大眾關於「塔維斯托克」模式是什麼的指引。在該文章被撰寫後的將近二十五年間，該教育性模式的理論根基已經被更徹底的探索，而研習會的設計與結構也在數個面向上有所發展，因為主辦組織與研習會主席在劇烈的文化與機構變化當中企圖維持此學習模式的實用性。我們希望延續這篇文章第一版時的傳統，讓團體關係顧問圈子外的人容易理解，並對那些在此傳統中，在理論與實務上達成可觀成就者表達敬意。共同作者海登想對前大學夥伴出版社職員東尼·班奈特（Tony Banet）表達感謝，感謝對於創作這樣一篇文章的最初邀約。那份邀約代表了一個對了解這個工作本質早期且很有幫助的邀約。另一個要感謝的是共同作者雷內·莫倫坎普，是他堅持讓這個新版本，〈塔維斯托克入門II〉，成為事實。

這整篇文章已被重寫過，但有些段落含括來自二十五年來團體關係實踐的全新或重新解讀素材。為了提供熟悉先前版本的讀者一個對於新素材的快速參照，以下為新的章節：

- 工作任務與生存任務的區別 / p. 37
- 一個新的基本假設 / p. 40
- 主題性研習會 / p. 46
- 社會夢研習會 / p. 47
- 特定系統研習會 / p. 47
- 練習活動 / p. 51
- 學習途徑應用團體 / p. 51
- BART概述 / p. 55
- 研習會評估歷程 / p. 61

就像任何存活的教育性組織，萊斯機構（包括它的地區性分會）也在與其外在環境的互動以及其實踐者增加的技巧與理解發展中發生改變。由於它的主要活動之一是管理一種旨在反映周圍世界的學習模型，這個機構透過對研習會結構及焦點的實驗，試著與當代組織生命保持關聯。在溝通與商業上自動化系統的支持驅動下，當一個全球性社區已經形成，維持關聯性不是一個小挑戰。在這個快速轉變時期所需領導力的本質，以及關於不同領域工作與組織角色合適權威行使的假設，已有巨大的改變。在塔維斯托克架構下研究組織經驗的實踐者，在保存他們傳統有價值之物時，也被迫去檢視他們的目標與方法論。這篇文章試圖傳達一些關於那個動態歷程，給想要知道這個取向如何並從哪裡開始以及它怎麼發展的讀者。

▋緒論

雖然團體為人類關係訓練提供慣常的環境，但團體作為團體一般並非訓練取向的主要焦點。許多催化員與受訓者似乎將團體視為個人的總和，群聚一起為了學習個人內在動力或人際關係。團體關係——團體作為一個整體系統的動力——時常被視為只是背景，只是作為更重要的個人成長與人際互動檢視的脈絡。

對於個體而非團體的聚焦，主要源自於美國的一個廣泛文化常模：個體是社會中的主要關注單位。團體與組織時常被視為是本質上沉悶與壓迫的。家庭，以及其它早年具影響力的組織系統，對未受保護兒童的心靈傳達著要求一致性和痛苦的自我表達壓抑之社會建構。作為對那些文化訊息的反應，在 1960 年代末和 70 年代初發生的人類潛能運動，形成了一些成為指導個人發展的核心原則：

作為個體，我們應該為自己的行為負責；我們掌控自己的命運；我們可以為了自己讓事情發生。在他們對將個人從家庭、社區與機構強加的服從壓力下解放出來的熱忱中，許多人類發展專家，不論是教育家或治療師，傾向於忽略或淡化團體動力對個人經驗或行動能力的潛在影響。從內在賦能是通往生命實現的鑰匙這樣的概念能作為一種自我發展技術而流行，因為它假定一個人類存在與社會對話問題上的樂觀結果，並將其建立在每個個體的完美性上。這樣的概念存活並綻放，因為它很大程度上避免去處理那些在團體生命中影響個體的痛苦的、隱藏的且有時險惡的非理性歷程。為什麼我們作為個體在作為團體成員時的行為，時常與我們只代表我們自己（其實這並不可能！）時的行為不同的疑問，鮮少被注意到。當它發生時，總是被假設為個體「看不見大局」或「缺乏自尊」的結果。

塔維斯托克，或團體關係，研習會工作的特點是試圖在組織生命中更完整的看事情。研習會並不是被設計來根除組織痛苦的原因並創造更好或更人道的系統，而是去研究這些原因，因而當參與者回到他們平日的組織時，他們可以將它們看得更清楚。這個模式假設一旦一個人的視野被擴大後，個體的行動可以有更多選擇。這樣的取向在商業、政府、法律、醫療、教育、藝術等領域沒有扎根是不令人驚訝的，因為這個學習架構有時候會撼動關於人類完美性較愉快假設的基礎。

當完形、會心及其它取向強調個人獨特性，以及時常聚焦在雙人作為連結我們與他人的一個中心功能，被稱為「塔維斯托克」的取向則只有在當他們正代表整個團體在呈現著什麼時才專注於個體。這個方法，取名自它所起始的著名英國人類關係訓練中心，視團體為一個整體的實體，就某方面來說是大於其所有部分的總和。塔維斯托克理論的鏡頭不聚焦在個體間的差別，而是讓他們在任

務、功能與動機上的共同性變得清晰,因此,時常隱形的團體層面現象變得更清楚及可區分。儘管它的非凡力量與理論豐富性,塔維斯托克方法在人類關係訓練領域並不知名或被理解,可能是因為上面所勾畫的原因,也一定因為很多它的支持者不確定如何在不斷進行的社會系統中證明它的用處。

▍歷史與起源

　　塔維斯托克方法開始於英國精神分析師比昂的工作。在1940年代後期,比昂在倫敦塔維斯托克人類關係機構的應用社會研究中心進行了一系列的小型研究團體。比昂先前在軍隊領導力訓練和精神科病人復健的經驗,說服了他不僅關注治療中的個體,也需要考慮個體所處團體的重要性。在梅蘭妮・克萊恩(Melanie Klein)的心理分析傳統學習,比昂在與研究團體工作時使用了克萊恩直接、面質性介入的創新方法,並在1950年代後期在《人類關係》(Human Relations)期刊的一系列文章中報告了他的經驗。後來以書的形式出版,書名為《比昂論團體經驗》(Experiences in Groups)(1961)。這項開創性的工作激發了塔維斯托克與其它機構對於比昂將一個團體視為一個集合性實體的創新取向上更多的實驗。比昂的個人風格,不與成員有一般社交性互動,並經常看著地板或團體成員外的焦點,成為一個諮詢的姿態,持續影響那些做團體關係研習會顧問工作的人。

　　這個取向逐漸演變成一種方法。在1957年,塔維斯托克機構與萊斯特大學合辦了第一個團體關係研習會,一場兩週的體驗性學習活動,聚焦在成員在工作團體中所擔任的角色上。受到比昂理論的支持,研習會的設計也顯現出庫爾特・勒溫與美國國家訓練實驗

室實驗性觀點的影響。這個首次的研習會促成了其它研習會。

　　研習會的設計開始演化，含括了更多複雜團體現象的研究。萊斯，那時候的塔維斯托克應用社會研究中心主席，同時也是比昂在1947年至1948年早期研究團體的一員，透過在研習會模式中加入了第一個大型研究團體及當時被稱為團體間活動，引領了研習會活動在概念上的根本改變。萊斯，一位社會技術系統分析師，也開始將研習會工作的焦點朝向將成員學習應用到外在世界。在他的領導下，研習會設計的重點由在小型工作團體中個體承擔的角色，轉為在團體與更大系統中領導力與權威關係的動力。在他的《為領導力學習》(*Learning for Leadership*)（1965）中，萊斯指出，團體關係研習會的主要任務是提供成員學習領導力的機會。一段時間後，主要目標被重新定義為對權威的研究及在其行使中遇到的問題。近來研習會主題已大幅增加，並包含很多特殊議題，例如性別與種族，因為它們會影響權威的行使和許多其它相關主題（例如校準熱情與任務）。貫穿研習會設計發展過程中的一個重點是對權威的研究：它是什麼，以及它是如何透過自己或他人自我授予或抑制。萊斯也強調研究研習會本身作為一個與其環境交易的機構可以浮現的學習經驗。呼應比昂，萊斯的觀點有個檢驗標準假設，就是個體無法在其生活團體的脈絡外被理解或改變。研習會成為精神分析與社會技術系統思想的刺激性混合；一個持續讓它與大多數其它體驗性學習模式有所區別的綜合體。

　　在萊斯的影響下，1960年代期間，英國的體驗性團體工作成為團體關係方法的同義詞；相較之下，在同時期，美國的體驗性團體變得相當多元。它們從早期聚焦在團體動力的實驗性訓練團體移開，轉而專注在個人成長與人際動力研究上，如之前緒論所描述的。

萊斯領導了1962年至1968年間所有的塔維斯托克—萊斯特研習會。在1965年，他領導了在曼荷蓮學院的第一場美國團體關係研習會。這場活動由華盛頓精神醫學院與耶魯大學精神醫學系共同主辦，並獲得瑪格麗特・里奧克、莫利斯・帕洛夫和弗雷德里克・卡爾・雷德利希的支持，他們均是對塔維斯托克方法在美國發展有貢獻的人。在接下來的二十年間，藉由搬到外地的創始組織成員以及在各自城市聚集有志一同者的研習會參與者，一系列的中心，現在被稱為分會，得以發展形成。在萊斯於1971年英年早逝後，萊斯機構以其名成立，目的是支持和推廣美國的團體關係工作。瑪格麗特・里奧克是這個行動的主要美國推手。

團體關係訓練目前由英國的塔維斯托克機構與美國的萊斯機構及其中心（現在是分會），以及世界各地數個國家的其它組織提供（見本文末尾參考文獻／尾注段落的主辦團體關係研習會的國際組織列表）。似乎是恰當的，沒有任何單一個人可以被視為團體關係方法的創始人，但創始團體必定包含比昂、萊斯以及在美國的話是里奧克①。

▋ 基本前提

一群聚集在一起的人能被視為團體，是在成員間有互動、成員開始對他們共享的關係投入能量、以及一個共同的團體任務產生時。當這個任務以有形的目標（例如，建立食品合作社）產生時，

---

① 有關塔維斯托克方法演變的更詳細歷史，讀者請參閱 K. W. Back（1972）的《超越言詞》（Beyond words）和瑪格麗特・里奧克（1970）的《團體關係：基本原理與技術》（Group Relations: Rationale and technique）。

我們將之稱為團體的*工作任務*。這個層級的團體運作造成一個團體的誕生，而這個團體的誕生，是基於一群個體為了完成一個無法由其中任何一人單獨完成的目標而聚集在一起之有意識決定。*工作團體*的行為，也可能跟一個既存團體決定採用新的方法來達成一個長期存在的目標或採用新的目標有關。

很多力量可以運作以產生一個團體：一個外在的威脅；各式各樣類型的集體退化行為；或試圖滿足安全、依賴或情感的需求。塔維斯托克取向的根本信念是，當一群人成為團體時，團體是以一個系統來運作：一個在某種程度上大於其個別部分總和的實體或有機體。當這樣的有機體取得生命後，就像任何其它自然產生的有機體，它的基本任務變成為了求生存所必須做的事。我們稱這個為團體的*生存任務*。雖然這個基本任務時常被偽裝或隱藏，但是在潛意識層面，團體的生存對所有團體成員來說卻成為主要的考量及潛在的驅動力。這個對於生存的強調——這裡的生存通常是在意識思考與感受範圍外的層次被經驗著——提供在塔維斯托克研習會探索聚焦於授權、領導力與責任動力的團體行為的框架。工作團體與*生存團體*共存，有時候彼此相輔相成，而有時候在哪個能成為團體的主要驅動因子上彼此衝突。

在團體關係（或稱塔維斯托克）研習會裡，要探索「團體作為一個整體」，需要團體成員以及與其工作之顧問在感知上的轉換。這個轉換需要限制（甚至擯棄）對個體個別性的強調，以及準備好在個別團體成員的行為中看見所表達的集體動機。就像一個家庭不只是個別的父母與孩子，就像一個組織不只是高階主管、經理以及第一線員工，所以任何團體都是更複雜的存在。它是個有其獨特能量與動力的新實體。

在團體關係框架的鏡頭下，個體被視為代表整體有時出現的集

體性聲音。他們在團體中的經驗與貢獻是表達*團體作為一個整體*中諸多部分的資料來源。這個觀點意味著團體中的成員們持續地與彼此有著相互依存的關係。他們依靠彼此來表達實際屬於整個團體的困境。例如，有兩個團體成員因為團體是否要在晚餐時間見面一起工作這件事而有衝突。其中一個人熱切地爭辯說這是必要的，而另一個則同樣激動地宣稱個體需要獨處的時間。這個衝突可以被視為團體在推進工作或滿足個人需求上的矛盾。換句話說，在這樣的框架下，不論團體成員說了什麼，他們都是在談論團體並展示他們在團體中的連結性。如比昂（1961）所描繪的一個隱喻：我們可能觀察到個別的齒輪、彈簧與槓桿，而只能猜測其功能，但當這些機械的部件組合在一起時，它們變成了時鐘展現出整體功能，這個功能不可能由個別部分達成。

當個體成為團體的成員，他們的行為會改變且一個集體性認同會產生，例如，一個任務小組、一個田徑隊、一群動用私刑的暴民、一個烏托邦式的社群，或是一個意圖促成零人口成長的組織。每個集體轉化成一個新的完形，在其中，團體成為焦點而個別成員成為背景。當個體加入，團體的成員身分成為一個令人興奮但也時常是曖昧不清的經驗；這個經驗邀請個別成員加入團體手邊的任務，但同時也觸發了他們關於歸屬的潛意識幻想與投射。他們關於領導與權威的衝突也通常在加入的過程中產生。比昂最有趣的概念之一，描繪了我們所有人在面對與任何團體或社會系統的關係時所存在的兩難。他假設我們每個人都有其中一個傾向：一個是較害怕他所謂被團體「吞沒」，另一個是被團體「擠出」。這個我們每個人的內在層面加上在任何特定環境的情境，會推動我們以應對這種困境的方式來表現。例如，我們之中那些更害怕被團體吞沒的人可能會爭取在團體中高度分化的角色，像領導者、守門員或斥候。我

們之中那些更害怕被團體擠出的人可能會選擇較不顯眼的角色，像參與者、選民或一般的市民。比昂的想法是，我們每個人會根據脈絡依循這個兩難的一邊或另一邊來反應，但總是如影隨形的問題是如何「維持」我們的自我，或換句話說，如何在集體的生命中保證我們個人的存活。

所以，「團體作為一個整體」取向的基本前提可以總結如下：

- 任何團體的主要驅動力是它必須做什麼來讓自己得以生存，因此，團體在潛意識層面上總是進行著生存任務。
- 團體有它自己的生命，這完全是來自其成員的投射與幻想結果。
- 團體使用其成員來達成其生存任務，因此，個體在控制其體驗與行為上會有其限制。
- 任何團體成員在任何時刻的行為是在表達其自身的需要、歷史與行為模式，以及團體的需要、歷史與行為模式。
- 無論個體在團體中表達或做什麼，透過個體，團體總是在反映自身。
- 面對強大的潛意識力量，權威與領導以及個人責任的行使，成為團體的關鍵動力。
- 了解團體歷程可以提供團體成員更多的覺察與能力，讓他們做出在一個團體環境中關於自身角色與功能之前做不出的選擇。

由於比昂（1961）是啟發塔維斯托克方法的主要理論家，接下來會提供他理論的簡單描述。

比昂的理論

團體，像夢一樣，有清楚、外在的部分，以及隱晦、內在的部分。清楚的部分是工作團體，在此層面的運作中，成員有意識地追求一個有共識的目標，以及有意圖地投入在工作任務的完成上。雖然團體成員總是有隱藏動機（他們自我有意識或無意識地不打算與團體分享的部分），但是他們依賴內在或外在控制來避免這些隱藏動機浮現並干擾公開的團體任務。當他們能有意識地控制他們的隱藏動機，團體成員可以聚集他們的理性想法，並結合他們的技能來解決問題、做決定，並專注在工作目標的達成。

然而，團體並不總是理性或有成效地運作，個別成員也不一定能覺察到他們為了維持他們公開意圖與隱藏動機之間界線所依賴的內部和外部控制。團體成員結合的隱藏動機構成了團體生命的隱性層面——基本假設團體。與理性、文明、外顯、*任務導向*的工作團體相反，基本假設團體包含了潛意識的願望、恐懼、防衛、幻想、衝動與投射。工作團體將焦點從自身移開，朝向工作任務；基本假設團體，相反地，將焦點朝內，朝向幻想以及一個更原始的現實。工作團體與基本假設團體之間永遠存在著一股張力，這股張力通常透過各種行為或心理結構，包括個體防衛系統、基本規則、期待與團體規範，而被平衡著。

• 基本假設

在基本假設層面的運作上，行為是「彷彿」的行為：團體表現得*彷彿*某個假設是真理、合理與真實，並且*彷彿*某些行為對於團體的生存是必要的。如同比昂所指出，*基本*與*假設*這兩個部分對於了解整個詞都是重要的。*基本*指的是團體的生存動機；*假設*強調一個

事實，就是該生存動機並非基於事實或現實，而是基於團體的集體投射。

比昂指認了基本假設的三種獨特類型：*依賴、戰／逃*和*配對*。圖爾凱（1974）增加了第四種——合一（*oneness*）。它們的說明如下。

- **基本假設依賴**：這個團體運作層面的基本目標是從一個個體身上獲得安全與保護——該個體可以是被指派的領導者或承擔這個角色的成員。這類團體的成員以無所事事的等待開始，不知該做什麼，並有對事物的需求。換句話說，團體表現得彷彿它是愚笨、無能、懶惰或精神病性的，冀望它會被一個能指導與引導團體朝向任務完成的強而有力領導者，將其從無能中拯救出來。當每個／任何領導者在這個不可能完成的要求上失敗時，團體的成員會用各種不同的方式表達他們的失望與敵意。基本假設依賴時常會引誘具有魅力的領導者，該領導者透過強大的個人特質來展現權威。團體成員有一陣子會相信他們的憂鬱與麻痺將會得到解決。最終，當然，這個方法會崩壞。
- **基本假設戰／逃**：在這個運作模式，團體認定其生存依賴戰鬥（如：主動攻擊、找代罪羔羊或身體上的攻擊）或逃離（如：退縮、消極、逃避或反芻過去歷史）。有時候，敵人甚至可以變成任務；在這類基本假設運作下的團體，對自己做什麼選擇可能相對不太在意。任何能動員團體攻擊性力量的人會被給予領導權，但持續性的爭吵、內鬥與競爭會讓大部分領導的努力十分短命。在逃的運作中，領導權通常會被授予能夠將任務的重要性最小化並促使團體從其工作遠離的

人。

- **基本假設配對**：配對現象包括表達導向親密的溫暖與喜愛或興奮之兩個個體間的親密連結。配對並不限於男女之間。這樣的一個或多個配對時常會提供相互智性上的支持，並導致其它成員的不活躍。當團體採取這樣的運作模式，它想像它的生存取決於它的生育；也就是說，以某種神奇的方式，一個彌賽亞將會誕生來拯救這個團體並幫助它完成任務。配對團體中的感覺時常是愉快的，因為它的氛圍充滿希望。當基本假設戰／逃和配對交錯時，當他們流入和流出彼此時，基本假設結構有時會這樣，該團體的基調時常是情慾性的攻擊。

- **基本假設合一**：這個層面的運作發生在「當成員為了被動參與而放棄自我，並因此得到存在、幸福及完整感而尋求加入與一個全能力量——無法達到的高峰——的強大結合」（Turquet, 1974, p. 357）。團體致力於一個運動，一個自身以外的目標，作為一種生存方式。提供生活哲學或達到更高意識水準方法的領導者，對處於這種基本假設運作模式的團體是有吸引力的。合一團體的成員似乎失去思考能力，且作為替代會被彼此融合的感受所充滿。

勞倫斯（Lawrence）、班恩（Bain）與古爾德（Gould）（1995）提出了與基本假設合一相反的第五種基本假設，叫作*唯我*（*me-ness*）。他們的假設是，這個基本假設發生在當團體成員致力於團體將成為非團體的潛意識假設時。被團體吞沒的恐懼，使成員表現得彷彿團體沒有現實感。唯一要考慮的現實是個人的現實。

任何團體的基本假設生命從不會耗盡,而且讓一個團體擺脫其基本假設屬性也不必要。事實上,正如比昂看待社會,一些機構從我們的集體基本假設奮鬥中獲益,並提供結構與媒介來引導這些強烈、原始的感受。在這樣的組織中,基本假設生命是被馴服來為工作任務服務,例如,教會試圖滿足*依賴*的需要;軍隊與產業界使用*戰／逃*的動機;而貴族階級和政治系統(強調生育與繼承)建立在基本假設配對上。對神祕主義與宇宙意識已減損但持續的強調似乎是基本假設合一的表現。然而,在大多數組織中,當團體成員更以支持基本假設而非達成共同目標的方式來表現時,他們就變成反工作。反工作行為源於對團體解體或毀壞的潛意識恐懼,而參與其中是即刻且本能的。

比昂的理論是塔維斯托克方法的基石:它提供「團體作為一個整體」方法的框架。對工作團體與心理治療情境的理論延伸已經由多位作者提供(見本章末參考文獻)。

社會防衛機制的功能

有許多可以幫助闡釋常見於團體關係研習會(以及持續運作組織)現象的其它關鍵概念,在此,我們會描述最重要的其中兩個。這些機制的目的是為了在所有的社會互動中簡化個人(或團體)的內在經驗並減少焦慮。雖然我們可能沒有覺察到自己在社會情境中的焦慮反應,但這個框架假設我們都有。

- **投射**。投射是個體或團體內捨棄自身不想要部分——因為在內在保有這些部分的複雜性太令人恐慌或痛苦——的驅力的結果。舉例來說,一個捍衛生命權團體可能會把它對捍衛選

擇權團體的攻擊放在反對謀殺運動的一部分；謀殺的動機被公開的投射到捍衛選擇權團體。當然，諷刺的是，當一個捍衛生命權個人或團體殺害或傷害一個捍衛選擇權團體成員時，謀殺衝動位於何處的這個問題必須被問。我們所有人都有許多在社會上令人厭惡的衝動和道德上站不住腳的動機。當我們自身無法忍受知道或承擔這些時，我們必須將它們輸出到其它地點，通常到另一個個體或團體，為了讓其保留在意識的覺察之外。在研習會的生命中，這類的投射通常與憤怒、野心、攻擊、慾望、嫉妒、競爭等感受有關；時常是在以某些方式在文化上被阻止、或至少被疏導的情緒動機範圍內。在研習會中，一位女性團體成員可能會說顧問對另一名成員有憤怒，當事實上這位成員才是那個有憤怒的人，但是性別刻板印象的想法是女性爭吵不好。

- **投射性認同**。投射性認同發生在當被投射者接受了另一個人不想要的感受並將它們變成自己的。換句話說，一個投射在其客體找到夠多的接受器而黏住。一位對自己在團體中工作的能力覺得特別無力的男性成員，可能會轉向一位女性成員說：「所以，妳好嗎？妳看起來不像是開心的樣子。」如果這位女性的回應是描述自己有多麼困惑並眼中含淚，那這個投射就已經被她認同了，而後當這位男性靠近並用一隻胳膊摟住她，並說：「沒事的，我了解妳怎麼會有那種感覺。」時，這個投射又被這位男性投射者間接認同。

透過投射歷程，團體成員藉由激情、冷漠、輕蔑、尊重、愛、罪惡感、恨或任何其它人類潛在經驗與彼此聯繫在一起。投射歷程時常形成一個特定團體的結構。工作團體面臨的挑戰是，是否及如

何鼓勵對於已經損害成員充分參與實現團體工作目標能力的投射物的相互取回與推回，或試圖取回與拒絕。

團體關係研習會

塔維斯托克理論框架可被應用來理解任何團體或社會系統的動力。然而，這個研習會模式主要是被創立來增加對團體現象及其對領導力與權威的影響之覺察。團體關係研習會的特色是有一個關於目標的清楚陳述、明確的工作人員角色，以及「團體作為一個整體」理論方法的系統性運用。一個典型的宣傳手冊可能會描述一個團體關係研習會的目的與原理如下。

一個個體或團體有效領導的能力，大部分取決於他人授予個人或團體權威的方式。影響這個歷程的因素在當它們在實際運作中被看見時，可被最好地理解。因此，研習會作為一個暫時性組織，被創造出來提供其參與者機會去研究團體內與團體間正在發生什麼。參與者的學習是在直接體驗的過程中產生，目的是為了整合經驗與想法、情緒與智性，不因為其中一個而忽略另一個。

在整個研習會過程，特別關注的是運作在團體內與團體間的潛藏歷程。未言明的態度與行為模式，可能會在涉入者的覺察外阻礙或推進團體任務。對這類歷程更多的觀察與理解，會導致在工作團體活動中更有效率的參與。

研習會是開放式的，意思是不會規定任何人該學什麼。然而，焦點是放在在團體內與團體間行使權威時所遇到的問題。

研習會工作人員相信，參加這類研習會的人可以增加他們對自身及他人權威本質與行使的了解，且因此在處理持續性機構中的工作挑戰時可以更有效率。特別是，他們可以決定要如何承擔領導力

與追隨力的責任。

研習會的設計包括一系列的團體活動，每種活動提供一個學習權威與團體動力的不同脈絡。在每個活動的過程，工作人員鼓勵檢視其行為及成員行為的所有面向。行使被授權的、被准許的與個人的權威去提供學習機會之工作人員的問責性，以及成員在追尋自己學習目標上的投入，皆可被檢視。

主辦機構與工作人員相信，研習會的體驗以及對其中不同活動事後的反思，可以促進成員在他們自身機構中所扮演的不同角色中更有效領導與追隨的能力。除此之外，我們也知道每個成員在使用這個學習經驗上有不同的期待以及不同的優先順序。

• 研習會設計

在早期，團體關係研習會的設計十分貼近地模仿萊斯當初的設計，他意圖提供成員以經驗為基礎而任務是「研究自身當下發生的行為」（Colman & Bexton, 1975, p. 72，引述自萊斯，1965）的團體機會。在過去的二十五年來，已經有許多針對研習會主題以及研習會活動種類與安排的實驗。大部分的研習會活動仍然被架構成讓成員至少可以得到一位工作人員的諮詢來促進他們的任務。在不同的活動，工作人員角色行為仍然被規範，雖然可能較不那麼僵化了，這是為了兌現他們與成員的契約——提供與權威有關的學習機會，以及釐清他們自身的權威結構。然而，成員並沒有被訂定規則，他們可以自由地嘗試任何他們認為可以促進他們學習的行為。

• 主題性研習會

或許團體關係研習會在美國最引人注目的演化元素是主題性研習會的激增。這些研習會的目標聚焦在組織生命的潛在問題面向，

像是種族、性別與年齡歧視等防衛性刻板印象的存在，以及在團體中運作的其它潛意識偏見種類。恐同症、不同專業間的歧視、民族性的投射以及其它形式的社會性防衛，都曾經是研習會研究的焦點。除此之外，有些研習會主席曾著眼於機構性議題，例如，在自我實現與成就共同利益之間的掙扎，以及在組織內如何揉合熱情與工作。近年來，在研習會中一個流行的新主題還有多元／認同與權威的關係。靈性作為一個組織性主題才剛開始被探索。

有另一種由戈登・勞倫斯（Gordon Lawrence）所創造的主題性研習會形式，被稱為「社會夢」研習會。它的方法並不屬於傳統的團體關係研習會，因為它並未將焦點放在權威及領導力的動力上。然而，作為一個照亮團體中潛意識集體力量的模式，它使用了汲取自早期團體關係思維中有力量及有創意的方法。

主題性研習會整體來說能否有效提供其努力達成的學習機會，已經廣泛地被主辦團體以及那些帶領團體關係研習會的人檢視。關於這種研習會的效能，目前還沒有達成結論，因為似乎當研習會系統中的潛意識生命特定面向成為工作的焦點時，它會往潛意識更深處移動，而團體經驗中其它誘人的部分會成為關注焦點。

• 特定系統研習會

另一個研習會設計的實驗範圍是對聚焦特定組織類型動力的嘗試。聚焦在健康照護、宗教組織以及教育與社會服務機構的研習會已經激增。很像主題性研習會，評估這種研習會焦點是否成功是困難的。正常來說，這些研習會的參與者通常都是那些與某類組織有持續隸屬關係的人，因此，思考成員所帶入相較於那些起源於研習會脈絡的影響是有趣的。當然，就某方面來說，這無法區分這些不同研習會可做的探索。

為了滿足創造讓更大類型系統可被研究的環境的渴望，近來有在虛擬空間舉辦研習會讓成員可以透過電子工具溝通的嘗試。然而，沒有足夠多的人報名；而這種型態的研習會似乎會再次浮上檯面，當電子溝通工具可以提供額外的面向，如視覺連結時。除此之外，許多研習會，其中一些由美國萊斯機構的中心（現在是分會）所主辦或協辦，發生在不同大學與學院的環境下。這些機構時常有它們自己被設計來舉辦研習會及相關應用活動的基礎設施。這些學習經驗時常包括被要求的課程作業，而學分會被授予參與者。

• 研習會活動

另一個研習會廣泛進行的實驗範圍是新型活動的創造。研習會主席謹慎地開發新活動，因為大多數主辦研習會的組織重視傳統上研習會重要元素的延續。以下是關於傳統活動與那些近來開始被使用活動的討論。這個清單大概不完整，因為新的活動不斷地在發展中。

- **研習會開幕式**（Conference Opening, CO）。在這個初始的活動，研習會工作人員與成員以團體的形式相見。研習會主席陳述研習會任務，提供一些背景資訊以及概述活動架構。近期有些研習會主席將開幕式轉化為一個加入（joining）的活動，成員與工作人員被邀請陳述他們參加研習會的理由。這個取向是有爭議的，因為這對某些人而言意味著工作人員與成員關係的加溫（warming-up），可能會減弱關係中的移情特性，進而剝奪成員的潛在學習。
- **小型研究團體**（Small Study Group, SG）。八到十二位成員被分配到一個團體，通常在混合與平衡上會試著讓異質性最

大化。一個特定的顧問與一個研究團體工作，以促進其在此時此地檢視自身行為的任務。

- **大型研究團體**（Large Study Group, LG）。研習會的所有成員（從二十到九十位參與者之間）聚在一起，任務是研究在面對面交流有問題或不可能的情況下他們自己的行為。二到四個顧問，根據成員的人數，由主席指定，為大團體任務提供諮詢，而就如同小型研究團體，任務是檢視其此時此地自身的行為。

- **團體間活動**（Intergroup Event, IG）。在主席對活動任務與安排的開場描述後，成員可以根據自身的選擇自由地形成團體。活動的任務是研究在團體間與團體內當下所發生的關係。為了提供團體間任務的諮詢，工作人員被分配到不同的分區或房間，在那裡，成員可以聚會並接受對他們工作的諮詢。

- **機構活動**（Institutional Event, IE）。這個活動也在主席對活動的描述後開始。成員再次可以就自己的意願形成團體。然而，工作人員不會被分配到特定的成員工作空間；作為替代，工作人員他們自己會作為一個團體公開地會面，讓想要的團體成員可以觀察他們的運作。如果需要諮詢，工作人員在被請求的情況下可以對單一團體或團體間會議提供諮詢，而團體的代表被邀請與工作人員團體互動。

- **角色分析團體**（Role Analysis Group, RAG）。角色分析團體是一個非體驗性的時間段，在一位或更多位顧問的協助下，提供成員一個機會去反思各自在研習會到當下為止所承擔的角色。它通常給他們一個機會去思考他們想如何將他們在研習會所學習到的，應用到他們接下來的研習會參與中。

表1　一個五天住宿型研習會的典型設計

時間	週五	週六	週日	週一	週二	週三
8:00	早餐					
9-10:30		SG	SG	SG	IEP	CD
10:30	茶敘					
11:00-12:30		LG	LG	LG	SG	AG/CE
12:45	午餐					
2:30-4:00	2:00 CO SG	IG	IE	IE	—	
4:00	休息					
4:30-6:30	LG	IG	IE	IE	LG	
6:45	晚餐					
8:00-9:30	SG	SG	RAG	—	AG *	

CO＝研習會開幕式
SG＝小型研究團體
LG＝大型研究團體
IG＝團體間活動
IE＝機構活動
AG/CE＝應用團體與研習會評估

RAG＝角色分析團體
IEP＝機構活動全體會議
AG＝應用團體
CD＝研習會討論
— ＝休息時間

＊在這節應用團體之後，通常會有工作人員與成員可以彼此見面的社交活動。這已成為研習會出口階段的有用元素，因為它幫助成員放下一些他們可能已參與的移情動力。

- **機構活動全體會議**（Institutional Event Plenary, IEP）。機構活動全體會議是一個非體驗性的時間段，提供成員與工作人員一個機會來檢視在團體間活動與機構活動時間段發生了什麼，看他們能否理解所浮現的機構動力。
- **應用團體**（Application Group, AG）。根據相似的日常職責或興趣，不同的少數成員被分配到不同團體。應用團體的任務有兩個部分：進一步釐清並理解未解決的研習會議題，以及思索研習會學習與成員日常生活處境的關聯。這些時間段，就像角色分析團體，在設計上是反思性而非體驗性的。每個團體有一個或更多被指定的顧問。
- **研習會討論**（Conference Discussion, CD）。這個活動發生在研習會即將結束時，提供所有成員與工作人員一個機會來討論研習會活動，並從他們一起的經驗開始產出意義。工作人員時常抓著的一個焦點是了解研習會作為一個整體的系統；然而，不會有提供總結或摘要的嘗試。

已經有許多其它種類的研習會活動，特別是在萊斯國際研習會的脈絡下。其中兩個接下來會被突顯。

- **練習活動**（Praxis）。這個由戈登‧勞倫斯設計的體驗性活動，是被設計來提供成員與工作人員一個機會，來檢視在沒有既定權威結構或角色系統的一個系統中會發生什麼。成員與工作人員一樣，在沒有預先設定的想法下，為建構自身權威與任務去努力。
- **學習途徑應用團體**（Learning Track Application Group, LTAG）。作為連結研習會角色經驗與外在角色經驗的一個嘗試，本文

作者之一（Hayden）在1998年將這個活動加入萊斯國際研習會中。在研習會之前，那些報名的人受邀選擇他們自身感興趣領域之角色發展的學習途徑應用團體。這些包括領導力、組織諮詢，以及團體關係諮詢。學習途徑應用團體成員與被指派的工作人員使用幾個時間段，將外在角色經驗帶到研習會以供檢視與發展。

• 顧問的角色

顧問在團體關係研習會此時此地時間段的工作，是完成一個被小心定義的角色。顧問只對團體，不是團體中的個別成員，進行諮詢，且只在指定的時間界線內。顧問的角色時常在成員中帶來許多驚愕。顧問的行為是為了在其所涉及的活動中，幫助成員進行該活動的工作任務。顧問的目標是在排除對其它事物關切的情況下來促進團體的任務。顧問不進行社交互動、給建議、培育或給方向，特別是在體驗性研習會活動中。在反思性或非體驗性活動中，顧問可能會呈現更多個人風格。這個對比時常提供成員一個豐富的機會去檢視個人與角色界線，因為這些與有效的任務達成有關。

在此時此地時間段中，顧問透過提供供團體參考的介入來執行任務。以理論的角度來說，顧問透過關注團體的基本假設運作，然後將其觀察回報團體來帶領團體。如同萊斯（1965）所描述，顧問的工作是「在不冒犯團體成員的情況下面質團體；引起對團體行為而非個人行為的注意，指出團體如何使用個體來表達其自身的情緒，團體如何剝削某些成員，因而他人可以免於如此表現的責任」（p. 102）。

顧問在任務上只有自身的經驗、感受、觀察與訓練來引導他

們。顧問無法總是完全地意識到正在發生什麼，且有時候他們也分擔了團體的恐慌、焦慮與不知所措。顧問始終如一地試圖聚焦在團體正在發生什麼，並且用一種可以促進成員對團體正在做什麼有所覺察的方式來呈現觀察。顧問的介入有幾種，有一些接下來會被描述。

- **描述**。顧問可能只描述所看到的。例如，在過去的十分鐘裡沒有任何男性成員發言，女性成員們坐在男性顧問的對面，或是一些字詞或字句已經成為這個團體語言的一部分。這樣的描述，未經攙雜的回饋，將眾人的注意力拉到團體的動力結構或團體其它可觀察的資料上。
- **歷程觀察**。在這類介入，顧問可能會評論活動的參與模式、常規的發展、情緒的表達，以及團體如何進行其工作任務與／或投入生存任務的其它面向。
- **主題發展**。對團體中神話、原型動力敏感的顧問，可以根據那些有中斷團體工作任務危險的原始攻擊性或性慾來進行干預。有時候，團體可能正在重新創造或重新經驗記載於神話或童話中的亂倫或弒父或其它象徵性活動的原始部落動力。
- **問答**（Mondo）。在禪修中，師父時常會以突然、簡潔的評論來回應問題，透過點出問題的明顯或荒謬來製造立即的開悟，或頓悟（satori）。有些顧問提供類似的介入，意圖使團體驚覺到當下正在發生什麼。

顧問在風格及著重的點上有所不同。他們有時候會不知不覺地與他們試圖要促進檢視的團體基本假設活動共謀。對成員來說，每個顧問在角色的呈現以及作為研習會管理階層的代表上是非常模糊

的，如萊斯（1965，引自Colman & Bexton，p. 74）所指出，「成員不可避免地將他們對權威及其力量的幻想、恐懼與懷疑投射到工作人員身上。」對於成員投射的探索，具有產生在權威、權力與責任上重要學習的潛力，這些是工作人員與成員皆可獲得的學習。顧問的角色常是困難的；嚴格的遵循角色是塔維斯托克方法的特點。研習會顧問的社會行為通常得到許多關注，例如，他們會有眼神接觸嗎？他們會打斷正在說話的成員嗎？大多數的塔維斯托克顧問隨著時間的推移，會發展出一種幫助他們有效扮演好角色的舉止與方法。成員時常希望他們表現得一致，但事實上一致的是對學習上工作任務的追求，而不是對儀式性行為的機械化表現。每個個體在諮詢角色上以不同的方式管理自己，而這提供成員許多可以去考量的有用訊息。

• 成員的角色

參加團體關係研習會是一個獨特的經驗，即使是對那些參加過各種不同領導力或個人成長訓練的人來說。團體關係研習會中看似簡單的結構與工作人員的角色行為，為首次參加的成員創造了立即的不確定性（這一定比大多數其它以團體為中心的訓練取向較不精美）。一位成員用「住在一個羅夏克墨漬裡一週」來比擬他在塔維斯托克方法的經驗。參與的體驗為那些時常以更友善的催化者形式為特色的其它訓練取向掩蓋的議題種類帶來銳利的聚焦。正是這樣銳利的聚焦，使這樣的方法對於那些想要了解權威、團體動力以及團體生命內在運作的人是無價的。如果塔維斯托克方法時常讓成員產生資料過載以及怨恨、吞沒、痛苦與失自我感的感受，那是因為權威、權力、責任與領導力是充滿多種意義，而有時還有來自過去苦澀回憶的困難議題。

成員在團體關係研習會中的角色是相對開放且較無限制的。在開幕式中，成員被告知他們有做任何促進自身學習之事的自由。「大多數的人相當快地遺忘這個邀請，並開始以他們所相信會遵守他們所想像工作人員期待的方式來表現」的這個事實時常帶來重要的學習。成員常常糾結於工作人員如何使用「工作」這個詞。工作人員將工作描述為，任何會促進團體對於此時此地自身行為理解的活動。這個概念是跟大部分人對工作的定義——目標是非學習性的有形結果——不一致。

　　成員的研習會學習通常橫跨大範圍的組織動力。這是為什麼人們時常一再參加；沒有任何一個研習會足以包含一個人能夠學習的所有潛在經驗。一個典型的成員學習型態是在早期研習會中開始增加對自身如何使用權威、以及自己傾向承擔或被置入之角色的覺察。當一個人參加更多的研習會，看更多團體與系統模式的能力通常會浮現。

關鍵學習範圍

　　塔維斯托克研習會框架探索得特別好的一些主題包括：權威、領導力、界線、角色，以及大團體現象。一個代表其中一些關鍵概念的縮寫是BART：界線（Boundary）、權威（Authority）、角色（Role）和任務（Task）。

• 界線

　　界線同時是生理以及心理上的。例如，個體的皮膚是將個體與其它人區分開的界線。內在的與外在的，許多心理的皮膚區分現實與幻想、想法與衝動、個人與功能，以及一個團體與另一個團體。

界線，它們的種類與滲透性以及其不存在所產生的後果，是團體關係活動時常聚焦的範圍。界線必須足夠強韌以維持其所含括內容的完整性，但也需要足夠通透，讓內在與外在環境間的交換得以發生。如同米勒與萊斯（1967，引用於Colman & Bexton，1975）所描述：

> 個體或團體可被視為一個開放的系統，只有透過與環境交換的過程才存在並得以存在⋯⋯在我們的概念框架中，個體、小團體與較大團體被視為是基本結構原則越趨複雜的體現。每一個皆可用內在世界、外在環境，以及控制內在與外在間交換的界線功能來描述。（p. 52）

在研習會中，特別關注的界線是個體與團體間、成員與工作人員間、不同成員團體間，以及發生於研習會內在與外在世界間的界線。

團體關係研習會的工作人員在六個不同的地方維持嚴格的界線：

1. **輸入界線**：研習會主席會透過要求成員經歷一個報名與接受的過程，來調控研習會的成員資格。
2. **任務界線**：每個研習會活動都有一個特定的工作任務。
3. **角色界線**：顧問在研習會期間待在角色內，並對成員將他們拉出角色的企圖有所警覺。
4. **時間界線**：所有活動準時開始與結束。
5. **領域界線**：每個活動都在被指定的空間進行。
6. **輸出界線**：應用活動是設計來幫助成員做好離開研習會與重

新進入日常生活脈絡的準備。

這些界線以及工作人員對其精確的遵循，保護成員免於可能破壞研習會工作成果的焦慮。當成員觀察這些界線並體驗到他們對其反應時，他們有機會意識到他們自身的界線維持與通透性，以及既存界線是否阻礙或促進其工作。界線對於個體與團體都十分關鍵。一個拒絕與環境交易並試圖自給自足的封閉系統會變得挫敗退縮且最終死亡。一個開放系統帶來創意，但卻引起過度擴張與失去認同的恐懼。這個兩難的解決需要退縮與融合之間的平衡，而這樣的平衡需要清晰的洞察力。在過去數年來，有將界線更多看成是地帶而非系統間精確線條的興趣。地帶的概念指涉一個人們可以協商而不是為了維持領域完整而對抗的心理空間。

• 權威

權威可被定義為為了任務而做事的權利。顧問與成員在他們各自的角色中皆有權威。成員時常對他們在團體脈絡中執行工作任務的責任感到困惑。這個困惑的一部分可以歸因於研究團體的工作任務是歷程、而非有形的結果這個事實（雖然這也可能是一種反工作的策略）。

成員經常對於他們個人權威有多少需要交出或授權給其它團體成員或顧問，以使團體完成任務感到困惑與焦慮。團體成員通常沿著一個連續光譜採取立場，從「我不知道要做什麼；我希望有誰可以接手」，到「去他的團體！我不要順著其它任何人的想法，因為我不信任他們」。被授權的權威時常被體驗成削弱了的權力。

權威有正式與非正式的面向。以正式權威而言，研習會主席授權給顧問，讓他們在小型研究團體承擔角色，同時也授權給被研習

會接受的成員在研習會中承擔成員的角色。然而，以非正式權威而言，一個人帶著自己的傾向到每個角色，以及被團體中其它人授權以特別的方式去承擔角色。權威經常因為年齡、性別、種族、階級、教育與其它較不明顯的個人特質而被授予。研習會中的活動提供了檢驗這個現象的實驗場。例如，一個由醫療專業人員組成的團體，一個醫師可能會下意識地被授權來安排團體的資源，一個護士可能會被要求去照顧受苦的人，而最年長或有色人種的團體成員可能被利用來挑戰顧問的權威。這些一般未受檢視的互動，成為顧問介入的場合。

我們希望工作是為了任務而發生。團體關係顧問會辨識成員是為了對工作任務進行貢獻（一個工作領導者）或干擾任務（一個反工作領導者）而承擔權威。個人授權對一個人表現哪種形式的領導力有重要的影響。研習會提供成員一個機會對其自我授權被什麼阻礙與被什麼促進進行反思。例如，一位在團體中的非裔美國女性可能因為她認同非裔美國顧問而感到被授權，而一位亞洲團體成員可能會因為團體中沒有其它亞洲人而覺得被消除授權。

權威議題會浮現在有明確任務但達成方法由成員決定的活動中。在日常生活中，這樣的議題持續隱藏在預先決定的角色關係、習俗以及對能力的假設背後。

• 角色

角色是在系統中可與他人活動區分的個體活動核心，這個區分是透過一系列描述哪個人該為哪個活動負責的界線。為了讓個體在角色中運作，他們必須被他人與自己授權來進行每個角色的活動。除了正式角色，研習會的成員與工作人員也承擔非正式角色，通常是一個人所帶入角色的以及其它成員所隱含想要的兩者共同造成的

影響。根據雅克斯（Jacques, 1976），一個角色就像是社會關係網中的一個結。當這張網子被拉扯或移動時，所有的角色都會經歷變動。這個隱喻有助於理解，角色關係從來都不是靜止的，而是在彼此的關係中不斷變化。團體關係研習會的工作，提供一個可以體驗並理解角色有機特性的獨特安全脈絡。

另一個與角色有關的團體關係概念是化合價（valence）。化合價是一個人在團體中承擔某種角色的傾向，時常跟一個團體的基本假設運作有關。例如，一個被拉去承擔團體中批評創新角色的人，可能是一個化合價被團體中改變焦慮所啟動的人。在研習會中，這個人可能就是在機構活動中，與他同團體的其它成員必須說服他，採取行動離開房間去和其它團體互動是值得的人。在實際生活中，這個人的化合價可能是承擔政策分析師、品管顧問或稽查員的角色。戰／逃的基本假設生命可能是這個人感到最舒適的團體脈絡。化合價的一個有趣面向是，它會隨著時間與脈絡轉換，所以認為它是自我認同中永久不變的部分會是一種過度簡化。

與權威和角色有關的是「責任」這個主題。因為研習會活動的本質，成員有機會密集的體驗到接受團體中特定角色責任的意義。舉例來說，一位在現實生活情況中很習慣公開挑戰權威的團體成員，可能從未檢視過這個特定運作的後果，因為被爭鬥的火熱給蒙蔽了。系統內的責任如果存在，它到處都在，但是這個真理的意涵時常不被覺察。

• 任務

任務，在團體關係脈絡中，是工作努力的方向。研習會工作的目標是學習，因此，大多數體驗式的研習會活動所指定的工作任務是讓團體「研究他們自己此時此地的行為」。反思性時段（如應用

團體與研習會討論）的任務也是學習，但這些活動使用一種反思的方法學：一種彼時彼地的取向。

除了BART，還有其它兩個方面的學習在團體關係研習會中是特別容易獲得的：組織結構與大團體現象。

• 組織結構

在大部分的團體工作中，結構指的是定義學習環境的控制、限制，以及選擇性重點的種類。控制包含了團體的目標及契約；限制的例子是團體的基本規則；選擇性重點來自領導者期待、假設及所信奉團體理論的特性，也來自成員對揭露、能力與好感度的期待和假設。

結構可以是極簡的，或如同巴洛克藝術般的精細；它也可以是可見或隱形的。精細的結構阻礙了有機性團體歷程浮現的能見度，而極簡的結構則提高了其能見度。明確的結構引發高度信任，而潛藏的結構則讓人感覺被操弄。儘管對高生產性團體的運作至關重要，但是在個人成長訓練的脈絡下，除了基本規則，結構與我們對它的依賴很少是考量的對象。

團體關係研習會提供一個高度可見但極簡的結構。時間安排、工作人員角色、團體作為整體的理論觀點、以及椅子的安排構成了它的基礎。除此之外，結構也由成員與他們的投射所提供。研習會中時常形成的憂慮並不是來自傳聞中工作人員的權威與控制，而是它們的不存在：使人恐懼的是自由。事實上，任何事都可能在研習會活動中發生，而允許它們發生的責任是由所有人共同承擔。

研習會的設計讓參與者有機會去檢視每個人腦中的結構，也就是說，去探索個體的知覺與投射如何意圖去定義與控制外在現實。

• 大團體現象

人們終其一生都暴露在大團體現象中。在電影院、運動比賽、政治集結、學校升旗典禮、課堂或無論何地一大群人（人們不容易面對面工作的狀況）聚集在一起追求一個共同的目標，大團體現象就存在。身為大團體中一個成員的經驗是人們最常體驗、但也最少被了解的經驗之一。包含大型研究團體的團體關係研習會，提供一個獨特的機會去探索一些參與者所描述如下的體驗：「如同身處在憤怒漩渦的中心」、「被有力量的感覺與被精疲力竭與無能的感覺交替地淹沒」，以及「失去我自己並變成無名、無臉」。

大團體活動的工作任務與小團體是一樣的：在此時此地研究其自身行為。顧問試圖藉由引起大家對團體行為的注意來促進這個任務。例如，成員時常試圖改變由顧問團隊安排的座位，試圖從大團體經驗在他們身上所產生的焦慮逃離，並對將他們置於此情境的工作人員表達憤怒。許多時間可能會被用在更好的座位安排會是什麼的討論。來自顧問的合適介入可能是點出這個行動的逃避層面及對工作人員權威的隱含挑戰。

大團體活動成員所面臨的最大挑戰可能是去體驗並了解，在面對如此複雜與眾多的力量、但只有其中一部分可以被檢核時，自身的人格界線發生了什麼。

研習會評估

研習會有效性的測量，取決於成員學習的程度與有用性。萊斯機構及其地區性分會中有幾項活動試圖測量成員的學習。研習會成員通常在研習會結束時或結束後不久被給予評估表，受邀來為他們

在研習會中被提供學習經驗的品質評分。總是會有空間讓成員提出包含軼事的意見及如何改善學習機會的建議。有些分會也積極地進行研究計畫，為了了解什麼樣的條件為成員創造最多的學習。

有鑑於大多數人參加研習會的原因是要了解他們可以做什麼來改善自己和／或其平時所處的組織，更多的評估工作需要聚焦在研習會學習如何在當成員返回那些組織時影響他們。有些中心會贊助長期、持續性的應用研討會，研習會成員受邀帶著組織上的案例材料，並接受受訓過的塔維斯托克顧問以及彼此對如何解決他們困境的諮詢。就長遠來看，研習會成員學習上的測量在這些脈絡下是最重要的。

結論

這篇入門描述了團體關係或塔維斯托克訓練方法所源自的理論基礎，以及團體關係研習會的目標與結構和一些常見概念與潛在學習範圍。

雖然不是詳盡無遺的，這篇文章為那些計畫參加或已參加過研習會的人提供了一些可以作為開始或延伸學習之路標的想法。那些很有興趣的人會想要在體驗性工作、理論以及特別是應用上，有更進一步的探索。團體關係訓練的用處，如同其它人類關係的訓練方法，終究無法在紙上被描述或評估；訓練必須要在體驗過後才能被測量。訓練之後是研習會外組織的世界。聚焦在成員與工作人員學習在那些組織的應用對團體關係工作持續且提升的價值是迫切的。看見而不行動，是失去一個帶領自己與他人朝著更有效達成組織目標且對個體較不殘忍的機會。

作者注

塔維斯托克：精選的參考書目

這個清單的幾本書，對於想要更深入了解塔維斯托克方法的讀者有特別的價值。更多當代的閱讀材料可以在這第三本團體關係讀本或是網路上各式各樣的團體關係網站中找到。比昂的經典作品：《比昂論團體經驗》(Experience in groups)（1961），是主要的理論說明；瑪格麗特・里奧克的《比昂關於團體的著作》(The Work of Wilfred R. Bion on Groups)（1970），是比昂作品極好的摘要，並為讀者對於比昂有時難懂的文本做準備。米勒和萊斯的《組織系統》(Systems of Organization)（1967），描述開放系統理論並提供任務議題與界線問題的討論。《為領導力學習》（1965）是萊斯對於團體關係研習會歷史與理論發展的描述。在《團體關係選讀1》(Group Relations Reader 1)（1975），柯爾曼（Colman）和貝克斯頓（Bexton）收集了許多難以找到的論文和摘錄，它是關於塔維斯托克方法及其應用最好的單一訊息來源。由柯爾曼和蓋勒（Geller）編輯的《團體關係選讀2》(Group Relations Reader 2)（1985），在相同的脈絡下提供了更新。

● 參考文獻

Astrachan, B. M. (1975). The Tavistock model of laboratory training. In K. D. Benne, L. P. Bradford, J. R. Gibb, & R. O. Lippit (Eds.), *The laboratory method of changing and learning: Theory and application* (pp. 326-340). Palo Alto, CA: Science and Behavior Books.

Back, K. W. (1972). *Beyond words: The story of sensitivity training and the encounter movement*. New York: Russell Sage Foundation.

Banet, A. G., & Hayden, C. (1977). A Tavistock primer. In J. E. Jones & J. W. Pfeiffer (Eds.), *The 1977 annual handbook for group facilitators* (pp. 155-167). La Jolla, CA: University Associates.

Bion, W. R. (1961). *Experiences in groups*. New York: Basic Books.

Bion, W. R. (1970). *Attention and interpretation: A scientific approach to insight in psychoanalysis and groups*. New York: Basic Books.
Colman, A. D., & Bexton, W. H. (Eds.) (1975). *Group relations reader 1*. Washington, DC: A. K. Rice Institute.
Colman, A. D., & Geller, M. H. (Eds.) (1985). *Group relations reader 2*. Washington, D C: A. K. Rice Institute.
French, R., & Vince, R. (Eds.) (1999). *Group relations, management, and organization*. New York: Oxford University Press.
Gillette, J., & McCollom, M. (Eds.) (1995). *Groups in context: A new perspective on group dynamics*. Lanham, MD: University Press of America.
Gould, L., Stapley, L. F., & Stein, M. (2001). *The systems psychodynamics of organizations: Integrating the group relations approach, psychoanalytic, and open systems perspectives*. New York and London: Karnac Books.
Hirschhorn, L. (1997). *Reworking authority, leading and following in the Post-Modern Organization*. Cambridge, MA: MIT Press.
Hirschhorn, L., & Barnett, C. K. (1993). *The psychodynamics of organizational life*. Philadelphia: Temple University Press.
Jacques, E. (1976). *A general theory of bureaucracy*. London: Heinemann.
Klein, E. B., & Astrachan, B. M. (1971). Learning in groups: A comparison of study groups and t-groups. *Journal of Applied Behavioral Science, 7*, 659-683.
Klein, E. B., Gabelnick, F., & Herr, P. (Eds.) (1998). *The psychodynamics of leadership*. Madison, CT: Psychosocial Press.
Klein, E. B., Gabelnick, F., & Herr, P. (Eds.) (2000). *Dynamic consultation in a changing workplace*. Madison, CT: Psychosocial Press.
Lawrence, W. G., Bain, A., & Gould, L. (1995). *The fifth basic assumption*. Paper presented at the Conference of the International Society for the Psychoanalytic Study of Organizations, London, England.
Lawrence, W. G. (Ed.) (1970). *Exploring individual and organizational boundaries: A Tavistock open systems approach*. Chichester, England: Wiley.
Menninger, R. W. (1972). The impact of group relations conferences on organizational growth. *International Journal of Group Psychotherapy, 22*(4), 415-432.
Menzies Lyth, I. E. P. (1981). Bion's contributions to thinking about groups. In J. J. Grotstein (Ed.), *Do I dare to disturb the universe?* (pp. 662-666). Beverly Hills, CA: Caesura Press.
Miller, E. J., & Gwynne, G. V. (1972). *A life apart*. London: Tavistock Publications.
Miller, E. J., & Rice, A. K. (1967). *Systems of organization*. London: Tavistock Publications.
Miller, E. (Ed.) (1976). *Task and organization*. New York: Wiley.
Newton, P. M., & Levinson, D. J. (1970). The work group within the organization: A psychosocial approach. *Psychiatry, 36*, 115-142.
Obholzer, A., & Zagier Roberts, V., (Eds.) (1994). *The unconscious at work: Individual and organizational stress in the human services*. London: Routledge.
Redlich, F. C., & Astrachan, B. M. (1969). Group dynamics training. *American Journal of Psychiatry, 125*, 1501-1507.
Rice, A. K. (1963). *The enterprise and its environment*. London: Tavistock Publications.
Rice, A. K. (1965). *Learning for leadership: Interpersonal and intergroup relations*. London: Tavistock Publications.
Rice, A. K. (1969). Individual, group and intergroup processes. *Human Relations, 22*, 565-584.
Rice, A. K. (1970). *The modern university*. London: Tavistock Publications.
Rioch, M. J. (1970). Group relations: Rationale and technique. *International Journal of Group Psychotherapy, 20*, 340-355.

Rioch, M. J. (1970). The work of Wilfred Bion on groups. *Psychiatry, 33*, 56-66.
Rioch, M. J. (1971). "All we like sheep—" (Isaiah 53:6): Followers and leaders. *Psychiatry, 34*, 258-273.
Sampson, E. E. (1993). Identity politics: Challenges to psychology's understanding. *American Psychologist, 48*, 1219-1230.
Slater, P. E. (1966). *Microcosm: Structural, psychological and religious evolution in groups*. New York: John Wiley.
Trist, E., & Murray, H. (Eds.) (1990). *The social engagement of social science: A Tavistock anthology*. London: Free Association.
Turquet, P. M. (1974). Leadership—the individual and the group. In G. S. Gibbard, J. J. Hartman, & R. D. Mann, (Eds.), *Analysis of groups*. San Francisco: Jossey Bass.
Wells, L., Jr. (1985). The group-as-a-whole perspective and its theoretical roots. In A. D. Colman & M. H. Geller (Eds.), *Group relations reader 2* (pp. 109-126). Washington, DC: A. K. Rice Institute.

美國的團體關係組織

- The A. K. Rice Institute for the Study of Social Systems (also known as AKRI), P. O. Box 1776, Jupiter, FL 33468. (This is the national office of AKRI. Contact for information regarding Affiliates listed below.) Also, for Web access: www.akriceinstitute.org and for email access: akriceinst@aol.com.
- Boston Affiliate (CSGSS)
- Chicago Affiliate (CCSGO)
- West Coast Affiliate (GREX)
- Midwest Group Relations Affiliate.
- New York Affiliate
- Philadelphia Affiliate (PCOD)
- Texas Affiliate
- Washington-Baltimore Affiliate

全球的團體關係組織

- Australia: AISA, PO Box 293, Carlton South, 3053 Victoria.
- Belgium: Fondation Internationale de l'Innovation Sociale, 56, rue Lieutenant Pirard, 4607 Dalhem.
- Denmark: Proces Aps., Tranegärdsvej 4, 2 tv, 2900 Hellerup.
- France: Forum Internationale de l'Innovation Sociale, 60 rue de Bellechasse, 75007 Paris.
- Germany: MundO, Lisbergstrasse 1, 81249 München.
- Great Britain: The Grubb Institute, Cloudesly Street, Islington, London N1 OHU.
- Great Britain: Tavistock Institute, 30 Tabernacle Street, London EC2A 4DE.
- Hungary: Institute of Group Analysis Budapest, Szilassy ú. 6., 1121 Budapest.

- Israel: The Israel Association for the Study of Group and Organizational Processes, The Martin Buber Center, The Hebrew University of Jerusalem, Mount Scopus, Jersusalem 91905.
- Italy: ISMO, Piazza San Ambrogio 16, 21123 Milano.
- Mexico: Istituto Mexicano de Relaciones Grupales y Organizacionales, 4729 Annunciation Street, New Orleans, LA 70115, U.S.
- Netherlands: Group Relations Nederland, Prins Mauritslaan 57, 2252 KR Voorschoten.
- Norway: Norstig, Postboks 29, Postterm, NTH, 7034 Trondheim.
- Spain: Associacio per a la Innovacio Organitzativa i Social, Balmes 150, 3r 3a, 08008 Barcelona.
- Sweden: AGSLO, Box 60, 129 21 Hägersten, Stockholm.

【第二部】

基本理論

第三章
選自：比昂論團體經驗。

威爾弗雷德・比昂（Wilfred R. Bion）

> **威爾弗雷德・比昂**（Wilfred R. Bion, 1897-1979）
> 英國精神分析學家，被視為團體動力學研究的先驅之一。比昂對於理解團體中的無意識過程作出了重要貢獻，特別是在探索個體如何在團體中投射內在衝突和焦慮方面。他的著作對後世的組織心理學和精神分析研究產生了深遠影響。

佛洛伊德（1913, 1921）嘗試以他的精神分析經驗來闡明勒龐（Le Bon）、麥杜葛（McDougall）以及他人在他們對人類團體的研究上所揭示的一些晦澀難解之處。我打算討論精神分析的當代發展，尤其是那些與梅蘭妮・克萊恩的研究有關，在這些相同問題上的關聯。她的研究顯示：在生命的初期，個體與乳房有聯繫，並透過原始覺察的快速延伸而與家庭團體有聯繫；而且她已經證明這個聯繫的本質展示了迥異於這個接觸自身的特質。這些特質對個體發展以及更完整理解佛洛伊德已透過他過人直覺證明的機制，有深遠的重要性。

我希望呈現的是成人在與團體中生命的複雜性接觸時，會訴諸於梅蘭妮・克萊恩（1931, 1946）所描述在心智生命最早期常見的機制，可能是一種大規模的退化。成人必須與他們所處團體的情感生命建立聯繫，但這個任務對成人來說似乎就跟嬰兒與乳房建立聯

---

❶《比昂論團體經驗》（*Experiences in Groups*）是比昂（1961）關於團體動力的論文選集，中文版由心靈工坊於2019年出版。本文出自這本書的第二部：團體的動力（版權來自美國萊斯機構）。如要更多地了解比昂關於團體的思考，請參考該書。

繫一樣艱鉅，而且對於這個任務要求的無法達成會以退化的狀態來呈現。相信團體以不同於個體集合體的形式存在、以及團體有個體所賦予的特性，是這個退化的必要部分。這個退化涉及個體失去其「個別獨特性」（individual distinctiveness）（Freud, 1921, p. 9）──無異於去個人化（depersonalization）──的這個事實，為團體存在的幻想提供素材，並因此遮掩了個體集合體的這個視角。由此可知，如果觀察者認為一個團體存在，組成這個團體的個體必然已經經歷了這個退化。反之，如果組成一個「團體」（團體在這邊意指處於同樣退化狀態個體的集合）的個體，不知為何被他們在個體獨特性上的覺察所威脅，那麼這個團體就是處在恐慌的情緒狀態。這不代表這個團體正在瓦解，而且在後面我會解釋為何我不同意處於恐慌的團體已失去了它的凝聚力。

在這篇論文中，我將概述我透過將當今精神分析訓練發展出的洞察力應用到團體上時所得出的某些理論。這些理論和許多其它理論，無論是優點或缺點，在被推論出來原本被設計來描述的情緒壓力情況上，都不同。我會提出一些對精神分析來說是嶄新的概念，一部分是因為我處理的是不同的題材，一部分是因為我想看看一個不受過去理論影響的開始，是否會引領我們到一個點，在那裡，我對團體的觀點和精神分析對個體的觀點可被比較，並因此可被評斷是彼此互補還是分歧。

有些時候，我認為團體在用某種態度對待我，而我可以用語言來描述這種態度；有些時候，另一個個體表現得彷彿他也認為團體在用某種態度對待他，而我相信我可以推斷出他的信念是什麼；有些時候，我認為團體在用某種態度對待某個個體，而我可以說出那是什麼。這些時機提供詮釋所立基的素材，但詮釋本身是將我認為團體對我或某個其它個體以及個體對團體的態度，用精準詞語表達

的嘗試。只有這些時機的一部分會被我使用；我認為做詮釋的時機已經成熟，如果這個詮釋會是明顯且沒被注意到的。

在我曾試圖扮演這個角色的那些團體，經歷了讓我能推論出團體動力理論的一系列複雜情緒性事件；我發現這些理論對於闡明正在發生的現象和揭露未來發展核心是有用的。接下來是這些理論的摘要。

工作團體

任何的團體都可能有可被辨識的心智活動傾向。每個團體，無論多麼非正式，都是為了「做」些什麼而聚在一起；在這個活動上，個體依照他們的能力彼此合作。這個合作是志願性且依靠個體所擁有一定程度的複雜技能。只有經過多年訓練並具備能讓他們在心智上發展的體驗能力的個體，才有可能參與這樣的活動。因為這個活動是為了完成某種任務，它是跟現實有關，它的方法是理性的，也因此，無論形式上有多麼不成熟，它是科學的。它的特性類似於那些佛洛伊德（1911）視為是自我（ego）的特性。這個團體中的心智活動面向，我稱之為「工作團體」。這個詞專指一種特定的心智活動，而非享受在其中的人們。

當病人為了一節團體治療而聚在一起時，我們總是可以看到一些心智活動被導向個體尋求幫助問題的解決。以下是在這樣一個團體中一個短暫歷程的例子：

六位病人和我圍坐在一個小房間裡。A小姐建議大家用教名[1]

---

[1] 參見《圖騰與禁忌》（*Totem and Taboo*）一書中關於名字禁忌的討論（Freud, 1913, p. 54）。

稱呼彼此。團體因為有一個話題被提出而放鬆了一些，成員們眼神交換，一絲合成的興奮短暫可見。B先生大膽地說這是個好主意，而C先生說這會「讓情況更友善」。A小姐在揭露她的名字這件事上感到被鼓勵，但是被指出不喜歡自己教名因而不想讓他人知道的D小姐搶先阻止了。E先生建議使用假名；F小姐檢查著自己的指甲。在A小姐提出建議後的幾分鐘內，這個討論就失去活力了，它的位置已經被偷偷摸摸的眼神取代，而且有越來越多的眼神是朝向我。B先生鼓起勇氣說我們一定得稱呼彼此什麼。團體的情緒現在是焦慮和逐漸升高的挫折感的混合物。早在我被提及之前，我的名字明顯地已是這個團體關注的焦點。如果不去介入，這個團體必然會變得冷淡和沉默。

　　為了我當前的目的，我將呈現這個事件的某些方面來說明我對「工作團體」這個詞的使用。在團體中我也可能這麼做，但這會取決於我在這個到當下為止已浮現團體心智生活的脈絡中對這個事件賦予多大的意義。第一，如果七個人要在一起談話，有名字的確會對討論有幫助。到目前為止，就這個討論是出於對這個事實的覺察來說，它是工作團體活動的產物。但這個團體的提議，已經超出一個對任何團體無論其任務為何都有幫助的提議。被提出的建議是教名應該被使用，因為那會促進友善。在這個我正在談的團體中，認為「製造友善被視為絕對與治療需求有關」會是正確的。在這個例子所擷取的團體歷史時刻，認為「D小姐的拒絕和E先生提出的解決方案都可被視為是受治療需求支配」，也會是正確的；而事實上我曾指出，這些提議符合一個尚未被明白闡述的理論，也就是如果這個團體可以只在愉快的經驗中進行，那我們的疾病就可以被治癒。我們將會看到，工作團體功能的證明必須包括：生成能被行動化的想法；所立基的理論，在這個例子是對友善的需求；對於「單

單環境改變足以帶來治癒，不需要任何個體相應的改變」的信念；最後，對於某種被視為「真實」的事實的證明。

正好，在我所給的例子中，我後續能證明其工作團體功能，雖然我不是這樣稱呼它，基於「治癒可以透過只有經驗愉快感受的團體獲得」的這個想法，看起來並沒有達到所希望的治癒，甚至被在指定名字這個簡單行動上的一些困難所阻礙。在開始討論工作團體活動阻礙的本質前，我想在此提及一個在闡述我的理論上八成已經明顯的困難。在我描述一個團體事件，像是這個我已正在討論的，並試著從中推導出理論時，我只能表明我有個如此這般發生了的理論，並且我只能用不同的語言再說一次。讀者能脫離這個困境的唯一辦法是去回憶某個自己參與過的委員會或聚會，並細想可以回憶多少支持我稱之為工作團體功能存在的證據，並記得將實際的權威結構如主席等放入回顧中。

基本假設

針對工作團體活動的詮釋，留下許多沒說的；使用假名的提議只是為了滿足現實的需求嗎？偷偷摸摸的眼神，對於該如何正確地與分析師說話的思慮，這些在後來都變得相當明顯，無法有益地被詮釋為與工作團體功能相關。

工作團體活動被有同樣強烈情感驅力特質的一些其它心智活動阻礙、轉移注意力，以及偶爾促進。這些活動，乍看之下混亂無序，但如果假設它們是來自所有團體成員共享的基本假設，就能在某種程度被串在一起。在我所舉的例子中，辨識一個所有團體成員共享的假設，也就是他們聚在一起是為了從我這裡得到某種治療，是容易的。但是對於這個作為工作團體功能一部分想法的探索顯

示，想法的存在是透過依附在這些想法上情感的力量而變得真實，這些想法甚至與較不成熟成員的意識層面上相對天真的期待不一致。再者，即使是成熟的個體，例如其中一位成員有科學學士學位，也透過他們的行為顯示出他們共享了這些想法。

第一個假設是團體聚在一起是為了從領導者獲得支撐；團體依賴領導者提供物質與精神上的滋養和保護。如此陳述，我的第一個基本假設可被視為是我上面評論的重複，也就是這個團體假設「他們聚在一起是為了從我這裡得到某種治療」，唯一不同的是這裡是用隱喻的方式來表達。但重點是，這個基本假設只有在我所陳述的句子被以字面意思而非隱喻來看待時，才能被理解。

以下是對一個治療團體的描述，在其中，依賴假設（我將如此稱呼它）正活躍。

三位女性和兩位男性在場。這個團體在前一次的場合中已顯露出目的是治癒其成員缺陷的工作團體功能徵兆；在這次的場合，我的假設是團體成員會以絕望作為對前一次團體的反應，完全依賴我去解決他們的難題，同時透過個別提出問題要我回答來從中得到滿足。一位女性帶了一些巧克力，羞怯地邀請她右手邊鄰居，另一位女性，一起分享。一位男性正在吃一個三明治。一位哲學系畢業生，在前幾節團體中告訴大家他不信神，也沒有宗教信仰，沉默地坐著，正如同他時常做的，直到一位帶著有點刻薄語氣的女性成員評論說：他都沒有問過問題。他回答：「我不需要說話，因為我知道只要我來這裡的時間夠久，即使不做任何事情，我所有的問題都會被回答。」

接著我說我已經變成某種團體的神；問題被指向我的樣子像是我不需要做什麼就知道答案，吃東西是團體為了支持他們希望保存關於我的信念的一部分操作，而那位哲學家的回覆表達了對祈禱效

力的懷疑，但似乎在其它方面卻證明了他早前提出關於他不相信神的聲明是虛假的。當我開始給出詮釋時，我不只確信它的真實性，還確信我可以透過帶有龐大素材（在這個文本中，我只能提供其中一些）的面質來說服其它人。在我說完話的當下，我覺得我好像做了某種失態的事；我被茫然的眼神圍繞；證據已經消失。過了一會兒，那個男人，已經吃完他的三明治並將小心折疊好的包裝紙放入他的口袋，看了房間一圈，眉毛稍稍抬起，眼神中帶著質疑。一位女性緊張地看著我，另一位手交叉沉思般地看著地板。一個信念在我的內心開始成形：我已在一群虔誠信眾當中犯了褻瀆的罪。第二個男性，手肘垂放在他的椅子後面，玩弄著他的手指。在吃東西的那位女性，趕緊吞下她僅剩的巧克力。至此，我的理解是我已成為一個很壞的人，懷疑這個團體的神，但是因為團體無法與不虔誠的想法分離，因而接著的是焦慮和罪惡感的上升。

　　為了一個我希望之後會變得更明顯的原因，在這段描述我一直在說我自己在團體中的反應。我們可以合理的認為，詮釋所立基的最強力證據不是來自團體中被觀察到的事實，而是分析師的主觀反應，更可能解釋了分析師的精神病理而非團體動力。這是一個合理的評論，而且是一個會需要不只一位分析師多年小心的工作來應對，但也正是因為這個原因，我將把這個議題放在一邊，現在繼續陳述一個我將在這整篇論文中支持的論點。也就是在團體治療中的許多詮釋，尤其是最重要的，應該基於分析師自己的情感反應強度而被給出。我相信這些反應是取決於「團體中的分析師是處於梅蘭妮・克萊恩（1946）稱之為投射性認同（projective identification）的接受方」這個事實，並且這個機制在團體中扮演一個非常重要的角色。對我而言，分析師的反移情經驗在當他是投射性認同客體與當他不是投射性認同客體的場合，似乎有相當不同的特性，而這個

不同經驗應該能幫助他區別這兩者。分析師覺得他被操控，無論有多難覺察，來在某人的幻想中扮演一個角色——或是他會這樣做是因為就我所能回憶，我只能稱之為暫時性洞察力喪失（temporary loss of insight），一種經驗到強烈情緒的感覺，並同時相信這些情緒的存在可藉由客觀的情況得到合理的解釋，不需依靠因果關係上的深奧解釋。從分析師的觀點，這個經驗是由兩個緊密關聯的階段組成：在第一個階段，有一種感覺是無論這個人做了什麼，這個人必定沒有給出一個正確的詮釋；在第二個階段，有一種感覺是在特定的情緒情況下成為一種特定的人。我相信，將自身從伴隨這個狀態而來對現實的麻痺感受中擺脫的能力，是團體分析師的必要條件：如果他可以做到這點，他就能給出我相信是正確的詮釋，並因此能看見此詮釋與上一個詮釋的關係，這個看見對於讓他感到懷疑的詮釋提供了有效性上的證明。

　　我必須回來討論第二個基本假設。如同第一個，這也跟這個團體聚在一起的目的有關。我的關注最早是在某一節團體被喚起，這節團體的談話被似乎忽視團體其它成員的一男一女所壟斷。其它團體成員間偶爾的眼神交換似乎暗示著這個，沒有被很嚴肅地考慮，「這段關係是戀人般」的觀點，雖然這兩人談話的明顯內容又跟團體中的其它交流沒有太大差異。然而，我對一個事實留下深刻印象，這個事實是：通常對被所謂治療活動排除在外覺得敏感的那些個體（在當時的表現方式是說話，並從我或一些其它團體成員取得「詮釋」），對於將整個舞台交給這一對似乎完全不在意。後來有件事變得清楚：這一對的性別對於配對正在發生的假設並不重要。在這些時段，團體中有某種希望和期待的奇特氣氛，與平時長時間的無聊和挫折情勢非常不同。我們不該假定我想引起注意的元素，在配對團體這個主題下，在證據上是專有的或甚至是占優勢的。事

實上，有許多我們在精神分析所熟知的心智狀態種類的證據；舉個例子，如果我們無法在個體上看到對團體情況的反應接近於將原初場景（primal scene）行動化的證據，那就真的異常。但是，就我的看法，讓我們的注意力專注於這些反應會讓對團體特別現象的觀察變難；此外，我認為這樣的專注在最糟的情況下會導致精神分析品質的降低，而不是帶來團體療癒可能性的探索。所以，讀者們應該假定在這個以及其它的情況下，都會有太多我們在精神分析所熟悉的素材，但仍然等待著在團體的情境中被評估；這些素材我主張現在忽略，而我現在將轉而討論我所提過的一個配對團體的特色：充滿希望期待的氛圍。它通常透過一些想法以口語來表達：婚姻會解決精神官能上的失能；團體治療如果夠普及就能徹底改變社會；即將到來的季節，春、夏、秋或冬，視情況而定，將會更令人愉快；某種新型態的社群——一個改善的團體——就會產生，等等。這些表達容易將注意力帶往某個所謂的未來事件，但對分析師而言，關鍵不是未來事件，而是當下——希望感本身。這個感覺是配對團體特有的，而它的存在必須被視為配對團體存在的證據，即使似乎缺乏其它證據。它本身同時是性的前驅物和性的一部分。透過口語來表達的樂觀想法，是為了造成時間的置換和與罪惡感妥協的合理化——對這個感覺的享受，透過訴諸於所謂道德上無懈可擊的結果而被合理化。因此，在配對團體中的相關感受都落在憎恨、破壞和絕望等感受的對立端。為了讓希望感能維持，配對團體的「領導者」，不像依賴團體和戰一逃團體的領導者，必須未出生。會拯救團體（事實上是將團體從它自身或另一個團體的憎恨、破壞和絕望等感受拯救出來）的是一個人或想法，但為了做到這點，明顯地彌賽亞式的希望絕對不能被實現。只有保持希望才能讓希望持續。它的困難在於，由於對團體中逐漸出現的性的合理化，關於性的預

感被視為希望而闖入，工作團體往往受其影響而朝著產生一個彌賽亞——不管是一個人、想法或烏托邦——的方向前進。如果成功產生一個彌賽亞，希望會被削弱，因為很明顯地到時候就沒有什麼可以期待；同時因為憎恨、破壞和絕望在根本上無法被影響，它們的存在會再次被感受到。這個轉變讓希望的進一步削弱更為快速。為了討論的方便，如果我們同意「團體應該為了擁有團體中的希望感而被操控」這個想法，那麼那些關心這個任務的人，無論是身為一個如我即將描述的特殊工作團體的成員或身為個體，都應該盡全力讓彌賽亞式的希望無法實現。當然，它的危險是，這樣特殊的工作團體會因為過度的熱忱而妨礙單純、有創造力的工作團體功能，或是讓自身被預先阻止，並由於令人苦惱的必要性而清除這位彌賽亞並重新創造一個彌賽亞式的希望。在治療性團體中，它的困難是讓這個團體在意識層面能覺察到希望的感受，以及關聯事物，並同時容忍它們。在配對團體中對它們的容忍是基本假設的功能，不能被看作是個體成長的徵兆。

　　第三個基本假設是：團體是為了與某物戰鬥或從某物逃離而聚在一起。它準備好要戰或逃，但對於是戰還是逃並不關心。我稱這種心智狀態為「戰—逃團體」（fight-flight group）；在這個狀態下被團體接受的領導者，是一位其對團體的要求會被覺得能帶給團體逃跑或侵略機會的領導者，並且如果他提出的要求無法做到如此，他就會被無視。在一個治療性團體中，分析師是這個工作團體的領導者。他能控制的情緒支持是受基於活躍中基本假設，還有他的行動被覺得多大程度符合在不同心智狀態下對領導者需求的變動所控制。在戰—逃團體中，分析師會發現，對於闡明正在發生什麼的嘗試，會因為情緒支持在陳述對所有心理困難的憎恨或心理困難可被逃避方法的提議時，很容易被取得而被阻擋。在這個脈絡下，我會

說在我給的第一個例子中，使用教名的提議本來有可能被詮釋為在戰—逃團體中一種逃離渴望的表達，但實際上，因為跟團體所達成發展階段有關的理由，我用工作團體功能的觀點來詮釋它。

所有基本假設團體共有的特徵

參與基本假設團體無需任何的訓練、經驗或心智發展。它是立即的、不可避免的和本能性的：我從未覺得有需要假定一個群體本能的存在，來解釋如我在團體所見證的現象②。與工作團體功能相比，基本假設活動不要求個體具備合作的能力，但依賴個體對於我稱之為「化合價」的持有——化合價是一個我從物理學家借來的術語，用以表達一個個體與另一個個體瞬間與不由自主的結合能力，目的是分享一個基本假設並按照這個基本假設行動。工作團體功能總是有一個，並且只有一個，明顯的基本假設。就算工作團體功能維持不變，充斥其活動當下的基本假設可以常常轉換；在一小時內可能有兩或三個轉換，或同一個基本假設可以連續支配好幾個月。為了解釋未活躍基本假設的命運，我假設了一個原型心智系統（proto-mental system）的存在，在這個系統中，身體和心智活動是無差別的，並且這個系統存在於對心理學研究而言通常被認為是有意義的領域之外。我們必須記住，一個領域是否適合進行心理研究的問題，取決於被研究領域本質以外的其它因素，其一是這個心理研究方法的效力。對身心醫學領域的認可，闡明了任何試圖判定分割心理與生理現象之界線的困難。因此，我提議忘了區分活躍中基本假設和那些被我歸類為假設性原型心智系統間不明確的界線。

---

② 與特羅特（W. Trotter, 1916）的看法相反，但與佛洛伊德（1921, p. 3）的看法一致。

許多技術都在日常中被用來研究工作團體功能。但如果要研究基本假設現象，我認為精神分析，或直接從精神分析所衍生出技術的一些擴充，是必要的。但是因為工作團體功能總是充滿基本假設現象，無視後者的技術會帶來對前者的錯誤印象。

　　與基本假設相關的情緒，可以用一般的詞如焦慮、恐懼、憎恨、愛等等來描述。但任何基本假設共享的情緒會微妙的被彼此影響，彷彿它們以獨特於此活躍基本假設的組合被持有。意思是，依賴團體中的焦慮和配對團體中的焦慮之間有不同的特性，而其它感受亦如是。

　　所有的基本假設都有領導者的存在，雖然在配對團體中，如我之前所述，領導者是「不存在的」，也就是未誕生的。這個領導者不需要是團體中的某個個體；根本不需要是一個人，而可以是一個想法或一個無生命物體。在依賴團體中，領導者的位子可能被團體的歷史占據。一個抱怨不記得上一場發生什麼的團體開始記錄其會議。這個紀錄然後成為一本「聖經」，可被用來處理申訴，例如當被團體賦予領導者身分的個體難以被塑造成依賴性領導者該有的樣子時。當受到一個如果接受它會需要團體成員成長的想法威脅時，這個團體會訴諸聖經製造。這類想法從它們與適合配對團體領導者之特性的聯盟衍生出情感力量，並激起情感對立。當依賴團體或戰一逃團體正活躍時，團體會努力抑制新的想法，因為新想法的產生會被認為是威脅現狀。在戰爭中，新的想法——無論是坦克車或遴選軍官新的方法——會被認為是「新奇的」，也就是與軍事聖經對抗。在依賴團體中，新的想法被認為會威脅依賴領導者，不管這個領導者是「聖經」或人。但是配對團體也一樣，在這裡，這個新的想法或人，等同於尚未誕生的天才或彌賽亞，必須，如我之前已說過，維持未誕生，假如它，或他，要能滿足配對團體的功能。

第四章
選自：組織系統。

艾瑞克・米勒（Eric J. Miller）
艾伯特・萊斯（Albert K. Rice）

艾瑞克・米勒
（Eric J. Miller, 1924-2002）

英國心理學家。他在塔維斯托克人類關係研究所工作，專注於研究組織中的無意識過程和社會防衛機制。他的研究強調組織結構如何影響個人行為和群體動力，對組織發展和變革提供了深刻的見解。

艾伯特・萊斯
（Albert K. Rice, 1908-1969）

通常被稱為A. K. Rice，是英國著名的組織心理學家和管理學者。他於1948年加入塔維斯托克人類關係研究所，在那裡工作直至1969年去世。在此期間，他專注於組織行為和社會技術系統的研究，特別關注工業環境中的管理問題。

概念架構

任何企業都可以被看作一個開放的系統，與生物有機體擁有相似的特性。一個開放系統唯有透過與其環境交換材料才得以存在。它輸入材料，透過轉化過程轉化它們，消耗一些轉化後的產物作為內部維持，然後輸出剩下的。直接或間接地，這個系統使用它的輸出交換更多輸入，包括更多的資源以維持自身運作。這些輸入—轉化—輸出的過程是一個企業為了生存所必須做的。

---

❶ 本文最初是收錄在由艾瑞克・米勒與艾伯特・萊斯（1967）所編輯的書《組織系統》（*Systems of Organization*）中的第一部分（總共分成六個部分）。

生物有機體的一項攝入是食物；相對應的轉化過程就是將食物轉化為能量和廢物。其中一部分的能量會被使用在獲得更多的食物，一部分用在戰鬥，或是取得可以避開環境中敵對勢力的庇護所，一部分用在系統本身的運作和成長，而一些用於生殖活動。同樣地，一個股份公司透過賣出股份和貸款輸入資本，透過投資工商企業將這些資本轉化為收入，使用部分的收入維持自身存在並成長，並透過股利和稅金的形式輸出淨餘。一個製造業企業輸入原料，將之轉化為產品，並販賣產品。透過銷售所得獲取更多的原料，維持和發展企業，並滿足提供資源建立企業的投資者們。

其它種類的企業有不同的輸入和轉化過程，而它們從環境中所取得以交換它們產出的回報也有不同的類型。舉例來說，一個教育企業輸入學生，教育他們和提供他們學習的機會；它輸出取得某些資格的畢業生或無法取得資格者。及格比例和個體被認可達到的品質，將會決定環境提供維持這個企業所需學生和資源的程度。在一個高教育水平的社會中，主要報酬不一定會以金錢或獲得更多物質或人力的方式來展現，而更是以聲望和自尊來展現。這種報酬雖然對教育企業重要，對營利企業也並非不重要。

如同研究生物有機體需要整合許多不同理論，研究企業也一樣需要如同生物學家對應解剖學、生理和生態學科的科學理論。組織解剖學主要關注企業執行任務所需資源的本質和結構；組織生理學關注任務執行的歷程，包括內部不同歷程間的相互影響；組織生態學關注這個企業所處的物理、社會、文化和經濟環境。

但我們關心的不只是發展可以幫助我們理解企業結構和功能的理論，我們也必須記得企業和人類，跟其它生物有機體不同，需要能應用到他們自身組織實用問題解答的理論。

於是，為了呈現我們的理論架構，我們將從檢驗企業執行輸

入—轉化—輸出過程所藉由的活動系統開始。我們嘗試使用抽象的概念來讓這些理論適用於任何種類企業的運作。

活動系統和它們的界線

首先，我們透過執行輸入—轉化—輸出過程的活動系統來思考企業。我們會區分營運活動與維持及管控活動，然後我們會探討活動系統界線的定義和對跨界線交易的控制。

企業的流程和活動

流程指的是在*系統生產過程*（throughput）❷所引起的一個轉化或一系列的轉化，因為如此，生產過程的位置、形狀、尺寸、功能或某些其它面向產生變化。

活動是一個工作單位。對流程有貢獻的轉化，是透過生產過程的內在特性和生產過程中所執行的營運活動的相互作用所造成。活動可以被人或機械或其它方式執行。我們稱活動的製造者為**資源**（resources）。

一個企業透過不同的輸入—轉化—輸出過程與環境互動，因而需要相對應的不同活動。一個製造公司，如之前提到，輸入原料，將它們轉化為產品，並透過販售產品取得報酬。但它也招募員工，訓練員工，指派工作，然後遲早透過辭職、退休或解僱輸出他們。它輸入和消耗庫存和能源。它也收集關於市場和競爭者的情報，分

---

❷ throughput一般是指生產量，但考量上下文，此處的意思應指在通過一個開放系統時的原料量以及處理原料的速度與本質，故譯為生產過程。

析這些資訊，決定產品的設計、產量、品質和價格，並根據不同的決策發布不同種類的通訊。

在企業或是企業中單位的分析中，我們把「營運活動」（operating activities）這個詞保留給那些對輸入、轉化、輸出過程有直接影響的活動，這些活動定義企業或單位的本質❸，並使之與其它的企業和單位區分。所以在一家製鞋公司，營運活動包括取得皮革和其它原物料，轉化這些原物料為鞋子，以及販售和運送這些鞋子到客人手上的活動。同樣地，在一家航空公司，營運活動包括那些對轉化潛在旅行者成為購票旅客，以及將這些旅客從出發地送到目的地之過程有直接貢獻的活動。如果被分析的單位是會計部門，營運活動會是相關數據透過發票、支票、成本報告、工資單和各種帳款形式被收集、處理和輸出的那些活動。

除了營運活動，還有兩種可被辨識的活動：維持和管控。

「維持活動」取得和補足產生營運活動的資源。因此不只是機械的採購、維持和檢修，也包括跟維持活動有關的員工徵才、就職、訓練和激勵。

「管控活動」將營運活動連結在一起，將維持活動與營運活動連結，也將所有企業（或單位）所有的內部活動與其環境連結。

維持和管控活動本身可以用輸入—轉化—輸出的術語來分析。例如，在管控活動中，輸入的是關於被管控之流程的訊息，轉化過程是將這些數據與目標或表現標準對照，而輸出則是暫停或修改（或不暫停或不修改）流程的決定，或是接受或拒絕產品的決定。同樣地，把篩選新員工的程序看作是維持活動的一個例子，輸入活動取得一個申請者，轉化活動是按照程序作出選擇或拒絕的決定，

---

❸ 原文是 mature，但考量上下文應是 nature（本質）的筆誤。這裡依脈絡譯為本質。

而輸出活動則是安置新員工或處置被拒絕的申請者。

活動系統

活動系統是*為了完成將輸入轉化為輸出的過程所需的活動複合體*。

任務系統是*活動系統加上完成活動所需的人力和物質資源*。「系統」這個詞，在這裡的用法，意指每個系統的部分活動都與同個系統中至少某些其它活動相互關聯，並且系統整體在某些（即使是有限的）方面可被辨識為獨立於其它相關的系統。

*因此，一個系統帶有將其與其環境分開的界線。*被輸入的穿越這個界線並在系統內經歷轉化過程。系統所做的工作因此──至少從可能性來說──可以透過輸入和輸出的差異來測量。

但是，輸出與輸入之間可被測量的差異，並不代表這個被辨識的界線就是活動系統的界線。舉例來說，在自動化運輸線上，一個元件會通過一連串的機器，每個機器執行一個特定作業，其輸出／輸入率是可以被測量的；但整條線上的機器是如此的互相連接，要不是一起運作，不然就是一起停擺。就算在機器之間置入變項饋送裝置（variable-feed device），重要的輸出／輸入率仍是以整條產線來計算。系統的界線意味著一個中斷。我們的假設是，界線的中斷包括科技、領域或時間或這些因素的某些組合的區分（Miller, 1959）。

在簡單的系統中，不存在一個營運活動和另一個營運活動之間，或營運活動和維持及管控活動之間的內部系統界線。複雜的系統則包含這種內部界線。在一個大型複雜系統中，可能存在多層次的區分；主要營運系統本身可能被區分為有界線的次系統，並可能

再次被區分,直到達到單純不可被區分的系統。

大部分的企業有複雜系統的特性:它們包括許多可被辨識的活動次系統,且透過這些次系統,企業內不同的流程被執行。這些組成的系統就像企業作為整體一般,是開放系統,從環境獲取輸入,將其轉化,並輸出結果。因此,在製造過程中的某一個部門,可能輸入在製程中上一個部門輸出的半成品。同樣地,這個部門在製造過程中較後階段輸出給後續部門同樣產品。因此,企業整體是其部分活動系統所處環境的一個重要部分。

當維持活動在企業中被區別的部分系統中被執行時,它們也可以被視為擁有自身營運活動和相關維持及管控活動的活動系統。

監測和界線控制活動

管控的存在區分一個系統與一群活動的聚合,並維持系統的界線。管控將活動與生產過程連結,並將這些活動排序以確保流程能被完成,且系統作為整體的不同輸入—轉化—輸出過程能與外在環境連結。

大部分的流程都有某種程度的「自我管控」,意思是,流程的本質或結構會在相關活動系統中加諸紀律和限制,因而在一系列作業中的每個作業都會受到在它之前和之後的作業所「管控」。類似的,在部分的化工產業中,一旦化學成分被攪拌,接著加熱、流動和其它的流程開始,科技會接手,大致上決定輸出的數量、品質和速度。雖然這些內在的限制和紀律很重要,它們並非管控*活動*。

在分析活動系統時,兩種不同的管控活動可以被辨識:監測和界線控制。

每當一個營運活動被暫停(無論時間多短),以確認這個活動

正在達到其目的，一個管控活動即被引入：營運活動／檢查／營運活動重啟。所以當一位正在鋸一塊木頭的木匠停下來確認他鋸的方向是對的，他把營運活動轉為管控活動。一個較難覺察的活動改變例子是業務員的任務。在與潛在客戶互動時，每當業務員回顧自己說過的話，評估他的話對客戶的影響，然後決定是否繼續用同樣的方法或使用不同的進攻方式，他就是在執行管控活動。我們使用「監測」這個詞來表示這種系統內的管控活動，它們與系統界線上被啟動的控制是不同種類，也不直接相關。

將活動系統與其環境相連結的管控活動，發生在系統與環境的界線，並控制橫跨界線的輸入和輸出交易。因此，界線管控是在系統的營運活動之外發生的。重要的意涵是，活動系統周圍的界線不只是一條線，而是兩條界線中的區域，一條在系統內部活動和管控區域之間，第二條在管控區域和外在環境之間。這種管控的形式，我們稱之為「界線控制功能」。

界線管控功能

界線控制功能和輸入—轉化—輸出歷程之間的關係，顯示於圖1。圖2使用拓撲學形式描述活動系統，並展現界線控制功能與營運活動的關係。

活動系統的界線因此同時代表一個中斷和一個控制區域的插入（interpolation）。我們將會看到，如果在流程的某個點置入的組織界線無法同時滿足這兩個活動系統的界線的條件時，困難會發生。如果沒有中斷，就不可能有界線區域，而在指定系統內執行的活動就無法與「外界」的活動隔絕。

我們指出過管控本身可以被當作輸入—轉化—輸出過程來分

圖1　流程界線上的管控

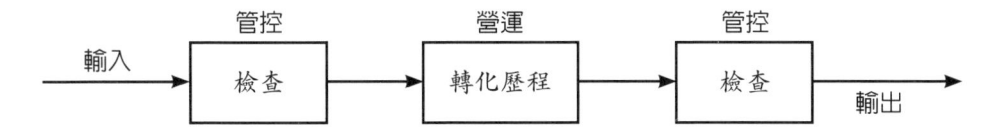

```
輸入 → [管控 檢查] → [營運 轉化歷程] → [管控 檢查] → 輸出
```

圖2　活動系統的界線控制功能

```
輸入 → [營運活動 / 界線控制功能] → 輸出
```

析：輸入活動是透過測量或來自其它觀察所收集的資料；轉化活動是這些資料與表現目標或標準的比較；輸出活動是停止或修改流程或讓產品通過的決定。簡單的例子是製造業中的檢驗功能，原物料在被接受前被檢驗，而成品在被送出前被檢驗。在大多數大型工廠中，檢驗功能會被插入在不同部門之間。如果檢驗發生在企業和環境之間或在組成企業整體的不同組成系統間的界線，界線的混亂就會很少發生。當我們考慮不中斷自動控制的引入對組織造成的影響時，特別是那些包含反饋和自我校正裝置，因而移除了在一個營運活動系統和下一個營運活動系統間需要暫停去檢查的需要，問題就會增加。

監測活動

一個簡單的自動管控形式，可以透過比較一位木匠鋸一塊木頭

和用電鋸來完成同一件作業來說明，前者他會停下來檢查鋸的方向是否正確，而後者鋸木頭的方向是由預設好的夾具所決定的。在機械化的作業中，鋸子控制者管控輸入的數量，也可能是品質，但轉化活動的控制是自動化的。鋸子控制者的任務是監測；實際鋸的行為由機械來執行。

　　下一步是透過引入機械裝置將鋸木作業與其前後作業連結起來。透過這些裝置，原物料可以被取得、檢查、鋸開和傳遞，而不需要在進入下一個作業前暫停。這些裝置決定和執行關於這些作業的調整，而不需要暫停整個流程。

　　置入連續監測功能的結果，說明於圖3和圖4。圖3a顯示在三個連續過程中簡單的插入檢查點，並與圖3b的連續監測功能做比較。當為了管控而有暫停時，轉化過程的每一個部分都（至少）可能透過被區分的活動系統被執行，每個區分的活動系統擁有獨立的界線控制功能。但當沒有暫停檢查，不同營運系統間的界線被移除，不同的營運活動就在單一營運系統中被執行。圖3a和圖3b以拓撲學的方式展現於圖4a和圖4b。圖4b中展現的界線控制功能管控這三個營運活動和環境的交易，同時也監測系統內營運活動的傳遞。

　　在這個階段，可以強調的一個整體性論點是，當在越來越高的抽象層次需要作決策，或當新的變數需要被放入決策流程中考量時，建構出管控活動的級別或階級排序是可能的。最簡單的管控方式是由一個操作者執行，他暫停某個活動來檢查它是否正在達成其目的——暫停鋸木過程的那位木匠；在下一個層級，一個操作者監測單一活動或簡單的一系列活動——鋸木機器操作者；再下一層級，作為管控的數據是由標度盤和計量器讀到的萃取產物——例如在化學工廠裡的流程操作者；再下一層級，數據是自動化的讀取和

處理,而決策本身由自我校正裝置執行——一個自動化工廠中的電腦控制生產。每當為了控制目的所需的數據超過現有管控資源所能提供的數據處理能力時,管控階層的新層級就會被引入。

無論科技如何的先進,不可避免會遇到管控無法被機械化或自動化的狀況,而必須暫停下來檢查系統輸出與環境需求之落差。此時,一個界線區域被引入,而一個組織中斷發生。

個體、團體與它們的界線

每個企業都需要資源來產生「工作單位」——活動——企業的流程藉由活動而被執行。除了產生活動的資源之外,有些資源提供能讓這些活動發生的環境。因此,一家製造公司的物質資源包括工廠和相關機械及設備,這些都代表一筆重大的資本投資。如果這個企業是由一群家醫科醫師組成,物質資源的投資會較少:診療室和器材,等候室和接待處。所需的物質資源在程度和種類上,在不同的企業之間和複雜企業不同部門之間有差異。

然而,所有企業都有的是人力資源的配置。無論自動化的程度,企業中總是有些活動必須由人來執行。再者,人類不只以個體存在;他們會形成團體,小或大,且在這些團體中以個體和以團體整體來互動。此外,個體可以同時在一個大團體中隸屬於不同的小團體,也可以在任何環境中隸屬於不同的大團體。確實,一個個體無法單獨存在,只能因著與其它個體和團體的關係存在。就算他獨自一人時,他是什麼和他做什麼,大部分是過去關係和對未來期待的關係的產物。因此,任何組織理論不只需要關於活動系統和它們界線的理論,也需要關於人類行為的理論。

人類行為理論和活動系統理論在許多方面是類似的。就像一個

圖 3a 連續過程之間的檢查點

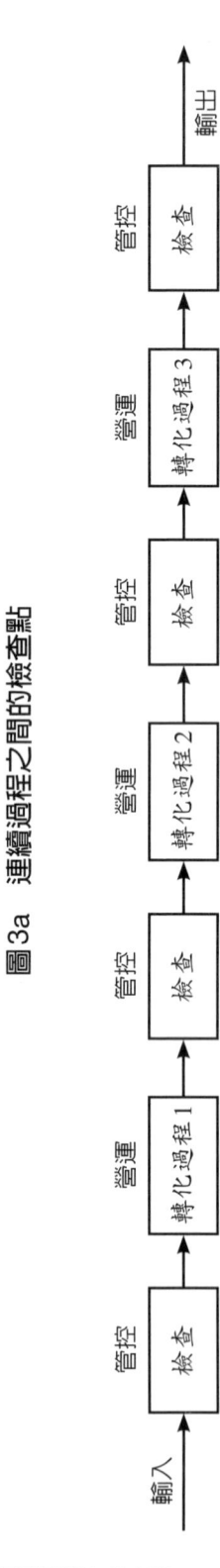

輸入 → 檢查(管控) → 轉化過程 1(營運) → 檢查(管控) → 轉化過程 2(營運) → 檢查(管控) → 轉化過程 3(營運) → 檢查(管控) → 輸出

圖 3b 連續監測功能

輸入 → 轉化過程 1 → 轉化過程 2 → 轉化過程 3 → 輸出
（管控）

094 ｜ 團體關係理論入門

圖 4a 三個連續的活動：獨立管控

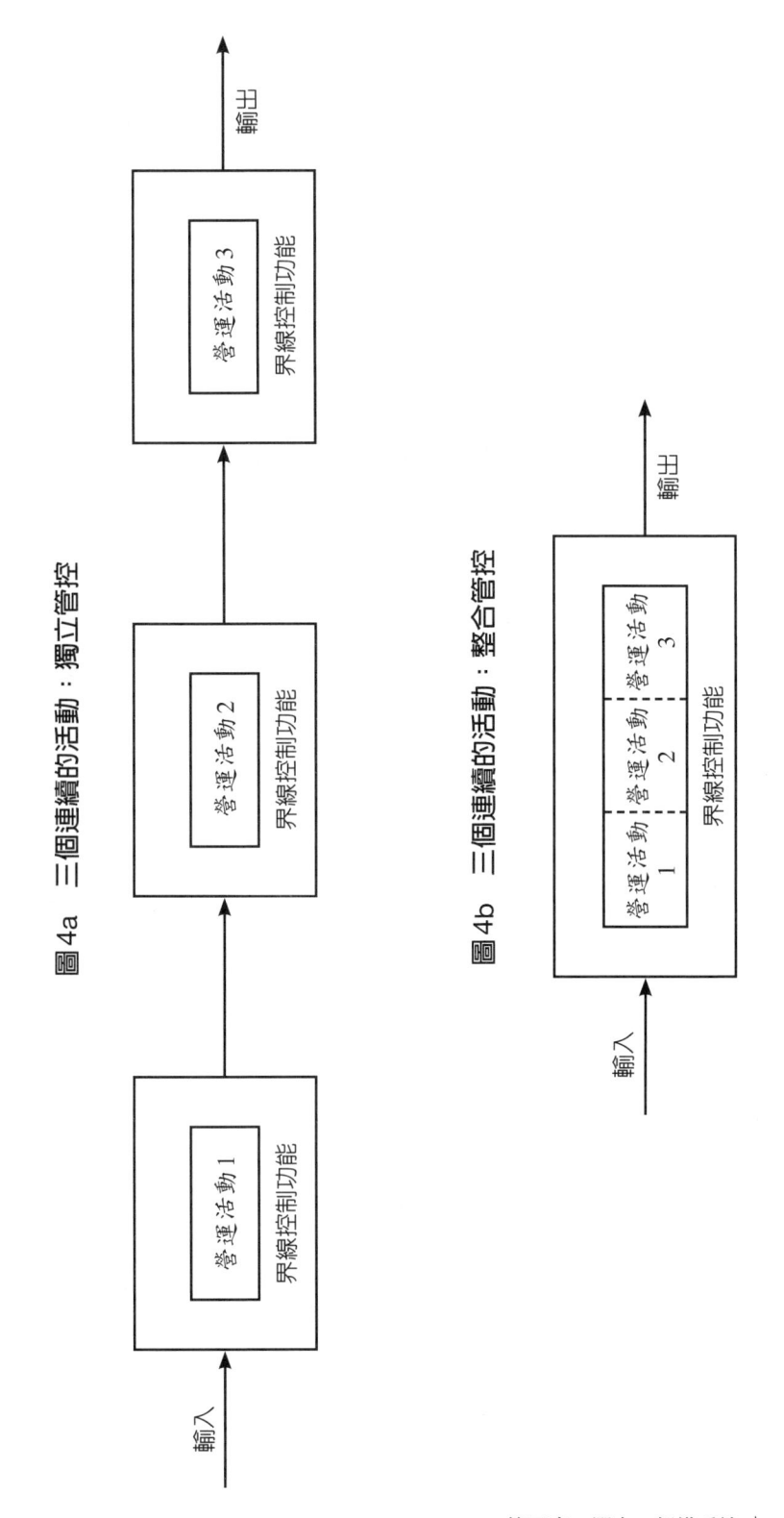

輸入 → [營運活動 1 / 界線控制功能] → [營運活動 2 / 界線控制功能] → [營運活動 3 / 界線控制功能] → 輸出

圖 4b 三個連續的活動：整合管控

輸入 → [營運活動 1 | 營運活動 2 | 營運活動 3 / 界線控制功能] → 輸出

第四章　選自：組織系統 | 095

活動系統，一個個體或一個團體可以被看作是一個開放系統，必須透過與環境的交換才能存在。然而，個體和團體有能力在不同的時間點動員自己進入不同種類的活動系統，而這些活動只有一部分與他們所隸屬各個企業的任務執行相關。

在我們的概念框架中，個體、小團體和較大的團體，可被看作一個逐漸複雜化的基本結構原則呈現。每個可被描述為具有一個內在世界、外在環境，以及控制內在與外在間交易的界線功能。

● 個體

一個人的人格是由他的生物遺傳和他的過去經驗（尤其是嬰兒早期和兒童期）所組成。在現代工業化社會中，普通男性和女性有三個互相重疊的行為領域——家庭、工作和社交活動——從中他們可以形成自身的發展。透過這些行為領域，人們滿足自身生理和心理的需求，並防衛那些他們在這些行為領域中形成之關係所帶來的壓力和張力。嬰兒依賴一個人——他的母親。他逐漸地將父親與兄弟姊妹納入自己的關係模式。進入兒童期後，他將遠親及家族網絡的其它成員納入。首次與這個家庭模式的中斷，通常發生在當這個孩子開始上學，第一次遇到他必須以一個更大社會的成員身分做出貢獻的機構。這是他在數年後之工作環境的初步經驗。

影響個體對他會如何被別人對待的預期的希望和恐懼，以及他立基行為準則的信念和態度，都來自於這些關係，且發展成為他人格的型態。他們形成了他的內在世界。這包括他原始天生的衝動，還有從他最早與權威的關係（通常由父母代表）獲得的原始控制。他的內在世界體現他自己那個渴望去做被禁止或不可能之事的部分，以及那個由那些同時激發並禁止這些衝動之人的意象所組成的部分。

幫助我們理解人格發展的重要貢獻是來自客體關係（object-relations）理論。依照這個理論，嬰兒無法區辨什麼是在自己內在和什麼是在外在。嬰兒不具有能分辨他的感受和感受來源的「自我」。他對一個外在客體的感受，成為這個客體本身的一個特徵。他將他的感受「投射」到客體上。如果這個客體讓他感到興奮或滿足他，它就是個「好客體」，他會愛它並給予他的關注；但如果這個客體使他感到挫敗或傷害他，它就變成「壞客體」，他會恨它並對其發洩他的憤怒。在他艱難地處理這些矛盾的屬性時，他將客體分裂為好的和壞的，各自代表客體使之滿足和挫折的部分。但他得學習到，在現實中，有時候滿足他又有時候使他感到挫敗、有時候好又有時候壞的是同一個客體。在後來看似保護性的愛和破壞性的恨，都來自一個內在不穩定的令人困惑和暴力的感受，在他接納好的部分的需求中，個體就得同時接納壞的部分，因而有破壞他最想要保存的部分的威脅。從這個對同個客體的暴力困惑感受而來的傾向是，一方面將那些使他覺得有保護性與愛的對象理想化，另一方面憎惡那些使他覺得敵對和妨礙的對象①。

在成熟的個體中，自我──自己（self）作為一個獨特個體的概念──調停內在世界的好壞客體和外在現實之間的關係，因而在人格層面承擔「領導」的角色。成熟的自我能區別在外在世界裡，什麼是真實的和什麼是被內在投射上去的，什麼是應該被接納並納入經驗和什麼該被拒絕。簡單來說，成熟的自我可以使內在與外在的界線明確，並可以控制兩者之間的交易。

用圖示，個體可以用活動系統的模式呈現：見圖5。自我等同於調停內在世界和外在環境的界線控制區域。

---

① 對此理論更詳盡的解釋見克萊恩（1959）。

圖5　個體人格

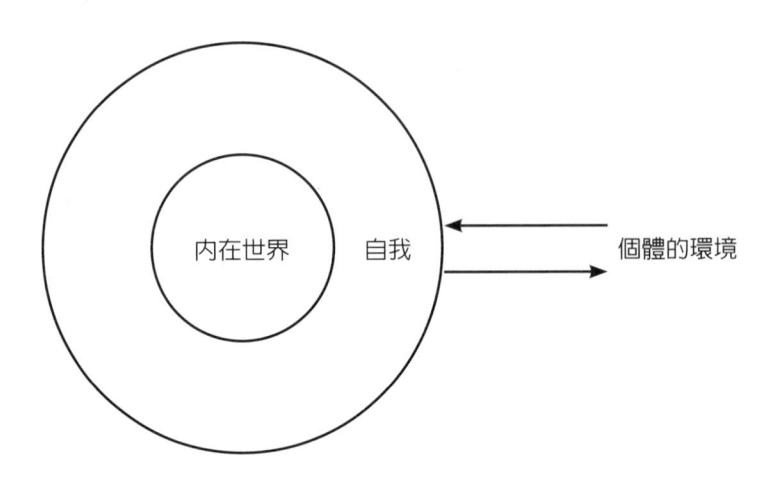

　　多數人類習慣將內在的好與壞分裂，並將產生的感受投射到他人身上的這個傾向，是對於人力資源和所執行任務之間關係的理解和控制的主要阻礙之一。而接受對同一個人能同時有愛與恨感覺的困難，又會因為管理者與他們所管理的企業成員之間的關係而加深。企業成員依賴他們的管理者幫他們辨識他們的任務和提供完成任務的資源。一個失敗或甚至畏縮的管理者，他不可避免有時候一定會如此，剝奪了他下屬對他的滿意並招來他們的憎恨。但是管理的領導角色是個孤單的角色，而領導者必須有追隨者；任何畏縮或逃避都會威脅到任務的履行。這個不可避免且相互的依賴關係，讓領導者和追隨者雙方增加對彼此潛在敵意的破壞性力量的自我防衛需求。

● 團體

　　我們已經把個體的內在世界，描繪成是由他曾建立的關係所產生的客體與部分客體（part-object）所組成。因此，一個個體除非

放在與有互動他人的關係來看，否則是沒有意義的。他使用他們，而他們使用他來表達意見、採取行動和扮演角色。個體是團體的產物，團體是個體的產物。依照他的能力和經驗，每個人在內在帶著他過去曾經待過並作為成員的團體。他作為嬰兒、兒童和青少年在家庭、學校和工作中的經驗，還有他成長的文化背景，被形塑進他的人格中，進而影響他與上司、同事和下屬的工作關係。

每個團體，無論多麼地隨意，都是為了做什麼而聚在一起。在這個活動中，成員彼此合作，而這個合作需要使用到他們的知識、經驗和技能。因為他們聚在一起來完成的任務是真實的，所以，團體成員需要與現實連結才能完成任務。為了完成任務，他們必須以理性人類的樣子來行動。所以，他們必須要有方法針對他們的任務彼此溝通，並與外界溝通。當他們發展出對彼此和團體的態度和信念超越他們原先聚在一起的目的時，他們正在形成對自身作為個體和團體作為團體的假設②。這些假設，連同他們對他們目的的態度，提供他們聚在一起的情感氛圍。

因此，一個團體的內在世界的組成是由：第一是團體成員對目的的貢獻，而第二是團體成員在團體內和團體與環境的關係中，所發展出關於彼此和團體的情感及態度。在任務執行的層次，團體成員以理性成熟的人類方式參與；在形成對彼此和團體的假設層次，他們彼此共謀以支持或阻礙他們原先聚在一起的目的。如此產生的團體模式，是成員作為個體間以及成員與他們產生的團體文化間的合作與衝突。

---

② 參見比昂（1961）。比昂指出三種「基本」假設：依賴、配對和戰—逃。所以，團體，無論他們外顯的任務為何，根據比昂，會表現得彷彿他們聚在一起是為了依賴某個人來提供所有身體或精神上的滋養，來繁殖自身；或與某人某物戰鬥，或從某人或某物逃開。

團體的外在環境，包括團體成員以個體和以團體成員互動的其它個體、團體和機構。

團體內在世界的兩個層面，在圖6中以示意圖的形式呈現。作為一個工作團體的成員，個體會公開和有意識的為團體的任務貢獻；同時，他們也會以自身未能覺察的方式，向團體內和團體外投射他們對自身、彼此和環境的假設。因此這個團體，以它已作成關於自身的假設般來行動（「假設」團體），侵略個體的界線；同樣地，團體外個體成員的歸屬破壞這個團體的界線。

一個團體，依照定義必須由多於一人所組成，但不同大小的團體會有不同的行為特徵模式。兩人團體和三人團體必定展現不同的團體性質；而目前就我們所知，如果成員逐一增加到五位、六位或甚至七位時，團體的特徵會隨之改變。之後不管團體從七人發展到十一人或十六人，雖然改變會發生，但是本質上的特徵是小型面對面團體。在這樣的團體中，成員人數並沒有多到無法支撐親密和連續的私人關係，但也沒有少到會因為某團體成員的離開而危及團體安全。小型面對面團體提供一個讓成員可以被認識和感覺安全的界線，在團體中，個人可以尋找增援和幫助，但他也必須遵守團體加諸於成員身上的行為模式，並且對於組成團體文化的不同假設有所貢獻。

較大的團體不一定存在內部的分化。未分化的大團體通常都很短命。缺乏在工作團體層次結構性關係強加的控制，這些團體更傾向於被非理性假設所宰制。因此，煽動者的受眾或暴動群眾放棄個體的界線而淹沒在團體中。

當超過十二位左右成員時，團體常會分裂為次團體。因為許多企業需要的人力資源遠大過小型面對面團體所能提供的，他們必須將小團體與大團體的現象都一併考量進去。

圖6　團體內在世界的兩個層面

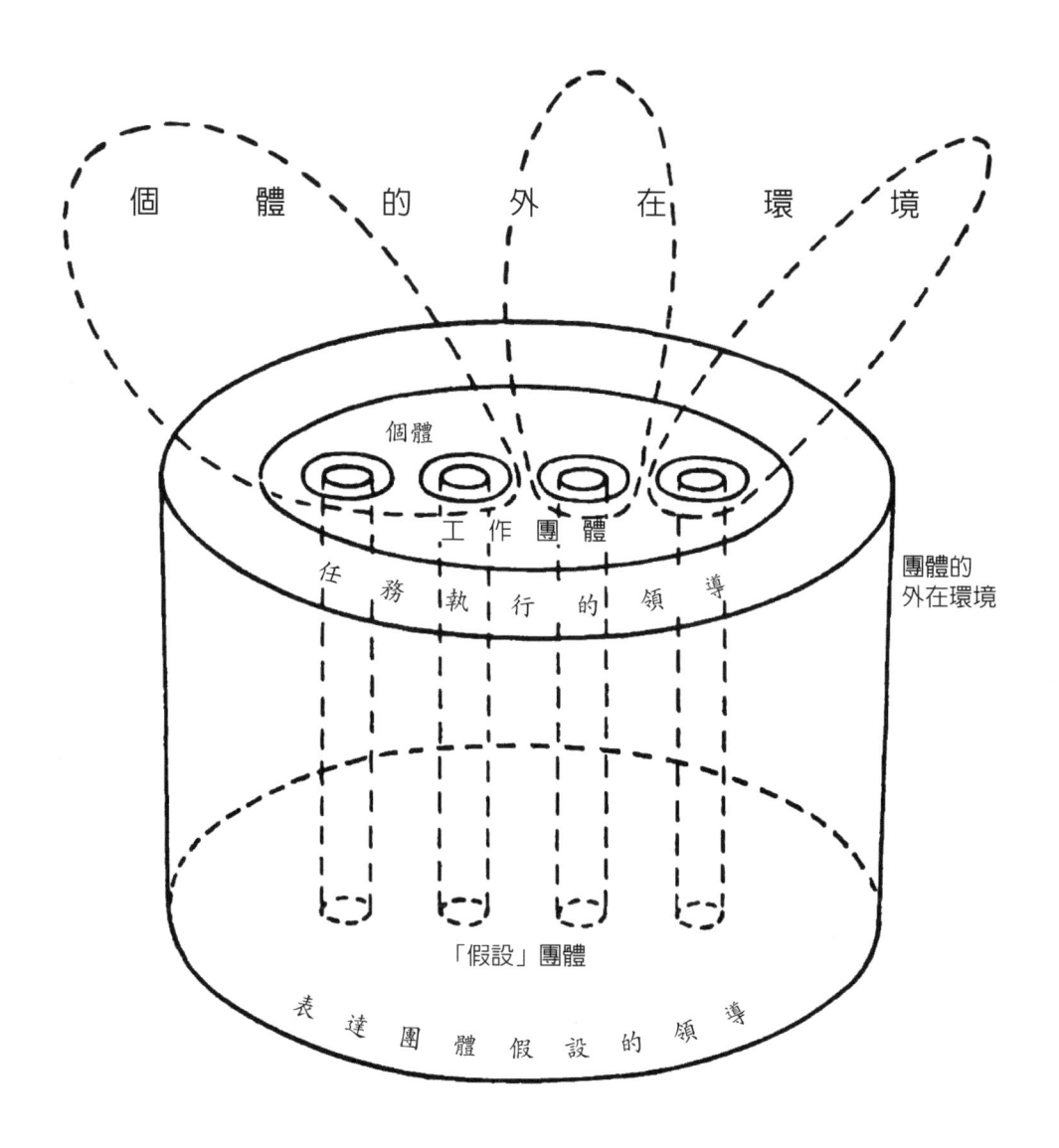

個體的外在環境

個體

工作團體

任務執行的領導

團體的外在環境

「假設」團體

表達團體假設的領導

大團體是由個體和個體所歸屬的小團體所組成的。這些小團體可能是「正式的」，表示團體組成和目的與企業的需求相符；也可能是「非正式的」，為了其它的目的而存在。個體與大團體的關係可能建立於其作為多個小團體的成員上。因此，大團體的內部生命包括個體之間的關係以及個體所屬的團體內和團體間的關係。個體帶著自身外顯的需求和潛意識的企圖，而小團體帶著足以辨識他們存在和凝聚團體的任務和假設。此外，個體和團體同時在意識和潛意識層面上，與工作和假設層面上相互影響。

　　無論一個團體是大或小，都需要領導，等同人格中的自我功能，來將團體內部與外部環境作連結；也就是說，團體的領導，如同個體的，是一個控制內外交易的界線功能。領導不一定或甚至不常是一個個體所行使的職責；在不同的時間點和狀態下，不同的成員可能代表團體來行動。因此，在我們的用語中，是活動定義領導，而不是口頭指定某人為「領導者」。工作團體的「領導者」會真的需要處理行為上的現實，領導活動是「假設」團體的結果並可能與工作團體的要求衝突。不管位於何處或由誰執行，領導活動表達和確認這個相異於其它團體的團體的獨特認同，並區分成員和非成員。

　　團體的存在，假定成員們都有付出一些為了建立團體認同以及維持團體周邊界線的情感投入。不同的團體對其界線上的情感投入程度有差異；換句話說，某些團體對他們的成員來說比其它團體更重要，或是用一個不同的詞彙，有些團體比其它團體更有感覺性（sentience）。這些差異顯現在跨界線的交易上，而控制這個交易是領導的職責。無論這個職責是由一個個體或成員所執行，跨界線交易所展現一致性的程度，是成員情感上對團體承諾的一個指標。

　　但如我們之前提到，個體同時屬於很多不同大小的團體。用圖7加以說明，如圖顯示，C是小團體1的成員，也是小團體3的

圖7 大團體

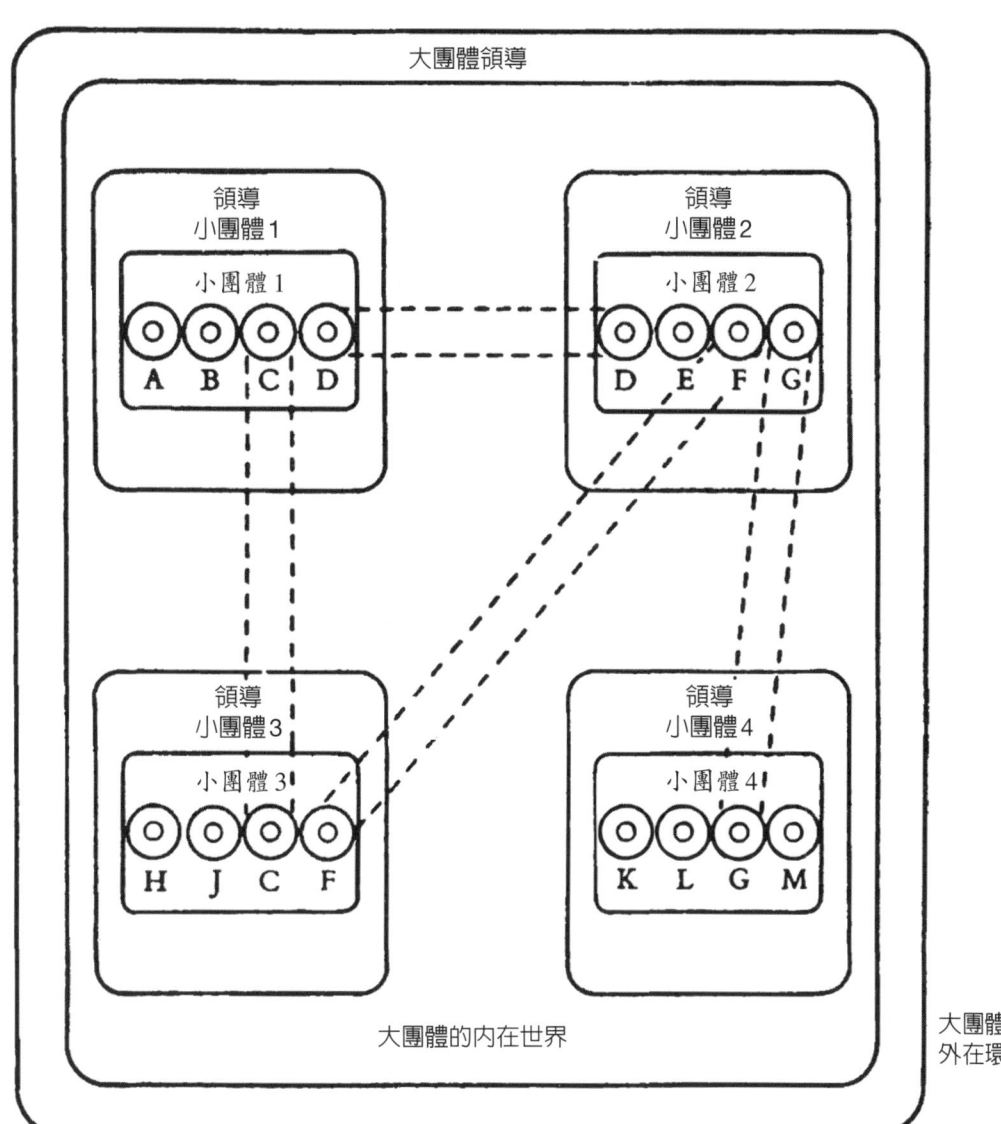

大團體領導

領導
小團體1
小團體1
A B C D

領導
小團體2
小團體2
D E F G

領導
小團體3
小團體3
H J C F

領導
小團體4
小團體4
K L G M

大團體的內在世界

大團體的外在環境

第四章 選自：組織系統 | 103

成員，G同時是小團體2和4的成員，而F同時是小團體2和3的成員（此圖並未顯示外部的歸屬，也並未顯示團體內在世界的兩個層面：與圖6對照）。所以，對C來說，其中一個小團體會比其它小團體更有感覺性，且大團體的界線可能對C具有比任何小團體更大或更小的感覺性。

雖然我們的圖暗示了團體的領導和活動系統的界線控制功能之間的相似之處，但是過度強調此對照，以至於將個體和團體理解為簡單的活動系統會是一個錯誤。如前所述，個體和團體可以在不同的時間或甚至同時於許多不同的活動系統中動員他們自己，且個體可以同時屬於多個不同大小的團體。確實，在任何階級結構中，企業中的每個成員，除了那些在最高階或最底層之外，都必須同時屬於至少兩個團體——一個是他的下屬，一個是他的同事和上司（Likert, 1961）。

• 團體間交易

任何形式的團體間關係包含某種跨越團體界線的交易。但為了交易能跨越團體界線，一個團體必須有一些以團體發言的方法。它必須有一個「聲音」（voice），且為了要讓此「聲音」是一致和可被理解的，不只在團體外，也在團體內，某種「政治」機器需要被設計出來。換句話說，團體要不是全員統一說法，就是要被「代表」。舉最簡單的例子，當團體A透過(a)代表要與團體B溝通時，一個新的界線和四個新的關係層面會自動涉及（如圖8所示）：

(i) 在團體A和它的代表(a)之間
(ii) 在代表(a)和團體B之間
(iii) 在團體B內因為(a)的加入

(iv) 在團體A內因為(a)的離去

發動方團體必須想辦法與其代表所說或所做的達成共識，而代表也需要將他自己的意見與他要溝通的團體政策達成一致。接收方團體的界線也被跨越，而團體需要逐漸接受來自環境的侵入和團體人數的增加，無論是多麼短暫。

當不同團體的代表聚集在一起並建立團體間關係時，另一層界線與另一組關係會產生：在團體代表形成的新團體和他們來自的團體之間。這個現象展現於圖9。團體代表被自己代表的團體斷絕關係並不少見，因為他們已經，或被懷疑已經，把他們的忠誠轉移到他們拜訪的團體或代表們組成的「團體」去。

派出任何成員來代表團體也削弱團體整體的力量。如果這個代表不在時，團體處在不活動的狀態，這表示團體的活動是由那位成員所帶領，而這個團體整體變為無能。它的領導是由那位缺席的成員所行使。反之，如果團體在代表缺席的狀況下仍維持有效運作，而造成其活動成長與發展，這表示這個代表只代表團體的過去，而他表現在對環境的「領導」被削減了。他不再能夠代表團體的現在，只能代表它的過去。

圖8　代表活動的界線

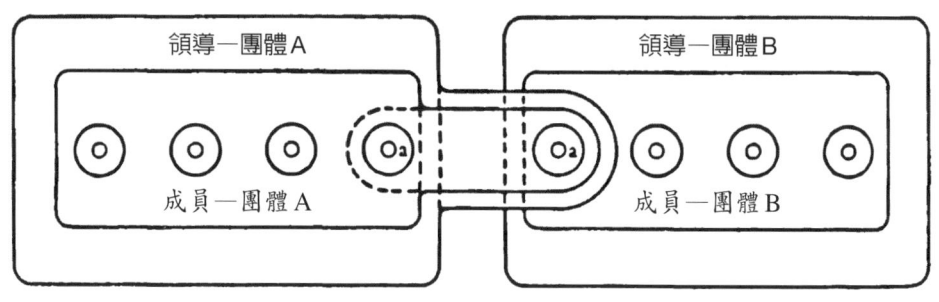

圖9　代表團體的形成

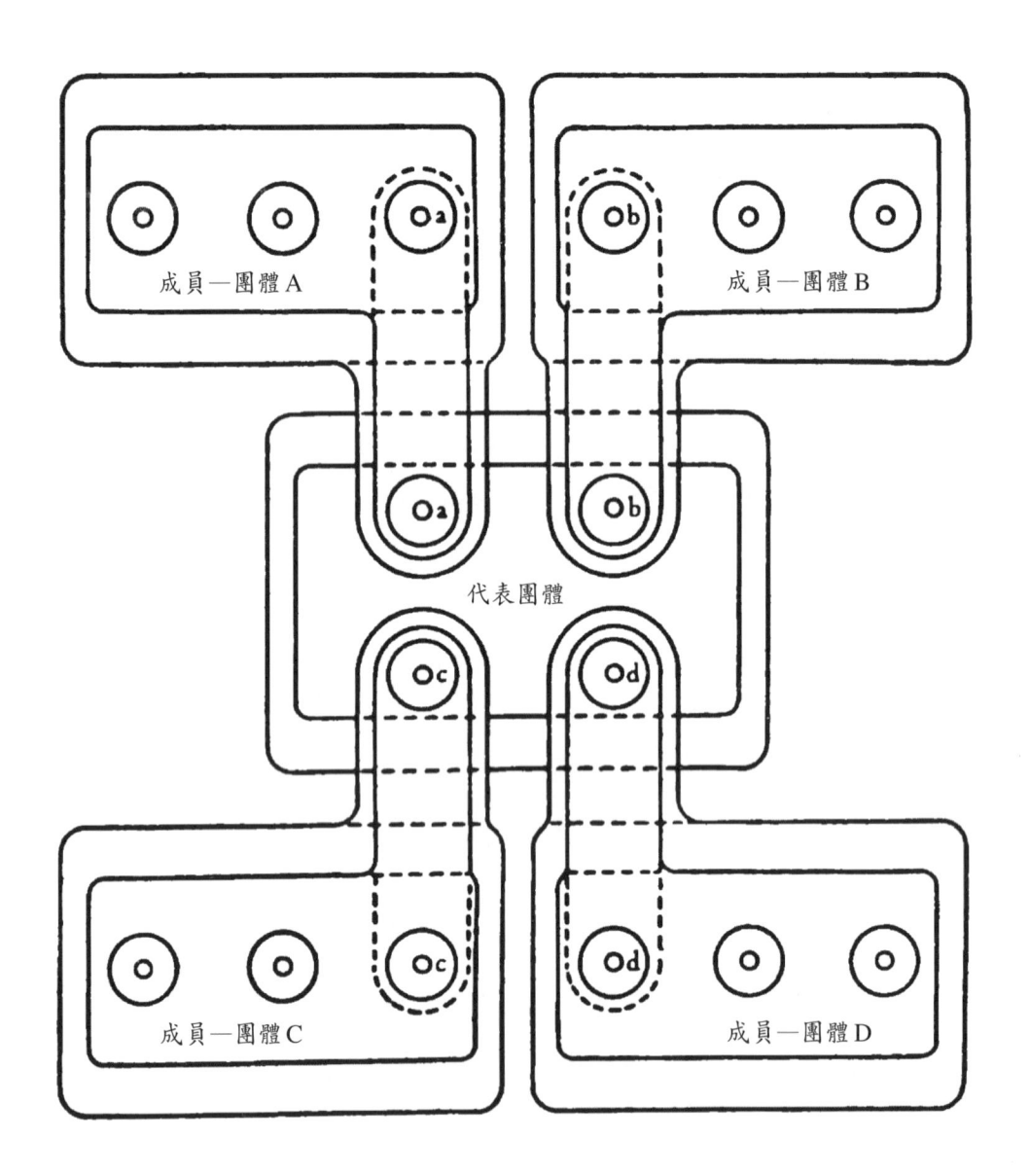

成員—團體A　　　　　成員—團體B

代表團體

成員—團體C　　　　　成員—團體D

大體來說，在建立任何團體間關係時，都涉及畫新的界線——至少是暫時的。而畫新界線包含新界線變得比舊界線更有力的可能性；也就是說，新的界線會比舊的界線更有感覺性。

因此，任何團體間交易的建立有破壞性的特徵，因為涉及的關係可能破壞或至少削弱熟悉的界線。但任何開放系統為了要生存，都得進行團體間交易，故任何團體的成員無可避免地要面對一個兩難：一方面，為了安全得不惜代價維持它自身的界線及避免跨越界線的交易；而另一方面，為了生存又得依賴與環境的交易行為和承受毀滅的風險。

在現實中，任何企業會與其環境進行多種交易，也因此需要透過對交易的本質、種類和一致性或不一致性加諸各種條件以防衛自己。很明顯地，當越多成員「代表」一個企業與環境互動時，越有可能產生不一致性，因此，如我們的假設，會降低對企業界線的投入。

任務的優先順序和限制

在描述過活動系統及其界線，還有人類行為的概念後，我們現在可以關心任務的優先順序：意思是，透過活動的優先順序，一個企業和環境產生關聯，而企業的部分和其它部分以及企業整體產生關聯。主要任務的概念可以幫助我們探索這些關係的目的性本質。

我們之前提過，任何企業都可以被看作是個開放系統，透過與外界環境交換物資而存在，並只能如此存在。它輸入物資，轉化它們，然後輸出一些成果。這些輸出讓企業可以取得更多輸入，而輸入－轉化－輸出流程是一個企業要活著就得進行的工作。因此，一個企業的任務，以最一般性的方式來定義就是，將輸入轉化成輸出

以取得報酬——最低限度的報酬就是死亡的延緩。

但就算是簡單的企業，如前所述，有多種輸入和輸出，也因此執行多種任務。對應這些任務的就是我們前面指出的營運、維持和管控活動。我們假設在任何時間點，每個企業都有一個*主要任務*——*一個為了生存而必須執行的任務*（Hutton 1962; Rice, 1958, 1963）。

• 主要任務的概念

主要任務本質上是一個直觀的概念，讓我們可以探索多種活動的排序（和組成活動系統，如果存在的話）。這個概念讓我們可以透過不同主要任務的定義來建構和比較一個企業的不同組織模型，也讓我們可以比較有相同或不同主要任務的不同企業間的組織。主要任務的定義決定主要的輸入—轉化—輸出系統，並將營運活動與維持和管控活動區分。主要任務明確指出所需的資源，因此也決定組成系統的優先順序。

一個可能的意涵是，一個組成系統定義的主要任務和上層系統定義的主要任務之間可能會發生衝突。舉例來說，一個工廠部門內部定義的主要任務可能是將某個特定產品的輸出最大化，但從企業的角度，限制這個部門的輸出並增加另一個部門的輸出，或甚至對它要求不同輸出並依此調整它的資源，可能會帶來更高的報酬。

以更大的規模舉例，醫療服務的主要任務的定義是救命，但在發展中及人口過多的國家，如果維持無法避免的增加人口所需的食物、住宿和其它資源無法被提供的話，這個任務可能導致悲劇性的後果。

同樣地，一個企業主要任務的環境定義可能與其自身的定義相異，並對其造成限制。舉例來說，一個社區可能將地區內最大公司

的主要任務定義為提供地方居民必要的就業管道。這樣的定義可能與公司的政策衝突，公司的政策是改善公司管理部門所定義公司主要任務的表現——執行有利潤的製造性營運——可能需要一個更機械化的製程，同時減少勞動力。

然而，在大多數的產業裡，一個機構對於認同與目的的一般「公開」定義將長期優先事項指定給一個特定任務，也就是一個特定的輸入—轉化—輸出系統。因此，教育業必須輸出受過訓練的學生，製造業必須生產一些貨物，而除非它們可以從輸出得到足夠的回報以取得更多的輸入，例如，學生和原物料，否則它們無法生存下去。

但有些以長期來說是主要任務的附屬任務，也有可能暫時性地成為主要任務。舉例來說，在工廠中，將原物料轉化為終產品的製造系統是長期的優先項目，主要任務就是將原物料轉化為產品。但如果機器壞了，這個轉化系統的主要任務就會從製造產品轉移到修理機器。活動的維持系統（「輸入」故障的機器和零件，並「輸出」修理好的機器）就成為優先項目。同樣地，一個教育機構如果無法找到教師，它的主要任務就會受到危害，所以在某些時候，機構的主要任務可能從教育轉移到徵才。

然而，這些暫時性的主要任務轉移，有可能導致企業主要任務永久性的重新定義，並改變數種執行任務中的優先順序。為了吸引教師，一個教育機構可能需要擴展其研究活動，使教師能夠參與並贏得學術上的聲譽。當研究活動對教學活動的比例提升，這個機構的主要任務的定義可能（無論是否明確可被觀察）逐漸地在修改。而這個企業的行為可能表示它的主要任務已經不再是輸出受過訓練的學生，而是研究發表的產出。

在某些企業中沒有明確的優先順序。教學醫院提供一個經典的

例子。為了生存，它必須輸入醫學生，給予訓練，並輸出可接受比例符合資格的醫生；它也必須輸入病人，治療他們，並輸出可接受比例康復的人。在任何一個時間點，某個任務或其它任務更為重要，而在手術室中，主要任務會依照手術的進程隨時改變。英國的監獄系統有三個任務：為社會懲罰違法犯罪者、監禁對社會有危害的人，以及幫助社區中行為不良者復健。依照我們現有的知識和資源，復健需要一個開放監獄，而監禁的定義就是需要一個封閉的監獄，這兩個需求要能在同一個系統中被達成絕非易事。

在分析組織時，主要任務常常需要藉由不同活動系統的行為以及它們工作被管控的標準來推論。然後我們可能可以做出這樣的陳述：「這個企業的行為就好像他們的主要任務是……」；或是：「企業中這個部分的行為就好像企業整體的主要任務是……」這樣的陳述可以拿來跟企業領導者對外的陳述和他們對主要任務的定義部分做比較。

主要任務不是一個規範的概念。我們不是說每個企業*必須*有一個主要任務，或甚至必須定義其主要任務；我們提出的主張是，每個企業，或企業的某個部分，在任何特定時間點，*都有一個主要的任務*。然而，我們也在說的是，如果透過對內部資源和外部力量不合適的評估，企業領導者用不合適的方式定義主要任務，或是企業的成員（包括領導者和追隨者）不同意他們對主要任務的定義，則企業的生存會面臨危險。此外，如果組織主要被視為任務執行的工具，我們可以補充說，如果沒有適當的任務定義，組織的瓦解必然發生。

• 資源與限制

資源提供，或促進，輸入被轉化為輸出的活動。任何任務的執

行都需要人力和物質資源。在一些企業中，例如高度自動化的工廠，大部分的活動都由機器執行；在其它企業，例如教育機構或製造公司的銷售部門，他們是由人來執行。然而，就算在全自動化的工廠中，流程的設計以及它的維持和管控依賴人力——他們的科學與技術知識、他們的技能和他們的經驗。資源存在或不存在的程度構成對任務定義和執行的主要內部限制。環境的社會、政治、經濟和法律條件構成主要的環境限制。

因此，雖然任何工商業主要任務的一般定義是「獲利」，但是利潤如何獲取、金額多少及能拿來做什麼，是受法律、關稅和稅制所限制。此外，在大部分的情況下，一個企業能獲得的人力資源來自於它所處的社會。這個社會的成員創造它的文化，並因此將他們社會的文化限制帶入他們工作的企業中。所以，環境限制不可避免地被帶入企業中而成為企業內部文化的一部分。當一個企業本身同時被其員工和社會所重視，任務定義和執行的限制也會帶來價值，也因此變得難以改變。因此，定義與執行同時被外在環境和內在文化所限制，且企業與環境的互動強化並確認這些限制。結果就是，新的知識、新的經驗——總的來說，新的資源——通常難以被導入。

因此，無論來自環境或是企業本身的限制都需要被不斷的檢視，以確定這些限制是否真的不可違背。由於已知的限制，不完美的任務表現總是需要被接受；這種表現，不可避免地，是標準的表現。限制的鬆綁——一個新的發明，新技能的發展——可能導致新的任務，或舊任務的更佳表現，但如果沒有相對應對任務定義和表現評估標準的重新檢驗，過去視為標準的可能變成不合格。

在一個有多於一項任務且缺乏適當優先順序決策的企業中，一個任務的執行會成為另一個任務的限制。教學醫院已經被提過了：

第四章 選自：組織系統 | 111

在現有的知識和技能水平下，訓練醫生需要病人，但這不代表需要被治療的病人總是能從見習醫師那邊得到最好的治療。大型企業可被分化為組成系統，每個組成系統有其個別的主要任務。在這個意義上，任何大型企業都進行多種任務。再者，任何組成系統的環境是由其它組成系統與整體系統所組成，因此，組成系統中，定義和執行上的限制包含那些由其它組成系統所加諸的。一個大型且複雜的企業越分化，每個組成系統所受到其它組成系統和整體系統的限制也就越大；而一個組成系統越次要，其任務定義和執行方式的限制力量就越大。

人力資源僱用所加諸的限制

　　普遍來說，一旦主要任務被定義且其定義被接受了，其它的活動（無論有多必要和重要）便是次要的，並可能成為主要任務執行上的限制。除了在非常原始的社群中，工作、遊戲和家庭生活都是整合的社群活動，企業中的成員身上必然帶著各種團體的成員資格和許多不同的活動系統。無論他們多麼正面的接受企業主要任務的定義和執行方式，來自其它團體成員資格的價值觀通常很難總是與工作上的價值觀相契合。

　　因此，對任何活動系統的效率來說，最主要的限制是，科技還無法消除，也永遠無法完全消除，動員人力資源的需求，而人力資源帶入企業的不只是他們被要求貢獻的活動。在指定活動到角色與指定角色到任務團體上，人類的需求會改變任務要求。在任務系統效率的量尺上，疊加了人類滿足感與被剝奪感的量尺。

　　因此，一個個體可以被視為在工作中正在經驗來自以下情境的滿足感或被剝奪感：

(i) 與活動系統直接相關的人際和團體關係

(ii) 與其它團體成員身分間，這些關係的和諧與不和諧

在這兩者之外，我們必須加上第三點：在活動本身經驗到的滿足感與被剝奪感。工匠所得到的滿足感常被與進行重複工作的生產線工人所經驗到的被剝奪感作對照。某些任務在本質上比其它任務能夠提供更多內在滿足的機會；雖然不是每個人對什麼會帶來滿足感和被剝奪感有一致的看法。甚者，有些任務不只提供更多內在滿足的機會，也同時提供更多被剝奪感的機會。孟席斯（Menzies）在她對醫院護理部門的研究表示：

「很少一般人像護理師一樣面對受苦和死亡的威脅和現實。其工作情況包含執行以一般標準來說，令人反感、厭惡和恐懼的任務。這樣的工作情況會在護理師心中激起非常強烈的感受：憐憫、同情和愛；內疚和焦慮；對激起這些強烈感受的病人感到憎惡和憤怒；對病人所接受到的照顧感到嫉妒。」（1960, p. 98）

她讓我們看到，被給予這樣的任務，護理師必須具備對那些必須忍受的緊張和壓力的防衛。然而，她也讓我們看到，醫院組織提供的常規防衛導致無效的任務執行：

「沒有比無法勝任一個帶有對個人心理重要意義的任務來得讓人更痛苦、產生更多的焦慮、沮喪和絕望。」（1961）

總之，任務的本質和執行任務所進行的活動，可以帶給個體明顯的滿足感——酬賞、聲譽、成就感；或是明顯的被剝奪感——低報酬、壞名聲、厭倦感；它也可能透過與他內在世界潛意識驅力和防衛焦慮需求的交互作用而產生滿足感與被剝奪感。

　　任務的本質、在活動系統中直接涉及的關係、以及與其它團體成員身分的和諧與不和諧所帶來的滿足感和被剝奪感，在概念上似乎是不同的，雖然在某些特定案例中它們會合併。舉例來說，對業務的工作來說，任務的本質和在活動系統中直接涉及的關係所帶來的滿足感和被剝奪感，可能實質上無法分辨。對某些任務而言，有時候組織可以被建構成不只工作團體與任務的界線一致，且形成的工作團體的成員身分能提供成員相當的滿足感。例如，在一間印度紡織廠工作組織的實驗性改變已讓我們看到，當一個任務可以被指派給一個內部領導的小團體時，團體的領導與活動系統的管控是相連的，系統效率和員工滿足感可能會更高（Rice, 1958）。對英國採煤事業的研究也產生相似的發現（Trist et al., 1963）。

　　這些發現的重要性在於證明了工作組織並不只是被技術系統所決定，並且可供替代的組織模式通常都是存在的。即便如此，能將感覺性團體與任務配合起來——也因此讓任務和感覺性的界線重合——的組織是特例，而非常態。還有，一個感覺性界線與活動系統界線重疊的團體，很容易對此系統產生忠誠，因而就算短期內效率和滿足感會比較高，但長期來說，這樣的組織可能會抑制技術改變。潛意識地，團體可能會重新定義自己的主要任務，並表現得好像它是為一個過時的系統辯護。然後這個團體會非理性且竭盡全力地，抗拒任何可能擾亂現存角色和關係的任務系統活動的改變。

　　在我們為了能探索在不同組織設定下的互動關係，而試著區辨任務團體（活動系統所需的人力資源）和感覺性團體的概念的同

時，我們應更能夠清楚看到不同企業所做出的不同妥協帶來的結果，並且也許能預示在未來需要的嶄新組織形式。

第五章
雙人組與團體中的投射性認同

李奧納德・霍洛維茨（Leonard Horwitz）

> **李奧納德‧霍洛維茨（Leonard Horwitz）**
>
> 李奧納德‧霍洛維茨在堪薩斯城精神分析機構擔任訓練與督導分析師。他曾擔任美國團體心理治療協會主席，並且是將團體心理治療引入托皮卡的梅寧格診所的重要先驅，他在該診所擔任主任多年。霍洛維茨也曾在《國際團體心理治療期刊》(International Journal of Group Psychotherapy) 和《國際應用精神分析期刊》(International Journal of Applied Psychoanalytic Studies) 的編輯委員會任職。他的著作包括《心理治療中的臨床預測》(Clinical Prediction in Psychotherapy) 以及《用第四隻耳朵傾聽：分析性團體心理治療中的潛意識動力》(Listening with the Fourth Ear)。

在兩人或多人之間經常發生的是，一個人把某些心理內容投射到並進入另一個人，並因此改變了這個目標對象的行為。單獨這個投射機制並不足以解釋這個事件，因為它只描述了投射者心裡的歷程，卻沒有處理對目標對象的影響。這些歷程的複合物被稱為投射性認同，是由梅蘭妮‧克萊恩在1946年描述偏執─分裂心理位置時所提出。它是發生在發展階段最初期，也就是生命最初一、兩年，在自體❶與他人之間的穩固分化尚未達成以前的一種防衛機制，也是客體關係。在一系列針對團體心智活動的敏銳觀察中，比昂（1961）把克萊恩（1946）的概念拓展，並使其成為團體行為的基石。

儘管看起來有用，實際上也必要，這個概念卻沒有在精神分析或分析團體治療的文獻中被廣泛接受。在精神分析領域裡，這個概

---

❶ 主編注：在本篇文章中，self被翻譯成自體。

念被限縮在主要是克萊恩學派,像羅生福(Rosenfeld, 1965), 他把投射性認同的歷程應用在他們與精神病患者的詮釋工作上。克恩伯格(Kernberg, 1975)針對邊緣型人格病理的概念化,也高度倚賴了投射性認同和其它客體關係的概念。希爾斯(Searles, 1963)則是在他與精神病患者的工作上使用了投射性認同的一個面向,特別強調在治療師對於成為病人內心扭曲投射的容器的意願。馬林與格羅特斯坦(Malin and Grotstei, 1966)認為投射性認同是一個正常也是病理機制,可以用來概念化精神分析中的治療行動。然而,這些貢獻都沒有進入精神分析文獻的主流。

在團體治療領域裡,在比昂(1961)的最初貢獻後,只有兩篇文章專門在探討這個主題(Masler, 1969; Grinberg, Gear, and Liendo, 1976)。近期,岡薩蘭(Ganzarain, 1977)在他探討客體關係運用在團體治療的文章裡,進一步擴展了這個動力概念。由塔維斯托克發起及萊斯機構引入美國的團體關係研習會,廣泛地應用這個概念來研究團體中的動力歷程(Rice, 1965; Rioch, 1970)。但是只有婚姻與家族治療領域,透過家庭成員中(特別是配偶)的角色分配和角色共謀這樣的主要觀念,來開始結合這樣的思考(Dicks, 1967; Mandelbaum, 1977)。

我們可以如何理解投射性認同作為一個基本解釋概念無法在心理治療文獻中被廣泛接受的失敗呢?一個可能的解釋是它通常指涉到早期尚未學會語言的發展階段,當自體和客體還尚未分化完全,因此,這些內容可能是陳舊又古怪的,並且常引發根深柢固的反應來對抗退化到初級過程(primary process)模式。投射性認同指的是個人透過投射來擺脫自己某些心理內容的努力,也指在脆弱的自我❷界線的情況下,這些內容被以相同的方式被退回、推回自己

---

❷審閱注:在本篇文章中,ego 被翻譯成自我。

身上所引發的焦慮。大部分人經驗到對接受那些原始歷程存在的抗拒，可以和對佛洛伊德關於嬰兒性慾概念的厭惡相比，當這些想法衝擊了這世紀初尚未準備好也不願意接受的維多利亞社會。

但即使對那些已經準備好要接受在自我界線模糊的情況下，與來回傳遞的心理內容有關的不悅反應的人來說，在闡述這些歷程時也會產生真實的概念上的混淆。在學習並教授這個概念的幾年期間，我發現它比其它任何一個我遇到的心理動力概念都更讓人難以捉摸和困惑。儘管克萊恩學派已經有很多關於此主題和他們內部對於這複雜過程的理解的文章，他們依然無法成功地給出一個全面且清晰的解釋。這些混淆的部分似乎被下列因素所影響：(1)不像投射，投射性認同的防衛機制源自於不同的動機，而不只是擺脫攻擊或虐待等不想要衝動的渴望。基於原始的嫉妒和想要寄生在有價值客體的渴望而有想要主宰、貶低與控制的渴望，只是其中動機的一部分。(2)這個概念的認同部分需要特別的澄清，因為它的使用和大部分精神分析的定義不一樣，而且在這個歷程中時常很難知道誰是主體而誰是客體。(3)因為投射性認同的發現發生在非常早期發展階段的脈絡中，並且主要是在精神病人群體中被研究，有些作者未能理解到它是個普遍現象，不只侷限在精神病人的運作上。(4)也許最根本的混淆是投射性認同不僅是牽涉到內在或內心變化的一個防衛機制，對大部分其它的防衛機制來說，這是真的；更確切來說，它是牽涉到投射者與外在客體兩者變化的內心機制與人際互動。

比昂把克萊恩概念放在團體心智和團體行為上的應用，讓團體治療師開始注意到許多創新和刺激的想法。一份比昂主要思路的簡短摘要沒有辦法對其思想的豐富性做出公正的呈現，只能大致指出他的思考方向。他相信團體傾向引發基於原始退化本質的害怕和渴

望,尤其是,團體作為一個整體煽動起與母親身體內容相關的古怪幻想。比昂認為,雖然這些反應在由退化之人所組成的團體中很容易被觀察到,它們也可能在由整合良好的人所組成的團體中被發現和呈現。原始的幻想不只在團體成員身上運作,也在治療師身上運作。當投射性認同發生時,團體治療師會經驗到他正被操縱來扮演某人幻想中的一部分。比昂(1961)總結這個把個人從伴隨此狀態而來的「對現實的麻痺感受」擺脫的能力,是一個團體治療師的必備能力。比昂堅信投射性認同是團體運作的根本概念,而團體治療師必須在其內在觀察它的發生,有能力與之保持距離,並且以他自己的情感經驗作為詮釋的主要來源。

比昂對投射性認同的描述把重點放在互動的人際層面,而非內心層面。雖然這個歷程從一個人將他自體的一部分投射到並進入另外一個或多個人身上開始,特別感興趣的是投射內容對他人的影響。換句話說,投射性認同可以被分成兩個一般歷程,第一個處理影響主體自身投射材料的變化,此時,外在客體並非關注的焦點。第二個重要部分是投射材料對外在客體本身的影響。他人或目標經歷了與投射內容與其潛意識意涵的認同或融合,並因此有被操縱進入某個角色的經驗。

在討論這個歷程的兩個面向上,我應該先描述這些行為首先被發現的地方——也就是,在一個雙人組關係中——然後再詳細說明它們在團體脈絡中的存在。

▍對自體的影響:內心的反應

主體將自體或完整自體好的或壞的部分投射到一個外在客體上。與純粹的投射不同,這個歷程牽涉到很多不同的其它動機,不

僅僅是擺脫自己無法接受的衝動。例如，另一個動機是建立在對客體理想化特質的原始嫉妒，伴隨著透過將主體自己有害的和腐敗的特質塡滿客體來摧毀、糟蹋或貶低的衝動。還有另一個驅力是寄生或與客體再融合的慾望。在自體與客體間形成分化的過程中，主體的分離焦慮和共生需求導致退化性融合的願望，以及再次與母親意象合而爲一的幻想。

　　主體的投射時常導致擔心外在客體報復的迫害焦慮，因此，這個歷程可能也會伴隨著更強烈的控制和主宰客體的需求。一個常見的幻想是那個自體的部分正在入侵陌生領土，而因此有被困住的風險，就像間諜深入敵營一樣。換句話說，這個衝動的投射，本質上經常但不總是具有攻擊性的，是伴隨著關於被投射自體的命運與投射接受者反應的一套複雜幻想。舉例來說，當有害又具有攻擊性的自體被投射出去，主體可能會經歷到精力耗竭和失去魄力，因爲他已經把這些衝動擺脫了。而更進一步的幻想是他現在是容易受到目標對象攻擊，因此，爲了抵銷這些危險，他必須嘗試操縱和控制他。

　　在起初的投射回到主體後，主體自身認同了被投射的材料；也就是說，他再內射被歸因到外在客體的攻擊性或其它內容。這個過程具有同理反應的特徵（Kernberg, 1975），並成爲之後更多同理心進階類型的原型。在這個例子中，主體經驗到他自己所投射出的攻擊性，他把它拿回自己身上。因爲被投射內容回到自體身上，投射性認同也被稱爲未成功的投射，這也是它與投射本身的另一個不同。

　　有人可能會問，爲什麼一個人，不管是成人或嬰兒，會再內射他們曾試圖擺脫的材料？爲什麼要做出這些基本上會消除主要防衛動機的行爲呢？首先要考慮的是自我界線的穿透性，相對缺少自體

和客體之間的分化，與退化到非常早期的發展階段有關，允許並鼓勵投射與內射的快速擺動，所以內容來回移動而沒有什麼阻力。因此，成功的投射無法發生。我們可以用讓部分血液往錯誤方向流動的有漏洞的心臟瓣膜來做類比。

　　但更有說服力的是，一個常見的動機是和被投射的客體連結。這是和嚴格意義上投射的另一個不同，主體在投射所經驗到的客體是有距離和陌生的。被投射的內容經常被感受成是矛盾的，既想要又害怕的——太衝突了而無法被控制在自身內，但又帶著正向的化合價吸引著主體朝其過去。舉例來說，一名年輕的已婚女性在精神分析中總是避談她的性生活，當分析師鼓勵她多談一點細節的時候，他被經驗為一個具冒犯性、喜歡窺探並且正在尋求替代性滿足的男人。在與她丈夫的關係中，也會有在表達她自己對性活動興趣上類似的遲疑，她總是等著他先採取行動。她逐漸在移情中克服了自以為是的態度，而我們能夠更清楚看到她對自己「粗野的動物性渴望」的不適感，讓她必須把這些需求放到分析師身上。同時，對她自己性慾有足夠的覺察，讓她能承認她與她所感知到的分析師是連結的；她也和他看起來一樣有原始性慾。她實際上被她想要把這些衝動認回來的部分所激發而再內射了她的投射，儘管它們在她身上引起了不適。

　　在這個段落所描述的歷程，可以用漢娜‧西格爾（Hannah Segal, 1973）的引文被最好地總結：「投射性認同是將部分自體投射到客體內部的結果。它可能造成客體被視為已經得到這些自體的被投射部分的特質，但它也可能導致自體認同其所投射的客體。」（p. 126）西格爾只提到投射性認同中對自體而非外在客體產生影響的部分。她指的是這個歷程的內心層面，而非人際層面。她在做出這個明確區分上的失敗，是這個概念上的混淆是如何形成的一個

例子。

對外在客體的影響：雙人組中的人際互動

　　投射性認同的第二階段，它對外在客體以及所牽涉的兩人或多人之間的關係產生的影響，是特別的重要，因為它構成雙人組與團體中各種互動現象的基礎。從一個人投射到或投射入另一個人的內容，會在當這個目標對象成為不想要內容的存放處時，開始影響他的行為。這個歷程的認同面向是來自主體的投射與客體的特徵逐漸融合的歷程，因此，這個外在客體開始呈現被「放入」他身上的特徵。這是為什麼比昂把這個目標對象描述成有在其它某個人幻想裡被操縱的經驗。西格爾（1973）定義這個投射性認同的面向如下：「自體與內在客體的其中一部分被分裂並被投射進入外在客體，外在客體然後被這些投射的部分占有、控制並認同了這些投射。」（p. 27）

　　在一份有洞察力的婚姻互動分析裡，塔維斯托克醫院的亨利·迪克斯（Henry Dicks, 1967）大量地使用投射性認同，不僅將其當作是在婚姻伴侶愛恨互動中黏合他們的材料，而且也是會對婚姻伴侶造成打擊的潛在衝突性張力的材料。典型地，根據眾所皆知的異性相吸法則，甲選擇乙作為配偶，是因為乙有潛力當作甲自己在意識層面上無法接受的內在客體的容器。甲會盡力誘導乙成為其幻想他者的化身，以補足甲所不能忍受的認同。兩人之間自我界線的穿透性逐漸形成，因此，雙方都變成另一方矛盾持有自體（或部分自體）的代理人。在所有的婚姻裡頭都有某種程度上的自我界線模糊化，雙方都覺得對方是自己的一部分。在那些被投射特質是無法接受的情形下，甲開始把乙視為代罪羔羊，而這敵意的強度和甲對這

些特質的矛盾投入程度成正比。這個被她獨裁又愛掌控的丈夫吸引同時又對其感到反感的妻子，會鼓勵他去扮演一個嚴格的家長角色，同時又暗中削弱他的控制行為。因此，她不僅僅投射她自己矛盾的客體表徵到她的配偶身上，同時也鼓勵並操縱他去承擔她想要的角色。

雖然這個概念是在研究原始心理歷程的脈絡中逐步形成，它在理解一些更高層次運作種類上也很有用。事實上，投射性認同是一個普遍的日常精神病理學面向，特別是關於親密關係，像婚姻與家庭互動以及好友間的互動。在這些情況中，自我界線的穿透性發生，而這些情況能讓整合良好的人轉移全部範圍的心理內容，不管是原始的或成熟與分化良好的。

舉例來說，在一段好的婚姻裡，經常見到其中一方經驗到動機上的替代性滿足，這個動機是他或她不全然感到舒服或是不擅長表達的。這種情況通常反應出較良性的精神官能性傾向。一個對自己在智力活動上的能力感到不舒服的妻子，可能會藉由鼓勵丈夫在這個事情上為了他們兩方去追求來得到滿足。當然，如果這是一個他們其中一人或兩人都有強烈內心衝突的層面，前面會有危險。但如果對這個活動只感到輕微的衝突，一個穩定且彼此滿意的安排就可能形成。在這裡，我們有一個相對正常類型的投射性認同，其行為上的需要是相配的，而角色是彼此適應的。事實上，亨利·迪克斯（1967）說過，一段沒有這種互惠參與的婚姻，是段有缺陷且發育不良的關係。這也是「愛的反面不是恨，而是冷漠」這個睿智觀察的基礎。投射性認同只會在親密與熱切參與的土壤中生長。

這些健康、具有適應性的情緒交換例子，描繪出關於投射性認同概念另一個困難和誤解的來源。它先被描述為是生命頭幾個月的特徵，在達成自體─客體分化之前，而且已經在精神病患者中

被最廣泛地研究，且近期被認為是邊緣型人格的特徵。有些作家（Meissner, 1980）把這個概念理解成只適用於精神病性的運作，因而過度侷限了它的意義。但是精神分析有「病理性狀態打開對正常與精神官能性運作更多理解的大門」這樣的悠久傳統。我們現在知道，在健全自我結構裡的短暫退化活動是心理運作中很重要的一環，像創造力、同理心、幽默，以及在現在這個脈絡下，親密。在有自我界線缺陷人群中會赤裸地顯現在精神病中的這些歷程，也能在彼此有親密接觸的健康人群中被看到。

　　健康與病態的投射性認同之間的差別在於牽涉其中之人的自我結構強弱。如果投射性認同源自於破碎或分裂的自我狀態，其中的攻擊性強度是高的且自我防衛機制是原始的，我們預期這個投射者或主體會經驗到更多自體—他者的混淆與現實檢驗上的扭曲。一個類似的結果可能會接著發生在這個目標對象身上，如果他是脆弱且無法在對方的侵入和操縱中保護自己，並且還可能會在這個過程中傾向於與他的伴侶共謀。

　　舉例來說，在一對有問題夫妻的婚姻互動裡頭，他們最常見的一個模式是彼此的翹翹板反應，在任一時刻有一方傾向於健康而另一方生病。儘管他們明顯有意識地鼓勵伴侶更好地運作，但是各自也都有出自於嫉妒、害怕被遺棄及其它動機而把對方拖垮的強烈潛意識需求。當妻子有能力往前踏出一步承擔更多工作責任的時候，丈夫公然地支持她，但暗中卻試圖透過強調她的焦慮和她需要他的協助、以及隱微地嘲諷她在新職位上的失敗來削弱她的自信。他實際上是試圖重建舊有的平衡，在這個舊有的平衡下，兩個相對殘缺的人彼此依賴，並在出借力量給對方上得到滿足和安全。在她這邊，她透過容易經驗到的暴怒與失能性憂鬱來與他的操縱共謀。丈夫潛意識地想要一個病得更重的妻子，而妻子身上有足夠的退化

潛能來順從他的壓力。當平衡被如此建立起來時，一個新的循環被展開，雙方都會試圖逆轉這些先前被指定且採用的生病和健康的角色。

在另一個極端是能夠為了達到親密與同理而暫時中止自我界線的比較健康的人。這個人能夠投射和內射，而不會在穩定認同上有顯著喪失，也容易經驗到與重要他人關係上的豐富充實。

將注意力轉移到另一個雙人組，治療師與個案的配對，瑞克（Racker, 1968）在反移情領域的貢獻廣泛使用了與投射性認同類似的歷程。他描述了兩種反移情反應，一種基於一致性認同，而另一種基於相配的反應。一致性認同來自於分析師對於了解並同理其病人──了解其病人性格中眾多面向──的努力。某種程度上來說，這認同歷程發生在分析師性格中的各個部分，並且對應到病人的相對部分──他的本我和病人的本我、他的超我和病人的超我，以及他的自我和病人的自我。理想上，這些認同發生在意識層面。但是在分析師無法做到一致性認同並拒絕一致性認同的情況下，相配性認同則會被增強；也就是說，分析師的自我開始認同病人的內在客體。因此，如果分析師無法一致地同理病人的攻擊性，病人便會開始經驗到他是個有拒絕性與懲罰性的人，一個操縱的歷程也會發生，在其中，分析師開始承擔起個案拒絕性超我的特性。如此一來，分析師就變成個案內在客體的化身，而一個相配性認同就此發生。

格林貝格（Grinberg, 1979）發表了一個在瑞克的相配性反移情和他所提到的投射性反認同──也就是在心理治療情境中，另一種對病人行為的不正常回應──之間的有用區隔。瑞克（1968）描述的是平常的反移情情況，當病人的產物觸及分析師自己尚未解決的衝突而引發的精神官能性反應。這裡的重點是在於分析師對病

人做出一個反療癒且由衝突決定的反應的可能性。另一方面，格林貝格（1979）強調的是病人在造成投射性反認同的操縱上的首要性。在一些精選的例子裡，他描繪了在分析師身上，壓力的強度會如何以獨立於分析師個人獨特精神官能性組成的方式，誘發出病人所渴望的回應。當然，相配性反移情和投射性反認同這兩種形式是在一個連續體的兩端，而在真實治療場域裡的反移情反應是由這兩個因素的一些貢獻所組成的。

我們現在應該清楚了解，投射性認同中的認同歷程涉及到主體與客體、自體與外在客體、內心與人際面向。主體認同自己的投射，而投射以內射的方式返回他身上。另一方面，外在客體則被操縱而依據主體的自體表徵或客體表徵來表現，並認同了那些被投射內容。環繞這個歷程綜合體的另一個困惑是，認同被交替地用來指稱一個或另一個面向，自體或是外在客體，並非總是有一個清楚的焦點。除此之外，認同被廣泛接受的定義是，它是依據客體的某些特徵在主體的自我或超我中所產生的變化（Kernberg, 1976）。但與內射不同的是，認同發生在自體表徵和客體表徵間有良好分化界線的脈絡中。因此，投射性認同被稱為投射性內射可能會比較正確。

團體動力的三位一體

只有當我們意識到在互動中的人可以將心理內容從一個人轉移到另一個人並來回移動，我們才能體會團體場域中行為的完整複雜性。我們才可以理解比昂（1961）的觀察：每個個體的貢獻都會加入到團體心智的蓄水庫。團體工作的美妙經驗之一是，發現完整理解某個人貢獻的關鍵是去聽之後其它成員的聯想和回應。例如，

A和他老闆吵架的動力，經常在該節團體後來當B和C在他們之間或與治療師有了激烈的互動時，會比較容易被理解。當治療師試圖去串聯起不同成員的貢獻，他經常會經歷一個「啊哈」的經驗。那種團體中的單一運作，已經被像比昂（1961）的基本假設和以斯列（Ezriel, 1952）的團體共有張力這樣的假設所描述。有可能那些成員共享幻想底下的機制是他們把某些心理內容放進彼此的能力。

但無庸置疑地，三個重要且彼此相關的團體動力作用是被投射性認同激發的，特別是它的人際面向。在此，我指的是(1)「角色吸入」的現象，(2)把成員作為發言人使用，以及 (3)找代罪羔羊的普遍發生。

角色吸入首先是由雷德爾（Redl, 1963）所提出，並且與一個更早前由亞森尼亞、塞姆拉德和夏皮羅（Arsenian, Semrad, and Shapiro, 1962）所提出被稱為「職位」（billet）的概念有關。這些作者觀察到團體中有需要被承擔的角色，而且這個團體會運用它的智慧來挑選或徵召最適當的人選來履行一個特定職責。由雷德爾（1963）精確闡明的「吸入」這個詞，生動地暗示這個想法：團體的力量有時候可能會以強而有力的方式來行動，迫使一個人進入一個被需要的角色。投射性認同，藉由提出這個因此被吸入的人已經成為其它人投射的存放處，且被操縱去參與被需要的角色和行為的想法，為這個歷程增加了另一個維度。

關於第二個現象，發言人是在任何時候在表達團體主要話題上承擔領導者角色的人。就像上面角色吸入的描述所暗示，個人的衝突與性格風格和團體的主要需求之間總是有共謀。團體很快地知道哪個成員最能夠表達憤怒，誰最能舒適地處理親密和性慾的吸引，以及誰能在最沒有衝突的情形下感受到依賴。對於團體和個體對

病人所承擔角色的相對貢獻程度，在兩邊都有不同程度的意識；通常，團體滿足於與發言人斷絕關係，反之亦然。事實上，新手團體治療師最常犯的錯誤是沒有意識到一個成員的行為不只是他自己傾向的產物，也承載了某種程度上的團體材料。令我印象深刻的是團體治療師有多麼頻繁地感受到有個特別有害和粗暴的成員，通常是個壟斷者，正在妨礙團體的運作，所以會產生這樣的幻想：「如果我沒有被這個成員煩擾的話，一切都會很好。」在大多數的情況下，逐出這個不聽話的成員並不會真的改善情況，因為這個團體很快就會在其中找到一個新人讓其成為替代品。

去問可以如何區辨一個成員是在扮演團體發言人、還是主要為自己發聲這兩種情況是恰當的。團體期待治療師處理的持續抗拒行為，最常主動或被動地受到整個團體鼓勵。不管這個行為是由一個壟斷者、一個安靜的成員或一個長期拒絕幫助的抱怨者所造成，這個團體在處理它上的失敗，通常暗示著這個成員是為了所有人在表達一個重要的感覺。相反地，真的為自己發聲的成員通常極少從其它成員得到鼓勵，並且這個團體的聯想通常會轉移到其它和團體中心關注事物較能呼應的議題上。

第三種動力，找代罪羔羊，可能是所有團體動力歷程中最常被觀察到，也最被接受的。不管治療師是比較以團體為中心或以個人為導向的，他都很難忽略找代罪羔羊的歷程，當然除了在強烈的反移情反應壓力下。最常見找代罪羔羊的形式是病人的攻擊或性慾衝動從對治療師到另一位成員身上的轉移（displacement），對成員這樣的感覺不會引發相同的對於懲罰或報復的恐懼。然而，投射性認同暗示著有另一種較不明顯但也常發生的找代罪羔羊形式。那些成為令人厭惡情感載體的成員，作為被渴望卻具威脅性之衝動的發言人，特別容易在最後變成團體主動努力壓抑並拒絕這種想法和感

覺的受害者。這些病人通常會被斥責、嘲笑，甚至有時候被團體排除在外。除非治療師辨認出這個團體正在上演一齣戲，他們正象徵性地因為他們自身無法接受的慾望而拚命掙扎，在那個例子裡投射到被害者身上，他可能自己參與這個殘忍的犧牲。這種找代罪羔羊的動力在雪莉‧傑克森（Shirley Jackson, 1968）的經典短篇小說《樂透》（*The Lottery*）裡被深刻地闡明。在小說中，一個社區為了象徵性地擺脫它自身不想要的衝動，以抽籤的方式選出自身其中一名成員，並進行儀式性的石刑。

我的論點不是說這前面提到的三個歷程——角色吸入、發言人、找代罪羔羊——是完全依賴它們在投射性認同上的運作。我們已經看到，例如，找代罪羔羊可以僅僅是把一個衝動從一個目標轉移到另一個的歷程。同樣地，角色吸入和發言人的現象，理論上來說可以發生在成員沒有把他們的厭惡自我狀態強加在另一個成員，並造成目標對象開始經歷操縱和轉變的情況下。也許這三個動力作用多少都受投射性認同所影響。未能體會那些強烈情感交流的重大迴響的團體治療師，是在忽略一個非常重要的團體行為決定因素。

團體行為的說明性例子

兩個關於團體運作的短文，一個來自塔維斯托克研究團體，而另一個來自一個持續性治療團體，描繪了這個動力三位一體的運作。這個研究團體是塔維斯托克（或 A. K. Rice）團體關係研習會的活動之一，並且由一個無結構小團體的經驗所組成。大約有十二位參與者與一位顧問一起，主要任務是研究他們團體內的動力。

在一個將近兩週期間天天會面的研究團體裡，唐（Don）從一開始就對顧問非常有敵意和挑釁。最初，他對顧問的干預做出輕微

的嘲笑。隨後，他做出針對個人特質更加尖銳和諷刺的批評，像他在團體裡傲慢、漠然的態度。照理來說，顧問（如同治療師）會將這些攻擊當作針對權威人物負面情緒的呈現來處理，並且會試圖去挖掘這些存在其它人身上（如同唐一樣）的感受。但是，這個顧問錯誤地開始明顯地表現出對唐的不耐，有幾次不滿地瞪著他，在他被嘲笑的時候惱怒地臉紅並毛髮直立。因為這個顧問很明顯地是以個人層面做出反應，而且反移情反應妨礙了他的任務，這個團體變得越來越壓抑他們對於顧問的負面情緒表達，結果唐更加成為負面情緒的載體。隨著這個歷程的繼續，唐被疏遠並成了代罪羔羊，而其它人變得對他非常不滿——至少在意識層面。他們感覺他的攻擊是不公平、殘忍和粗俗的。最後，在研習會的尾聲，唐提早離開了這個團體，但是是在做完離別演說後；在當時，他沿著房間走一圈並嚴厲批評每個成員，用精確的方式描述出他們的致命弱點。這個事件更戲劇性的一個部分是，在他的演說結束後，他進行了一個象徵性的自殺，透過突然打開房間裡的高落地窗，跳到幾呎下的地面，以一個令人難忘的揮舞離開。

角色吸入、發言人和代罪羔羊三元素清楚地呈現在那個事件裡，特別是因為顧問未能積極處理整個團體的貢獻。這個團體把他們的攻擊性都放到唐身上，因此，他不只體驗到自己的移情反應，也承載了團體的敵意。

第二個例子是來自一個已經進行差不多一年的治療團體。治療師宣布在幾週後他會帶入一位新成員，而團體沒有立即、可見的反應。然而，在下一節團體，肯（Ken），一個潛在的棘手病人，開始重新做出一些他先前困難且惱人的壟斷行為。治療師和這個團體在過去一年已經努力幫助肯去控制他惱人和無止盡的強迫性反芻思考，而現在它又出現了，就好像之前的工作完全沒有做過似的。在

這節團體裡，肯開啓了一個關於他自己的冗長、反芻、自由聯想的獨白，沒有想要和團體互動的意圖，而且明顯地用一個惱人的方式來把自己強加於他人身上。他讓治療師有一個無助的感覺，而且復甦了治療師沒有這個麻煩成員這個團體會運作得更好的幻想。有一次，這個病人開啓了一段關於他督導的無能和他自己無法把工作做好的長篇大論，據此，治療師試圖詮釋這幾乎沒有僞裝的針對治療師能力的隱喻攻擊。當肯繼續用個人獨特的方式獨白，就像治療師從來不曾發言一樣時，這個詮釋被漫不經心地忽略了。在那一刻，當他們看著他們的治療師被輕蔑地對待，而且無助地掙扎想找到一個阻止猛攻的方法時，團體愉悅地大笑。現在，我們清楚知道這個團體享受他們的發言人，並且和第一個例子相反，他們至少有部分意識到肯正在表達他們，也正在經驗關於治療師強加一位新成員到他們身上的憤怒。在治療師克服了他「對現實的麻痺感受」（Bion, 1961），也就是只有肯一個人在有破壞性地行動之後，他對於整個團體的憤恨的詮釋有效地幫助這個壟斷者變得受控。

　　事實上，肯與團體之間的潛意識共謀已經被建立了，他特有的行爲被用來表達團體正在經歷的事情。治療師並沒有從團體得到應有的幫助來控制這個人，因爲他們多少有意識地希望他應該──實際上──要擔任他們負面情緒的發言人。當治療師幫助消除這個歷程裡牽涉到的投射性認同，當他重新分配這些已經被放進那個特定成員的心理內容，這個團體的憤怒就能夠被揭露和處理，並且治療師對這個惱人成員的反移情反應就能變得受控。顯而易見的是，用來處理那種問題的主要技術手段是對團體在表達其需求上，對成爲代罪羔羊成員的剝削這個事實做出詮釋。

朝向一個動力性的解釋

　　投射性認同這個現象，它對雙人組與團體互動的影響，似乎已經成為一個可觀察的事實。這個歷程的目標對象，的確經驗到他自己因為來自他人心理內容的入侵而有的精神運作變化。大部分的作者透過說某些材料被「放進」此人來描述這個歷程。投射本身是用介詞「到……之上」的描述，來表明被投射內容不一定會穿透接收者，它只會影響投射者對目標對象的感知。相反地，投射性認同用投射進入描述比較恰當，暗示它會深入目標對象的表面且──實際上──也會改變目標對象的行為。這些術語也許是圖像化和描述性的，但是它們無法解釋當一個人體驗到被另外一個人的投射內容操縱的實際歷程。在我看來，我們對心理生活的這個重要面向沒有足夠的因果解釋。

　　馬斯勒（1969）在他關於團體中投射性認同的詮釋的論文中提出，一個病人透過訓練團體中其它人用與他投射相配的方式來反應，以開啟這個歷程。因此，一個表現出會引發其它同儕批判和譴責的惱人行為的病人，是在訓練這個團體像他自己超我一樣地回應他。實際上，這個病人已經投射了他自己的超我到其它團體成員裡，並操縱了他們用懲罰性的回應來對他。在馬斯勒（1969）的描繪裡，這個病人引發了一個他所渴望的超我反應，並因此將一個內在衝突外在化，結果一個相配性認同就此發生。此隱含的解釋是心理內容，在這個例子裡是一個懲罰性的超我，透過主體的挑釁行為被投射進這個團體。

　　瑞克（1968）對於反移情反應所涉及歷程的描述，可以讓我們對於一個人把心理內容放進另一個人裡頭這個神祕事件有更好的理解。對於病人與分析師的關係，常見的歷程是兩人之間的界線開

始融合到某個程度,然後會產生主體(分析師)與客體(病人)不同部分之間的近似合一或同一。然而,分析師自身盲點或移情所造成的干擾妨礙了這個理想情況,而病人開始把分析師當成他自己的一個內在客體。感覺被如此對待之後,根據瑞克,分析師開始認同這個客體。

更進一步來說,我們可以想像是兩面失真的鏡子面對著彼此,當映照的影像來回反彈就產生更多扭曲。因此,病人對治療師感到憤怒,並產生治療師是冷酷和漠不關心的這個信念。這個治療師,因而感到自己被不公平地指責且開始感到惱怒。這個病人隨後不只再內射他投射出的憤怒,而且還開始感受到治療師真實的惱怒,更加感覺自己的指責是合理的,然後經驗到他所指責治療師的強烈虐待。這個治療師,在他的部分,經驗到越來越多的反移情,因而更強烈地認同病人眼中的他。因此,一個不斷升級的循環被啟動了。那一系列的挑釁和回應,導致不斷增加的扭曲和壓力,最終促使治療師認同病人的內在客體,並且最後他開始感覺和病人感知他的方式類似。

這樣的闡述勢必和所有臨床工作者的經驗一致,特別是那些與邊緣型人格或精神病性病人——其原始移情的強度促進自我界線的模糊——密集工作的人。舉例來說,治療師時常在他們的病人離開時,留有變成其憤怒、苛刻、吝嗇父母的不安感覺,並且這些反應的強度範圍可以是稍縱即逝與暫時到比較長期的經驗。在理想的情況下,治療師能夠利用這些反應來更加理解在任一時間點上的主要移情情況,並且通常能讓他自己從那些擾人的內射中解脫。

關於投射性認同的成長促進效果的補充,是由馬林和格羅特斯坦(1966)所提出,然後由歐格登(Ogden, 1979)擴展。治療師不僅和他病人的情感衝擊產生共鳴,並把自己從其影響中釋放出

來，他還消化所接收到的內容，讓這些材料在一個更成熟、實際和有適應性的水平上得到整合。因此，對於父母不認可成功自信行為的投射幻想，理想上應該要被治療師消化並變得緩和、甚至被矯正。病人可能潛意識地試圖引發批判或懲罰，但是治療師遠離病人操縱的能力，讓治療師以促使成長的反應來回應，暗示了他的態度和所預期內在壞客體的反應不同。被消化過的內容則變成病人再內射的材料。那個治療行動理論是類似於斯特雷奇（Strachey, 1934）的看法：分析歷程的一部分是根據對治療師更仁慈超我的內射。它也近似於一些其它作家的觀點，認為對治療師或治療關係某些面向的內化，會促進改變和成長（Bion, 1961; Loewald, 1960; Winnicott, 1965; Horwitz, 1974）。

在治療團體裡，即使是一群功能和整合良好的病人，一些強烈的退化力量促使成員以他們精神運作發展上的早期層級來行動和回應。團體情緒的感染效果、對於失去個人獨特性和自主性的威脅、早期熟悉衝突的復甦，以及嫉妒、敵對和競爭的普遍，都促成了團體中的退化反應。因此，塔維斯托克團體關係研習會，在其中的無結構團體，大小皆有，是其形式裡一個重要的部分，有時候會在某些成員引發暫時性的精神病性反應是一點也不奇怪。通常，它們源自於那些成員變成團體中混亂與無序感受的載體，投射性認同的受害者。這樣的例子，不管多麼痛苦，是無結構團體退化潛能和（特別是）投射性認同的影響與效力上有教育意義的一課。

因此，投射的強度和原始程度能夠在目標對象激起不同程度上的轉變。這樣的改變可能涉及接收者開始以他像是投射客體的樣子來感受與行動。

結論

　　我已試圖解釋為什麼投射性認同在動力取向心理治療師中，一直以來是一個重要的混亂源頭。不像大部分其它的心理機制，它是一個同時是內心與人際的概念。就像慈悲的特性，它是被二次處理的；它影響給予的人和得到的人。投射性認同一直以來是交替地被定義，有些時候聚焦在對自體的影響，其它時候則在其對外在客體的影響。混淆時常源自於沒有清楚說明所描述的是歷程的哪個層面。這個術語的認同部分所涉及的包含投射與再內射的自體，以及內射投射內容的外在客體。它是個能夠闡明退化人士行為的概念，但在理解正常範圍內的親密關係上一樣重要，像是移情與反移情現象，以及家庭與婚姻互動。在團體一部分的心理內容被放進另一部分，並構成像是角色吸入、發言人現象和找代罪羔羊這類事件基礎的這個範圍內，它在團體動力中扮演一個重要的角色。了解這些動力歷程，對於完整理解團體和雙人組關係的複雜性是必要的。

第六章

團體作為一個整體的視角及其理論根源

小勒羅伊・威爾斯（Leroy Wells, Jr.）

> **小勒羅伊・威爾斯（Leroy Wells, Jr.）**
> 小勒羅伊・威爾斯是一位心理學家，專精於團體心理治療與精神分析取向的團體動力學。他的這篇文章深入探討了「團體作為整體」觀點的理論基礎，並將其與精神分析理論相結合，特別是比昂對團體心理的貢獻。

引言

這篇文章描述團體作為一個整體視角的一些理論根源。重點放在用來闡明團體作為一個整體（團體層次）現象的概念和構念（constructs）。一些案例會說明團體作為一個整體的視角可以怎麼被用來在組織的脈絡裡，更加理解、詮釋並干預人際與團體關係。

理論脈絡

● 團體作為多層次系統

團體作為一個整體的視角，出自於一個被用來理解團體和組織歷程的開放系統架構。奧爾德弗（Alderfer, 1977）使用一個系統架構，定義一個人類團體為：

> 一群個體：(a)彼此間有重要相互依賴關係；(b)透過可靠地辨別成員與非成員來將他們自己視為一個團體；(c)他們的團體身分被非成員所認同；(d)由於他們

自己、其它成員和非成員的期待而在團體中區分角色；以及(e)以團體成員身分單獨或集體行動，並與其它團體有重大相互依賴關係。

在這個定義的脈絡下，團體和系統歷程指的是實際的工作活動，也就是，正式與非正式關係以及組織裡發生在個體與團體之中的潛意識和意識的心理社會動力。五個團體歷程的層次，以圖像呈現在圖1以及總結在表1。

表1和圖1提到的五個層次，指的是彼此概念上不同，但不是不相關聯的行為系統。因此，為了更全面的分析和理解團體歷程，歷程中的每個層次應該都被考慮進去。因為行為是由多重因素所決定，團體歷程可以用任一或所有的層次來檢驗和理解。

團體作為一個整體的現象

團體作為一個整體是一個分析的層次，代表著更多也更少於個別協同行為者及其個人內在與人際動力總和的歷程。團體作為一個整體因此被概念化為擁有一個不同、但相關聯於個別協同行為者動力的生命。從這個角度來說：「團體是有生命的系統，而且團體成員是相互依賴的協同行為者和次系統，其互動形成一個完形。」威爾斯（Wells, 1980, p.169）這個完形及其主題形成「生命力」（elan vital），且從團體層次的視角來看成為研究的單元。

團體的完形和團體心智的概念有關，團體心智在「……一個潛意識的默許」裡連接和連結團體成員（Bion, 1961）。吉伯德（Gibbard, 1975）提到，一個團體的心智可被最好地理解為：

圖1　組織歷程的五個層次

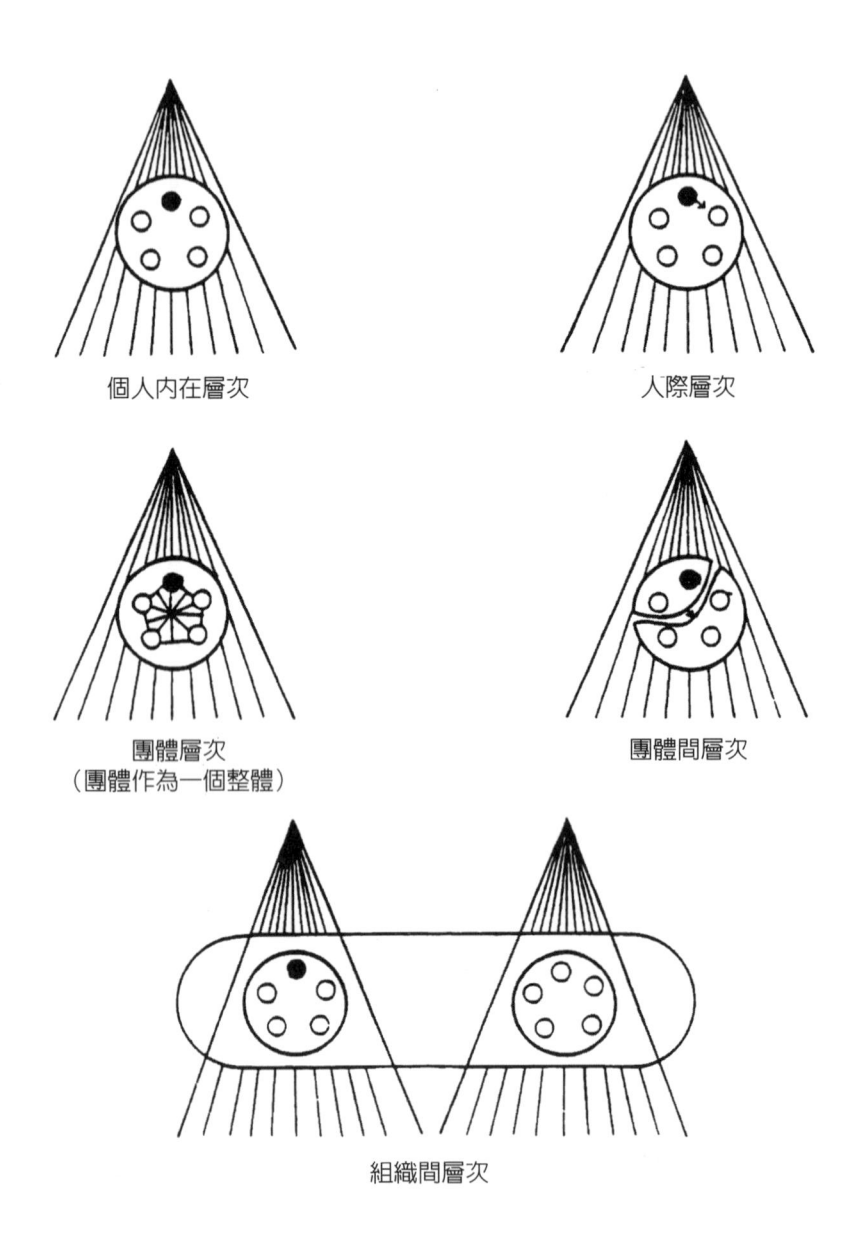

個人內在層次　　　　　　　　　人際層次

團體層次
（團體作為一個整體）　　　　　團體間層次

組織間層次

表 1　團體歷程的五個層次

團體歷程的層次與單元	定義	關於團體行為的假設	體驗式學習與教學方法	應用
1. 個人內在	涉及個體與自身關聯性的分析。聚焦在個體的「人格需求」、「性格結構」，各體表徵的群集。	團體中的個體行為主要是由個體的性格造成，並代表此團體成員的內在世界和動力。	完形治療、個人成長團體、艾哈德研討會訓練（EST training）、自我分化的實驗室使用團體歷程的個人內在層次作為他們工作的基礎。	人事部門，評估中心通常檢視在組織脈絡中的個人內在特徵。邁爾斯—布里格斯（Meyer-Briggs）個人與公司效能測驗（PACE）、學術能力評估測試（SAT）、美國研究生入學考試（GRE）、主題統覺測驗（TAT）、智力測驗（IQ），都是用來解釋團體和組織場域中個人行為的測驗。
2. 人際	涉及在團體脈絡裡，人際的關係與動力分析。焦點放在成員對成員的關係種類和品質、溝通模式、訊息、合作和衝突的程度。	人際層次分析假設個體是社會動物，而目難以關係裡的困難來自於社交風格和取向。	一般來說，訓練／會心團體（T-group）、父母效能訓練（PET）和敏感度訓練（sensitivity training），著重在成員間的人際歷程和動力。多層次團體觀察系統（Symlog）分析著重在人際歷程。	多數督導和管理發展訓練，著重在人際歷程和技巧，重點放在如何傾聽和給予具有建設性的回饋。

第六章　團體作為一個整體的視角及其理論根源　|　143

| 3. 團體作為一個整體 | 指的是團體作為一個社會系統的行為,以及個體與此系統的關聯性。焦點在於超人際關係(supra-interpersonal relations)。團體被視為比他們個體的總和更多或更少。個體被視為透過一個「潛意識的團體心智」,來一起行動和互動的相互依賴的次系統。「團體心智」在貝特森學派傳統中,可以被定義為一個組織模式或關係,在其中,每一個獨立的合作演員都是讓團體透過它生命力來表達它的一個工具。 | 當一個人在一個團體脈絡中的表現所代表的是這個個體潛意識心智的部分,個體即被視為活著的工具們,通過這個潛意識的團體生命能夠被表達與了解。 | 塔維斯托克團體關係研習會和那魯營組織與管理學院的團體設計團體。 | 團體的社會科技分析工作再設計、半自主工作團體把團體作為一個整體,作為他們方法的基礎。 |

4. 團體間	指的是不同團體或次團體之間的關係和動力。團體間歷程源自個體在進入一個團體時所帶的不同團體成員資格，以及他們對其它團體的態度。團體間動力可能從階層、任務、職位、性別、人種、年齡、族群、意識形態差異發展出來。	團體間力量帶來意義，而且深遠地影響我們對這世界的感知，以及我們在某種程度上如何對待別人和被別人對待。假設當一個人發言或行動的時候，他們可能代表或被當作仿佛他們代表一個他們感到認同或被認為是屬於的次團體的。	奧施瑞權力實驗室（Oshry Power labs）、明星力量（Star Power）、CARS（階級、年齡、人種、族群、性別）實驗室、「談判力」(Getting to Yes) 工作坊。	在組織介面處理衝突、勞方/資方協商談判、減少部門之間的破壞性衝突。
5. 組織間	指的是存在於組織、環境和其它組織之間的關係。組織是由形成稱為「組織」這樣一個實體的多個團體組成。組織間分析聚焦在組組織與其組織關係的設置以及市場的結構。	個體代表大型組織單位，而且當他們表現時必然代表組織。當一個體在互動，他們可能代表那些他們被社會化和有感覺的制度傳統系統。	策略管理訓練、炸戰與裁軍演習。	利害關係人分析、環境掃描、策略規劃和管理、進行合併與收購。

第六章　團體作為一個整體的視角及其理論根源　|　145

「……一個潛意識凝聚的歷程……一個相互溝通的機制，它同時是團體的一個特徵與個體暗地、潛意識和匿名地表達某些慾望和感覺的能力，或甚至傾向的反映。」

總結來說，團體作為一個整體的現象，假設個體是反映並表達團體完形的人類容器。個別協同行為者連結在一起，形成一個相互依賴、象徵、默示、潛意識和共謀的連結，在其中，他們的互動以及共享的有意識和潛意識幻想創造並呈現出當下的團體作為一個整體。

從這個前提來說，一個個體在團體中的發言或行為，被視為表達出團體默示、潛意識和共謀的連結面向。接下來是對挖掘出團體作為一個整體視角所立基之核心理論根源的一個嘗試。

團體作為母親：團體作為一個整體視角的理論根源

在它的核心，團體作為一個整體的視角是源自於一個理論上的類比，概念上將團體中的個體行為視為且（就某種程度上）等同於嬰兒在與對其有矛盾情感的母性客體關係中的潛意識反應和操縱。比昂（1961）首先提及團體作為一個整體：

「……太接近個體內心關於母親身體內容非常原始幻想的組成。」

許多其它團體學者也肯定這個概念化（見Gibbard, 1975; Horwitz, 1983; Scheidlinger, 1964; Wells, 1980）。圖2提供了一個

圖2　團體作為一個整體視角的根源和衍生

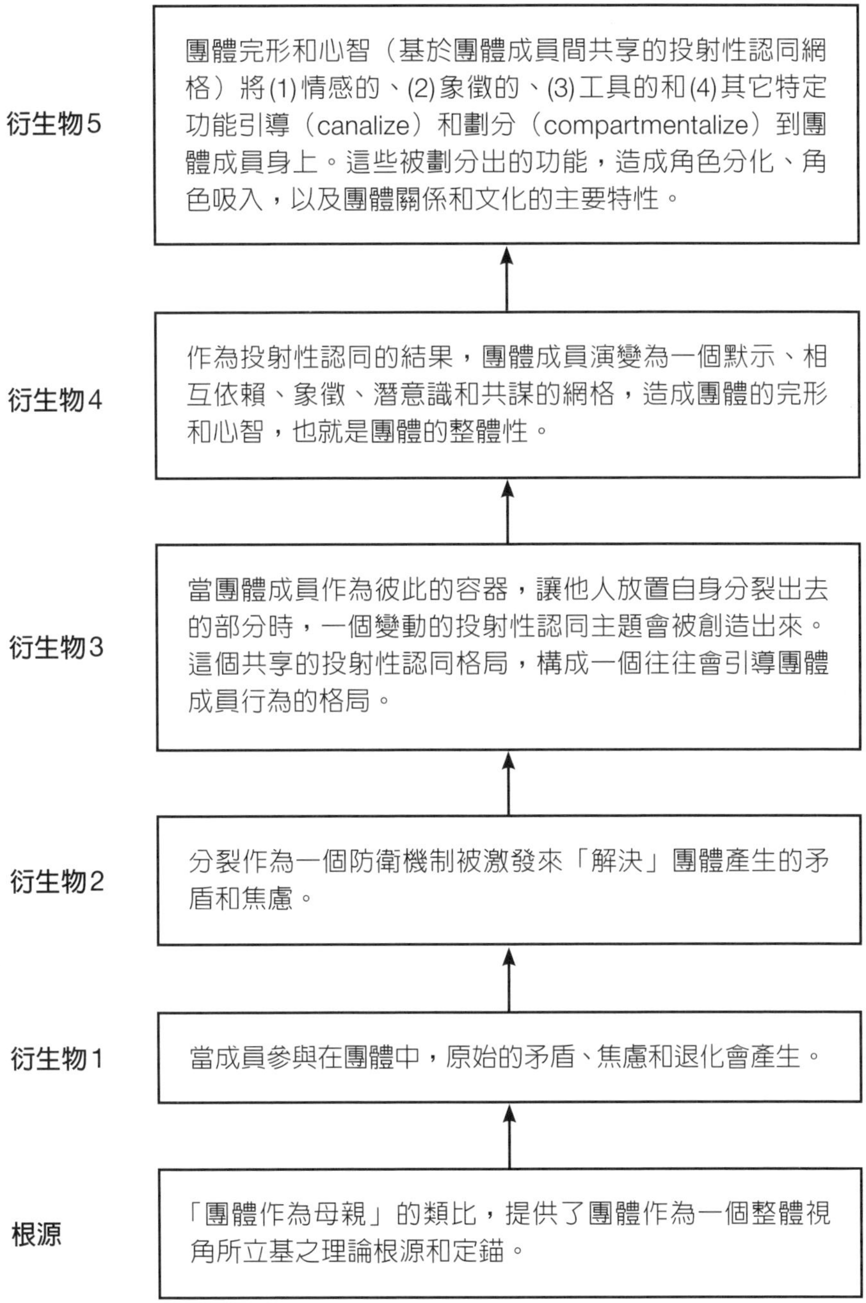

衍生物5	團體完形和心智（基於團體成員間共享的投射性認同網格）將(1)情感的、(2)象徵的、(3)工具的和(4)其它特定功能引導（canalize）和劃分（compartmentalize）到團體成員身上。這些被劃分出的功能，造成角色分化、角色吸入，以及團體關係和文化的主要特性。
衍生物4	作為投射性認同的結果，團體成員演變為一個默示、相互依賴、象徵、潛意識和共謀的網格，造成團體的完形和心智，也就是團體的整體性。
衍生物3	當團體成員作為彼此的容器，讓他人放置自身分裂出去的部分時，一個變動的投射性認同主題會被創造出來。這個共享的投射性認同格局，構成一個往往會引導團體成員行為的格局。
衍生物2	分裂作為一個防衛機制被激發來「解決」團體產生的矛盾和焦慮。
衍生物1	當成員參與在團體中，原始的矛盾、焦慮和退化會產生。
根源	「團體作為母親」的類比，提供了團體作為一個整體視角所立基之理論根源和定錨。

第六章　團體作為一個整體的視角及其理論根源 | 147

團體作為一個整體視角所立基之理論元素的概要與啓發性描述。

● 理論根源

這個「團體作為母親」的類比，根本上指出了「嬰兒與母親的關係」和「個體與團體的關係」之間的相似處。圖3描繪出嬰兒與母性客體的關係和個體與團體的關係之間的相同共享經驗。

這裡的中心要旨是：團體情境創造出這樣的矛盾和焦慮，使團體成員潛意識地回到早期與原始母親的關係，並引發所有涉及的心理社會機制。

總結來說，團體，就像母性客體，創造出關於愛與恨、幸福與絕望、恐懼與喜悅的強烈、衝突、矛盾感覺（更多細節見Klein, 1959）。

● 衍生物1

原始的矛盾、焦慮和退化是團體象徵原始母親的產物。關於這原始矛盾，吉伯德（1975, p. 33）恰當地評論：

> 「人類的自然心理棲息地是團體，人類對此棲息地的適應是不完美的，這情況反映在他對團體的長期矛盾上，團體成員資格在心理上是非常必要的，但同時也是一個不適感升高的來源。」

此外，比昂（1961, p. 131）以一個有洞察力的方式宣稱：

> 「個體不僅僅是個與團體有衝突的群體動物，也與自己身為一個群體動物以及那些組成他『群體性』的性格

圖3　嬰兒與母親和個體與團體之間的相似處

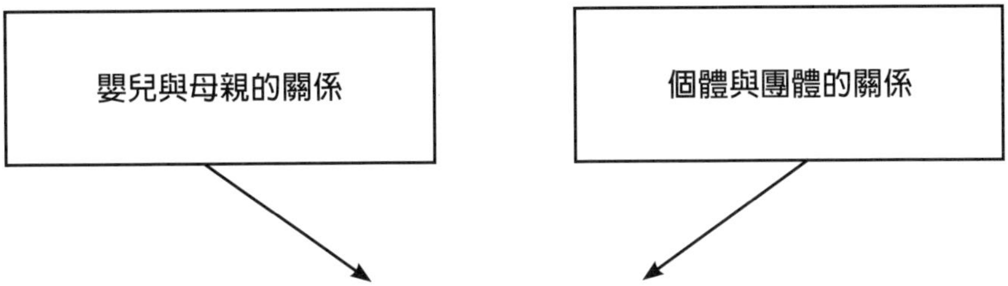

```
┌─────────────────┐         ┌─────────────────┐
│  嬰兒與母親的關係  │         │  個體與團體的關係  │
└─────────────────┘         └─────────────────┘
           ↘                     ↙
```

- 對於融合／連結和分離／孤立的掙扎
- 同時經驗到培育和挫折
- 經驗到強烈的矛盾情感
   —同時經驗到愛與恨
   —引發分裂和投射性認同的防衛機制來處理矛盾
   —對於吞噬和疏遠之間張力的掙扎

（Wells, 1980）

面向有衝突。」

核心的想法是：個體永遠都在處理他們自己「群體性」所造成的張力。為了獲得幸福感，這場戰鬥是逐漸接受他們對團體的輕蔑和依賴。團體作為一個被輕蔑和渴望的客體，勢必造成一個心理上矛盾和麻煩的處境。

• 衍生物2

分裂是被引發來對付針對客體的矛盾感覺的防衛機制，且伴隨著平息焦慮和減少團體所產生心理複雜性的目的。分裂是一個發展上的早期防衛機制，讓個體能劃分和隔離對於客體所持有的負面和

正面感覺。簡單來說，分裂減少了與客體相關的複雜和矛盾情感。從這方面來說，團體中的個體（在與母性客體關係中的嬰兒也是）使用分裂來減少代表這個連結的對立效果和長期矛盾。通常團體中個體的主要目的是消除焦慮和處理退化，來使團體參與更加舒適和愉快。

簡而言之，對於能有效使用分裂的團體成員來說，參與團體生活變得較不吃力和可怕。將團體（客體）的不同面向分裂出去之後，團體成員就可以看向其它權威人物或外在客體（在團體之外）來減少他們的矛盾和焦慮。消滅矛盾和內在衝突的焦慮是一個永遠無法被滿足的需求。

• 衍生物 3

當團體成員作為彼此的容器，讓他人放置自身分裂出去的部分和伴隨的感覺時，一個變動的投射性認同主題會被創造出來。

如果分裂在動力上分隔有矛盾感受的客體，那麼投射性認同就是被分裂的感覺和想法被排除到外界所藉由的歷程。分裂劃分和切割客體及其關聯的感覺。投射性認同排除被分裂的客體並在自體外面找出代理人，作為客體及相關聯感覺可被放置的地方。

投射性認同是一個運作於個人內在、人際和團體間層次上的心理社會歷程。它是一個個體和團體排除他們部分自身，並且潛意識地認同在他人身上所看見那些部分的歷程。「與被投射內容的潛意識認同」這個說法在這裡是恰當的，因為主體在意識層面「不認同」在客體上看見的被投射特質（尤其如果它是一個被貶低的自我面向）。卡普蘭（Kaplan, 1982）提出，透過分裂，團體成員有意識地將他們自身從被投射材料區分開來，但是同時潛意識地認同這些材料。馬林與格羅特斯坦（1966, p. 27）評論道：

「投射本身似乎是沒有意義的，除非個體能保有與被投射內容的一些接觸（認同）。」

更明確地說，投射性認同有兩個面向：

1. 投射性認同涉及主體投射內在材料到一個客體上，同時，潛意識地認同此被投射材料的內心歷程。但是在意識層面，主體不認同在客體上看見的被投射部分。
2. 投射性認同涉及被投射材料在客體身上產生的效果和影響。在這個情況下，客體變成裝滿被投射材料的容器。在某種程度上，客體認同或內射被主體排除的外在投射，因此修改了客體的行為。

這個對外在投射內容的認同或內射，轉化了客體的內在生命與隨之而來的行為。

在團體裡，成員是彼此的客體，也是主體，每個人都是他人的象徵容器，被用來放置投射並馬上在意識層面不認同（否認）——但在潛意識層面內射或認同——此被投射內容。就這一點而言，每個團體成員成為其它團體成員的象徵客體，在其中，每個人「暗示」和「吸引」特定類型的投射性認同和歸因。性格上的化合價或傾向、性別、種族／族群認同和團體成員的地位，屬於演化出特定歸因和投射性認同的主要「線索」。團體成員共享的歸因和投射性認同，構成一個形塑關係的集體格局或主題，因而團體行為出現。

從字面上來看，如果一個團體成員「暗示」和「吸引」相異於團體成員自我認知或認知傾向的特定歸因和投射性認同，此團體的歸因和投射性認同在形塑團體內關係上會獲勝。因此，由於這

些團體動力，個別團體成員可能經常無法成功地改變自己在團體裡的行為。作為類比，共享的投射性認同格局（由各個團體成員引發的「線索」和「吸引物」所促成），構成一組往往會「引導」（見Sheldrake, 1982）團體成員行為和團體文化的「力量」或「場域」。

• 衍生物4

由於共享的投射性認同，團體成員演化成一個相互依賴、象徵、默示、潛意識、以及共謀的網格（一套有組織的關係）。這個網格導致一個團體的完形和心智。

每個團體成員，透過投射性認同，變成表徵在每個他人心裡的一個象徵性客體，然後控制了每個人怎麼與他人互動。舉例來說，如果一個絕大多數是白人的團體裡的一個黑人成員，象徵性地代表對白人的攻擊性和憤怒，那麼他／她就有可能被如此對待。被以彷彿此人是憤怒和具有攻擊性的方式對待，常會導致此人展現憤怒和攻擊性──即使此人的自我經驗和這團體的歸因相異。除此之外，如果一個成員傾向內向、害羞和少言，他／她可能會被象徵性地當作是無力的。因此，此人在團體的發言大多會被忽略，而且他／她會被推回到沉默和無力的角色裡頭。簡而言之，每個團體成員成為每個他人的一個象徵性代表。這些象徵性代表大部分是由團體成員彼此交換的移情反應、毒性的扭曲（parataxic distortions）和歸因所組成。

透過投射性認同，團體成員象徵性代表的彼此交換和互動，在團體成員中構成一個連結或網格，導致團體的完形和心智。這個團體完形和心智的要素，是由形塑於團體成員透過投射性認同交換和互動的組織格局所產生。這個組織格局被用來連接並（同

時）控制那些組成此團體系統的人之間的關係。團體成員中投射性認同的變化可改變團體的網格，並因此改變它的完形和心智。額外的變化也可能因為任務計畫改變及團體環境變動而發生（Trist and Branforth, 1951）。

• 衍生物 5

團體的完形和心智（基於團體成員共享的投射性認同網格）造成角色分化和角色吸入，並常常決定團體關係和文化的主要特性。

基於團體成員彼此交換的投射性認同種類，團體的完形和心智將專門的功能引導並劃分。由投射性認同網格代表的主要團體需求會導致專門的角色。如果團體成員使用過多的分裂和投射性認同（例如像是在病態自戀和民族中心主義的情況下；見 Wells, 1982），對合適候選人的強烈潛意識搜尋會接著發生。在這個情況下，代罪羔羊的角色常會產生。

代罪羔羊的功能，如同在古代的儀式中，是要帶走所有邪惡、罪孽和團體（也就是支派）不想要與被貶低的部分。團體希望（如同以色列的十二支派一樣）他們自己被貶低的部分，放置在被流放的代罪羔羊身上，永遠不會回來。的確，代罪羔羊不斷地回來且這儀式不斷地被重複。顯然地，它不是團體問題的完美解方，且對被選為代罪羔羊的人或團體來說是有毀滅性的。往往被分配給團體成員的功能，被分裂成感性相對於理性、英雄相對於壞蛋、歷程關切相對於任務關切、戰相對於逃、希望相對於絕望，以及有能力相對於無能。如果團體成員之間有對於一個特定功能沒有被滿足的需求，像是對抗不確定性、模糊性和權威，某個團體成員可能會被要求或被吸入（角色吸入）來滿足這個需求。

細想一下，例如，卡特（Carter）政府的伊朗人質救援企圖。

看起來國務卿范錫（Vance）被要求承載關於所擬議救援任務的矛盾心理的負面方。他提出很多對於此計畫的反對理由，並且體現了謹慎和約束力這一方。這讓卡特總統和其它人反對這個計畫的部分去投射性地認同范錫的謹慎。因為范錫承載了關於此任務的謹慎，他變成了聯合國安全理事會成員可以放置他們本身對這個救援計畫的懷疑的一個容器。因為這個矛盾心理是如此令人難以忍受，使范錫成為代罪羔羊的一股潛意識壓力升起，並迫使他辭職。知道他可能辭職後，聯合國安全理事會成員可以立即進行這個任務——完全不被他們自己的矛盾心理阻礙。的確，他們希望一旦范錫（代罪羔羊）辭職，他所代表的也會消失。此任務失敗的嚴重程度指明了粗劣的計畫和不充足的預報。

此團體的完形和心智，將關於此救援的混雜感情分配和劃分到范錫和布里辛斯基（Brzezinski）身上，而卡特終於被捲入「鷹派人物」的行列（詳情見Brzezinski, 1983; Carter, 1982; Vance, 1983）。

那些聯合國安全理事會成員的過度投射性認同，導致（如同在甘迺迪的豬玀灣決定）一個粗劣的政策和策略上的錯誤（見Janis, 1972）。沒有團體可以豁免於團體完形和心智的力量與分配的功能。

團體作為一個整體視角所立基之理論根源和衍生物，需要更多的實證研究。這樣的研究會需要一套對潛意識表現形式敏感的方法學。這樣對於團體作為一個整體的理論對待，才可能開始以一種更精確的方式推進我們對於團體層次歷程的理解。然而，許多可以用進一步實證探究來解決的關於團體作為一個整體現象的議題，還是沒有被解決。儘管如此，我們轉向團體作為一個整體分析的一些應用。

案例短文

這一節使用團體作為一個整體的分析來簡短敘述兩個案例片段。

• 案例：無能的團隊成員阻礙團隊效能

背景：一個在高科技組織裡由十名白人男性工程師組成的高度專精研發團隊，正面臨解決一些預定在十二個月後上市的電腦硬體產品中預料之外技術問題的急迫壓力。

動力：一個管理顧問已被此單位主管邀請來進行一個團隊診斷和團隊建立干預。他的決定受到高層的認可。此顧問透過訪談所得到的初始資料揭露了：

1. 此團隊的大部分成員都覺得Ｗ先生（56歲，是最老的團隊成員）在他們試圖解決技術問題時，阻礙了團隊的生產力。他們責怪他不合作、濫用職權，而且對團隊計畫和技術會議帶來破壞。然而，最近Ｗ先生一直請病假，而且經常上班遲到和開始缺席重要的團隊會議。總而言之，團隊成員認為Ｗ先生是團隊運作的阻礙。然而，Ｗ先生已經在這間公司工作十五年了，並且有時是非常有創造力的。

2. 雖然大多數團隊成員對Ｗ先生的觀感都不好，他們從未公開或直接告訴他他們的顧慮。然而，團隊成員會經常向主管和彼此抱怨Ｗ先生的無能。他們希望他會從這個團隊被移除。有些人威脅如果沒有做什麼來「除掉」Ｗ先生的話，他們就辭職。在壓力下，團隊經理暗地打電話給一個獵人頭公司，並要求他們打電話向Ｗ先生推銷可能的職位。這件

事情會在W先生不知情他的主管或公司有涉入的情況下完成。經理也試圖把W先生調到其它部門。除此之外，他們有反對開除長期、忠誠員工的強烈公司規範。因為W先生過去有時在技術上非常有創意（這是公司管理高層眾所皆知的），而且已經待在這間公司十五年了，解僱是被禁止的。

3. W先生說他對這個團隊感到舒服。他認為這個團隊不是特別友善，但是他覺得這樣的關係是舒服的。然而，有時候他覺得被孤立，而且跟其它團隊成員沒有社交互動。儘管如此，他覺得他對這間公司和這個團隊來說是有價值的。他在顧問的訪談中提到，過去幾個月一直有獵人頭公司找他。W先生把這些電話詮釋為是對他能力和有市場的證明。他沒有告知他的同事或主管這些來自獵人頭公司的電話。除此之外，W先生感覺這間公司多年來都對他很好。W先生還說經理取消了他上一次的工作表現評估會議，而且沒有被重新安排。他已經得到不錯的加薪，並且對他自己的表現感到滿意。（他是「穩定的」，而且待在這間公司很久了，所以他在經濟上是無慮的。）然而，在最近幾個月他並不「感覺很好」；他有長期背痛並感到疲倦。

分析：看起來，W先生已經在潛意識上被要求去為這個團隊承載或感受無能。也許，身為最老的團隊成員促成W先生待在這個角色。研發工作本質上可以是令人挫折的。替公司新產品解決技術問題的壓力增加了挫折和壓力。證據也顯示，這個團隊和經理對他們在產品上市前解決問題的能力感到焦慮。也許他們暗地的顧慮是他們自己的無能。這個團隊，透過投射性認同，可以將W先生作為他們自己害怕顧慮的容器來使用。經理也透過邀請一家最終

讓W先生留在公司的獵人頭公司來促成此共謀。此外，就某些方面來說，這個團隊想要也需要W先生留下來，因為他們就可以把團隊的失敗怪到他身上。然而，花費在W先生問題上的時間和資源，可以拿來用在更好地檢驗技術解決方案上。這個投射性認同的主題造成W先生成為潛在的代罪羔羊（一個人類祭品，就像以前一樣），但對團隊的低效率問題和關於此任務的焦慮是不完美的解方。然而，這個團隊和經理對於圍繞W先生的動力預設了一個個人內在的理解。之後，他們就試圖透過有意識地想要移除W先生來解決此問題，但是又在潛意識上認同W先生，並需要他為了他們共享的被分裂出去無能和焦慮的感覺來維持作為一個容器。

• 案例：「這是他們的錯」──團體衝突

背景：一個有六名黑人女性後勤員工的小型都會區兒童健康照護機構。

動力：執行長邀請一個外部顧問來協助「解決我的職員間關係的問題」。根據報告，有兩名負責登記病人的初談員，X女士和Z女士，總是處在激烈的衝突中。她們兩人的衝突經常在病人面前爆發。這個衝突造成在調閱病歷和約診上的延遲和錯誤。此外，此診所逐漸流失病人到一所當地的健康維護組織（HMO）。因此，醫病關係至關重要。這個機構也正在經歷財務虧損，且面臨裁員或倒閉的威脅。

其它員工不斷地向執行長抱怨X女士和Z女士的行為。X女士和Z女士都會去向執行長報告另一人所犯的錯誤。在午餐時間，其它員工會聚在一起譴責X女士和Z女士的行為。然而當衝突事件爆發時，沒有員工公開干預。

分析：看起來，X女士和Z女士在潛意識上被要求去代表員工

承載衝突和焦慮。一個共謀的關係已經在這個雙人組和其它員工之間發展出來。透過向執行長抱怨X女士和Z女士，員工創造並維持一個衝突關係的模式。員工投射性地認同了由X女士和Z女士所表現出來的衝突和焦慮。此外，有關於此機構和員工工作是否能維持下去的潛在害怕和焦慮。架構上來說，X女士和Z女士是在最低的身分位置，而且在物理上是被放在輸入與輸出的界線上。她們擔任機構的緩衝。因此，她們在架構上容易去表達員工的焦慮和衝突。此外，當更多重要性和注意力被放在X女士和Z女士之間的衝突上，就更少注意力被放在此機構生存的問題。也許這對員工來說是更麻煩和可怕的。

　　總結來說，X女士和Z女士被要求承載系統內的衝突。她們是其它人分裂出來的部分可以放置的便利客體。無疑地，在這個雙人組、員工以及執行長之間存在著共謀。

　　這些個案實例描繪出團體作為一個整體分析，可以如何幫助更好了解一個通常被呈現為人際和個人內在問題的工作情況。要干預一個工作關係，基於個人內在和人際框架卻沒有考慮團體作為一個整體的視角，可能是不夠的，並可能導向草率和沒有效果的解決方法。此外，證據和經驗顯示，團體層次分析應該要被優先考慮。這會顧及「團體層次解決方法」，能夠預防和保護個體免於（在極端情況）會導致工作場合裡很多感傷和絕望的革職或貶低。一開始將動力視為團體作為一個整體運作的結果，將問題和解決方法框架的焦點從個體轉移出來。普遍的管理策略是在個人身上找問題，而非去發現是什麼被團體透過投射性認同主題「放入」個體內。

　　這些個案實例只是團體作為一個整體，可以為工作關係和動力提供不同視角的眾多例子的其中兩個。

影響

• 一個典範轉移

這一節描述團體作為一個整體視角的一些影響。團體作為一個整體的視角，對團體和個體行為採取一個極端的觀點。它暗示的是，團體中的個體行為大多是「引導」個體行動的團體「力量」的產物。這個團體力量是由共享的分裂、投射性認同、互動和任務需求的變動的格局所產生。此視角假設當一個人發言，他／她不只為自己發言，而是（就某種程度上）透過潛意識來為團體發言。此外，在社交情境下可能被理解為個體的倡議或行為，很可能是已經「引導」了個體行動的「團體力量」的分配和表達。

團體作為一個整體視角，不同於在團體歷程諮詢與團隊建立方法占主要地位的個人內在與人際視角。團體作為一個整體視角，要求個體不被視為在社交真空中的孤獨個體，而是一個相互依賴、緊密連結、受激勵，而且就某種程度上，受集體力量所控制的社交生物。

就這方面來說，個體就無法被完全地理解為一個「獨立的」或「有自由意志的」存在，只依他／她自己的意志和保證來行動。這樣的概念化完全吻合西方的信條，強調人類的獨特個體性以及在決定他們自己行為和選擇自己道路時，個人意志與責任的首要性。團體作為一個整體視角，讓大家注意到人類作為相互依賴生物這個概念，部分被控制且在潛意識上無法逃脫地被綑綁在一起，形成一個集體社群。這個視角和新科學的發展方向是一致的，像是量子物理、全像原理、次模控學和謝爾德雷克（Sheldrake）的發展形成因果假說（見Berman, 1984; Capra, 1982; Sheldrake, 1982）。這些理解上新的轉變，都把人類視為是受個人意志外「力量」、「場域」

和「頻率」影響，且部分支配的至少是相互依賴的實體。對於「團體作爲一個整體」現象的進一步理論發展與實證研究，也許會揭露和當下典範轉移和新科學更多的關係。

• 經理人和組織顧問的團體作爲一個整體能力

對致力於卓越的經理人和組織顧問而言，人際能力已不再足夠，他們現在還必須具備「團體作爲一個整體」層次的技能。單單理解組織內的個體差異和人際關係是太目光短淺和受限的。

由於團體作爲一個整體，對人類行爲有如此深遠的影響，經理人和顧問應該開始去辨認共享的分裂和投射性認同格局如何可能在他們工作的團體中運作。採用團體作爲一個整體的視角會引發以下和團體工作的問題：

1. 團體成員已經被要求來替此團體承載了什麼？
2. 個別成員可能代替其它人被放置了什麼？
3. 有沒有一個被認爲是無能、笨拙、太有攻擊性或太被動的團體成員，只是潛意識地被要求爲了團體作爲一個整體來承載這些被投射分裂出去的部分和特質？

這些問題如果沒有被問，個別行爲者可能會因爲扮演這些主要被團體作爲一個整體所指派和分配的角色，而被控告和要求負起全部責任。透過這些問題的探索，對圍繞團體成員的動力更多的了解可以被達成。這些探索和解釋可能會揭露聚焦在團體作爲一個整體的解決方法。

從人力的視角，歷程問題的團體層次解決方法，可能會比從個人層次分析得來的解決方法更有成本效益。很多時候，從個人層

次得到的解決方法造成團體成員被要求負起全部責任，需要「修理」、被怪罪、成為代罪羔羊、被調職或被解僱。此外，如果真正的問題是在團體作為一個整體當中，個人層次的解決方法在最好的情況下是不完美的。在最糟的情況，針對團體作為一個整體動力的個人層次解決方法可能會造成：

1. 將個體變成代罪羔羊；
2. 組織內普遍感受到的人性感傷；而且
3. 任務表現的下降。

如果沒有團體作為一個整體的分析，的確，一個人是不是在潛意識上代表這個團體而被指派功能，可能依舊未知。採用個人的視角通常產生個人取向的解決方法，因而個別行為者有受害的風險。

• 必備條件與責任

採用團體作為一個整體視角，需要一個人對於他／她在其長大、生活和工作的團體裡，如何透過投射性認同「使用」和「被使用」的檢驗。這個視角也把注意力放在人類如何在潛意識上無法擺脫地透過我們的集體社群彼此連結，不管我們的偏好和／或意識上的願望。舉例來說，我們對他人可能有的輕視，也許（就某種程度上）是我們對自己的輕視。其它人可能被要求來承載我們自身被貶低的部分。要去坦然面對我們從別人身上看到的這些部分，需要勇氣和慈悲——勇氣可以幫助我們擁抱那些我們自身被否認的部分，而慈悲可以幫助我們接納我們自己和其它人，連同我們所有的人性脆弱面和潛力。

【第三部】
重要議題

第七章
領導力：個體與團體

皮耶・圖爾凱（Pierre M. Turquet）

> **皮耶・圖爾凱（Pierre M. Turquet）**
> 皮耶・圖爾凱是團體關係理論與實務發展中的重要人物，尤其與倫敦的塔維斯托克機構密切相關。他對理解潛意識的團體動力、權威，以及在團體和組織中工作與領導所面臨的挑戰，做出了重大貢獻。他的工作，經常透過體驗式的團體關係研習會進行探索，對組織發展、領導力研究和團體心理分析方法產生了持久的影響。

緒論

作為緒論，我想提出三個初步論點。

第一，我要從個人的經驗來描述小團體行為，即是：有八至十二位，至多不超過十六位，成員團體的行為。這個數目並沒有什麼玄妙之處。許多委員會就是這個規模──公司董事會、甄審委員會、大學科系的資深教授，或計畫與組織活動的委員會。稍微更大的團體──例如，有二十至三十位成員，一些活動的典型榮譽委員會或一個機構的理事會──似乎很難完成任何工作。在我的經驗，他們很容易不愧於他們的「榮譽」頭銜。對任何被邀請加入這樣委員會的人，我的建議是要意識到他是因為他的名聲、地位或不管什麼受到邀請，但不是為了工作。如果他想工作的話，他最好拒絕這個通往徒勞的明顯邀約。事實上，這種相對大型的委員會傾向於分裂成小型執行委員會；但是，然後我們又回到了原本八至十二較小的數目。當團體達到更大的數字（例如，五十至八十，八十是我曾仔細研究過的最大的團體），因為團體的大小使其不再是可以面對

面的團體,其它現象的存在會侵擾小團體的特徵。

這些新現象與那些小團體現象是不同的狀態,一部分是關於在將個體機構化作為拯救個人免於毀滅的手段的議題上,這個毀滅的威脅是不斷的。一部分是,這些可觀察的現象似乎也來自個別成員尋找並找到一個可包圍整體的需求。似乎,偏好在小團體工作的另一個原因是,它可以被每一個個體成員包圍起來,並且可以面對面。因此,十二位成員似乎已經接近單一成員包圍並吸收的能力上限,十六是最極限。也許指出西洋棋有十六個棋子是相關的。但是機構的角色分化,一個大團體現象已經開始成形。另一方面,在另一個極端,如果團體的成員是五或六位,一個不同狀態的現象會再次出現——更直接與家庭動力場和家庭幻想有關的現象。

我第二個緒論的點是:一個小團體,如果要存活並活躍,必須要有「主要任務」(Rice, 1963)——一個團體如果要生存必須執行的任務。因此,一個工廠必須產出貨物、商人必須獲利、銀行必須顯示它的投資有回收、醫院必須治癒為數可觀的患者、學校必須教導課程上的科目、大學必須產出畢業生。因此,一個具功能的小團體必須尋求了解它的主要任務——在定義與可行性兩者上。在這些事情的失敗不可避免會導致團體的支解,並因此導致它的最終瓦解,或導致團體出現一些與其最初成立的主要任務無關的其它任務。

即使有些團體或機構有不只一個主要任務,但是在任一時刻,他們必須決定要執行哪個主要任務。一個外科醫師可以在動手術時同時教學,但如果患者出現血管萎陷的徵兆,教學必須放一邊——至少如果外科醫師想要繼續在活著的患者身上開刀。如果工廠的銷售部門無法銷售工廠的產品,而人事部門又進一步嘗試解決當地的失業問題,則可能會導致公司破產,而這樣最終無法解決失業問題。就我的看法,大學,特別是在英國與美國——前者比後者較少

有下面的狀況——似乎企圖執行兩個互相衝突的主要任務：教學與研究；或至少他們看起來無法區分兩者，而讓他們自己陷入了艱難的狀況。他們的不同在於，例如，需要不同的工作方法、各自的人員組成與領導方式。對研究工作者來說，大學生是一個瑣事，而能幹的老師是次等公民，只是一個「普及者」，如果他真的不扭曲，也沖淡了研究工作者的有價值與傑出想法。對教師來說，研究工作者是象牙塔專家，要求越來越多設施與時間來進行研究，要求更專業化與昂貴的設備，因此讓系上圖書館無法提供學生基本教科書，並逐漸搶走教學教授的職位。在這樣的衝突情況下，難怪大學生越來越感到不滿。

考量我們的監獄。如果近幾個月來逃獄次數上升，可能是因為監獄的管理人員不確定要執行他們眾多主要任務的哪一條。在一個改良主義的監獄中，穿制服的懲戒獄卒會感到不被重視或需要。在一個逃脫零容忍的監獄中，社會化改革者經驗到其任務的不可能性。因此，監獄職員容易因為逃犯而成為被指責的受害者。只有將彼此衝突的主要任務拉出清晰界線，才能讓一個團體消除張力與困惑。這裡的含義是，結構與主要任務是在內部相連結的，主要任務的完成需要一個合適的結構。

團體的機構性失敗的初始訊號，可以在檢驗主要任務的「產物」時找到：大學生對於系上滿意與不滿意的比率，或醫院中治癒與死亡病患的比率、逃獄率、企業的資產負債表。也就是說，我提到的團體或機構都是所謂的*開放系統團體*，在與環境互動時有其生命。因此，他們主要任務的產物可以在他們的外部環境找到。如果無法從外部檢測到這種產物，那這個團體可能就是一個封閉系統團體（後面會討論到的基本假設團體的一種）。因為團體的主要任務涉及了與環境的互動，團體與環境之間將會有一個互動的表面，

如此的互動表面導致團體與環境之間界線的形成。此外，由於有界線，會有跨越界線的交換，而這種交換會需要調控的機制——特別是，以個體的術語來說，一個領導者的存在。因此，領導力的一個基本層面是在這個表面的界線調控。

此外，界線越清晰，對這些交換的探究就越容易，的確，也會越容易認知到交換的存在。在第二次世界大戰後，發生在下議院關於議場在被德國燃燒彈摧毀後該如何重建的辯論中，溫斯頓・邱吉爾清楚有力地主張建一個長方形的議場，理由是這樣的議場必然會突顯「越過地板至對面」是一種公開、有意的決定——而他本人對這種政治上的立場轉變有十足的經驗——相對於以歐洲或美國為例的半圓形議場，只需要移動身體下盤，界線在結構上是不清晰的。

開放系統團體不只涉及內在／外在世界之間的分化，也含括了在設定輸入、轉化與輸出的內在歷程上，內在世界本身的分化。如此的內在歷程協助強化內／外在世界之間的界線，也因此支持行使界線控制的領導力功能。領導力的複雜之處，就如同精神分析模式中的自我，他必須像雅努斯❶，同時看著內在與外在，同時成為參與者與觀察者。如果領導者允許自己成為觀察者，以不參與的方式滑翔在充滿張力的情境之上，他將會剝奪他自己去體驗團體活動中某些重要面向的機會。因此，他會失去許多關於團體狀態的證據，特別是團體對他領導方式的期待。確實，有時候他唯一可以獲得有關團體健康狀況的證據，是透過他在團體中的個人體驗，他感覺到團體在對他做什麼，以及他內心對團體的感覺。當然，相同的，在團體中完全融入或喪失自我，對於領導力作為一種界線功能是有毀滅性的。而隨之而來的是，領導者必須作為一個投射的受體，並忍

---

❶ Janus，希臘神話中的門神、雙面神。

受被使用。作為領導者的座右銘,我會提供一句歸因於蘇格拉底的格言:「透過報復的威脅來報復他人的錯誤或保護自己是永遠都不正確的」,因為團體會被對這種報復的恐懼困住。

此外,如果我將團體和機構一起談論,那是因為越來越多的機構是由小團體控制與領導,就如加爾布雷斯(Galbraith)在其最近的著作《新興工業狀態》(*The New Industrial State*)所指出。因此,機構的領導容易有兩個面向:一方面有由小團體行使的領導,也因此去思考團體領導成為可能;但也有個體的個人領導──主席、主任或總裁──也因此去思考小團體的個人領導是可能的。然而,這兩個面向可能失去連結,特別是如果個人領導很有魅力時。

因為開放系統具有跨界進行交換的互動性表面,而主要任務的產品可以在團體或機構外被偵測到,所以,這類團體沒有祕密的空間。團體或機構的領導,作為團體或個體的功能,因而是一個公開的功能。不公開的領導屬於另一種秩序不同的現象,一個之後我會回頭闡述的觀點。祕密,就像魅力,在團體或機構生命的一個特別時刻可能是合適的,但這樣的時刻是為使成員服從,而不是學習;更多是為了信念的創造,而不是可論證事實的建立;更多是為了一個人的榮耀,而非整體的健康發展。

使用一個商業的例子來說明:一個家族公司以自家的名義製造和銷售(主要是由小型零售商)產品來獲利。該公司的董事長與創始者,在得知幾家大型經銷商有興趣以它們所選擇的品牌名稱營銷產品後,建議其它董事接受這種不同於傳統的做法,以尋求更大的利潤。他的建議被拒絕了:「我們獨特的產品用別人的品牌名稱?允許他們控制我們的流程?不可能。」董事長將其個人的魅力發揮得太好了。十八個月後,該公司成為一個成功收購的對象,董事們在董事會中失去了他們的位子,而產品現在以新的品牌名稱銷售。

董事們把保護品牌名稱作為他們的主要任務，而不是透過製造與銷售來追求利潤。

我的第三以及最後一個緒論要點，與比昂（1959）的著作有關——特別是，他認為小團體可以在兩種狀態存在：作為一個複雜的工作團體及作為一個基本假設團體。兩種團體的主要任務是不同的，因此讓主要任務可以履行所需的領導品質也不同。

複雜工作團體的存在是為了完成預先決定、清楚定義的主要任務，而該任務是由成員至少在意識層面上公開的接受，並且也是在意識上同意去工作的。因此，從一開始，該團體會試圖定義自身的主要任務，或隨著工作進展，試圖定義在任一時刻手頭上主要任務的任何個別面向。這樣的團體因此不只關注定義，還在高度自我覺察之下進行——一種當團體在進行工作時，對於自身團體與外部世界會如何碰撞的覺察。之後，當「工作」有所發展，團體會試圖維持它在其主要任務與外在環境的關係，特別是當這樣的關係隨著工作進展改變時。從這個意義上來說，一個工作團體表現得像一個開放系統團體。

在它對主要任務履行——換言之，工作——的態度上，工作團體是被求知慾啟動：獲得洞見、探索與理解解釋，以及形成可被驗證的假設。它也會關注其自身行為與行動的後果——不只在工作團體的個體成員間，還有與工作團體的外在環境。

團體成員透過每個人在其任務上所貢獻的技能，在主要任務的履行上自由合作；的確，每位成員是因為促成任務履行的技能而受到重視。此外，作為主要任務的初期定義，工作團體會檢視成員們所具備的技能，以確保至少任務實現的可能性。一個手術團隊需要一個外科醫師；它也許需要或不需要一個內科醫師。一個社團也許需要或不需要一個會計，取決於會員人數和牽涉的財務交易。這個

與主要任務定義相關在技能上的初步檢查，對領導者尤其重要。一間化學工廠並非一定需要由化學家來領導，尤其是如果銷售或獲利是其立即當前的主要任務。

此外，工作團體一個非常重要有區別性的特徵是其成員享有加入的自由。他們也可以自由的離去，而離去不必然會威脅到他們個人的存在；而且，工作團體可以自由的解散。此外，工作團體成員為團體的互動——不只內部成員間，還有外部在他們自己與環境間——及其後果承擔責任。對於責任的假設是集體性的，有點像是指引英國內閣的集體責任信條，而不是讓個體承擔所有責任。單一成員承擔所有責任的領導者概念，不只貶低了團體其它成員的個人技能，也對所探究的任務有害。特定的功能可能會需要特定的專家，但是如果團體想要作為一個複雜的工作團體而綻放，而非表現得像別的樣子，他們的專業需要被團體評估。董事會可能需要一位會計師，但如果他是唯一能解讀資產負債表的成員，災難將會發生。

如果工作團體有結構——主席、祕書、會議紀錄等等——這個結構是跟主要任務的需要有關。會議紀錄的目的不是記錄會議本身，而是用來回憶當時所做決定，以及當時為何做出這些決定。如果有一個主席，言外之意是有一個界線控制的特定面向需要這樣一個角色。當結構本身成為目的時，我們就十分有可能是在與基本假設團體打交道。相似地，如果團體企圖將某些與主要任務無關的功能納入團體，並且不考慮這樣的納入對團體功能的影響，或沒有研究團體中對團體完成主要任務的技能貢獻，那麼我們可能會再次發現我們正身處在與工作團體不同的世界裡。

工作團體並不是互相讚賞的俱樂部。雖然它們可能包含友誼，但它們可以且應該可以忍受與涵容不同意見。在加入的自由這個概

念中,也隱含著退出的自由、工作團體解散的自由。一個典型的例子——用反面來說明——是研究團隊延續自我的傾向。一開始研究團隊是因為某些明確定義的目標而存在,可能來自另一個研究團體的要求。雖然花時間,但團體成立時所設立的目標達成了。但是因為它的成員成功過,也許也因為他們現在熟悉了彼此的怪癖,成了「朋友」,這類團體明顯傾向透過尋找另一個項目來做,以延續自身。對於他們來說,「像以前一樣進行」似乎比考慮自我解散或檢查新項目的技能需求要容易得多。在這樣的情況下,第二個項目很有可能不會像第一個那樣成功,尤其是如果第二個項目的主要任務要求偏向一個不同的成員組成。

基本假設團體

現在,讓我們把焦點轉到基本假設團體及其生活方式上,其與複雜的工作團體有很大的差別。首先,它的主要任務完全來自它自己內部,僅只為了追求團體內部需求的滿足。「基本假設依賴團體」(basic-assumption dependency group,簡稱BD團體)企圖為其成員取得安全感,讓成員被一位且只有那位領導者照顧、保護與支撐。「基本假設戰或逃團體」(basic-assumption fight / flight group,簡稱BF團體)追求著戰鬥的目標或從某人、某事逃離——由領導者來確保這個必要的行動,且成員追隨。「基本假設配對團體」(basic-assumption pairing group,簡稱BP團體)試圖創造什麼——一些希望、一些新想法或彌賽亞——透過團體中的一個配對繁殖自身,而其它的所有成員藉由見證,間接參與在配對關係中。除了這三個由比昂描述的基本假設外,我要提出第四個「基本假設合一團體」(basic-assumption oneness group,簡稱BO團體),其

團體成員企圖加入與一個全能力量——無法達到的高峰——的強大結合，為了被動參與而放棄自我，並因而感到存在、幸福及完整。

「基本假設團體」（Basic-assumption group，簡稱Ba團體）需要領導者，但它是落在一個人身上的一種擬人化領導層，這個人被期待來為執行團體基本假設任務做「一切必要工作」。團體可能必須採取特殊方法來說服領導者照其所需要的行動。因此，一個BD團體的成員可能會提供他或她自己作為一個需要被照顧的病人，而因此試圖促使領導者提供幫助。相似地，一個BF領導者，如果他無法為自己找到可以戰鬥或逃離的敵人，將會被提供合適的人選來激發必要的被害妄想特質，透過「被暴行不當對待的故事」，像是另一間醫院治療同行的蠢事、競爭對手公司的邪惡銷售行銷技術、傳聞的另一個團體或國家缺乏必要的文化等等。

在此，我必須強調四個點。

第一，Ba團體是關於領導者與被領導者雙方共謀性的相互依賴。它跟平等沒有關係，領導者也並非「同級別中的首位」。他的存在是因為團體善良的允許，且只要他執行Ba團體的主要任務就可以存活。然而，因為該任務包含著不可能的元素——成為全能；不需被告知就知道；找尋並引領至應許之地；不斷積極的應對潛在的敵人；促進注定會死亡的新希望與想法；面對不可能與不友善的可能性——他未來的失敗與被替換是不可避免的。（的確，他可能被像神一般的崇拜、或變成書本、或成為富有文字釋經的學科，如同佛洛伊德；但是他本人要從墳墓外欣賞這種安慰並不容易。）因此，這樣的團體因為領導者的更換而時常不穩定；新的領導者必須被找到來代替舊有失敗的那個，但新的那個也會失敗並被取代，周而復始。

第二，這樣的團體對與其外部環境互動並沒有強烈興趣。他們

是自給、封閉的系統，因為如此，不像複雜的工作團體，工作團體對預測與後果是感興趣的。因此，他們幾乎或完全沒有求知慾，因為知識可能會令他們感到困窘，可能會干擾團體的內在和諧或群體性。他們的座右銘可能是「不要拿事實來混淆我；我有自己的想法」。他們對知識的態度與戈培爾（Goebbels）對藝術的態度非常相似。因為對知識的恐懼與敵意、缺乏必要的預測技巧、對假設的輕蔑，因此對結果不感興趣且沒有覺察，因此，他們幾乎或完全沒有集體責任的觀念。基本上，所有的責任都留給領導者。外在現實被視為一種突然不愉快的潛在來源而因此被迴避。所有的冷漠都在外面，所有的溫暖都在裡面，成員如同樹林中的許多嬰兒依偎在一起，特別是在BD團體。外面是死；裡面是生。

第三，這樣的團體似乎是自發性發生，沒有準備的規劃，沒有需要執行的期待。因此，它們是根據一種「彷彿」的基礎在行動——彷彿事情會度過，因為它們是如何又如何；彷彿它們的領導者沒有選擇，只能採取行動，因為那是作為一個好領導者該做的。它們的出現似乎不需要任何努力，而它們有自己充分的動力能量。這樣的團體確實是活力十足的。相同地，團體似乎知道該做什麼，而它的成員似乎也不需要事先訓練。除此之外，成員行動所依循的假設幾乎沒有被說明，無疑的不是透過一個特定成員。理智上來說，它們的任務既不麻煩，也不發人省思。它們的主要任務只需要被執行，不需要被展開，也不是適應性過程的目標。

第四，這些領導概念，由團體成員間的人際關係所產生，包含了神話的特質。作為神話，它們具有普同性，社區的主要部門和機構代表社會來呈現並具象化那些神話——代表BD的醫院、教堂與神職人員，代表BF的軍隊，代表BP的世襲貴族或統治的高學識家族，代表BO的「神祕事物」。這樣的機構通常都有封閉系統的特

性——它們的領導者招募均來自內部，它們的時間感是朝向過去或一種沒有時間的永恆感，而當它們被要求履行其主要任務時，它們在因應危機的失敗是明顯的。但從理論和技術的角度來看，更深一層的點是，我們的注意力受這類神話在人際與介面關係中有活力、製造神話的特性所吸引。

例如，對於雙人組（daydic）關係，有佩內洛普的神話❷，「天堂般的婚姻」，作為裸露、永恆可得乳房的婚姻，以及救世主誕生的神話。對於三人組（triadic）關係，有伊底帕斯（Oedipus）神話。對家庭這個團體來說，有報復性的「原始父親」（Urvater），警覺地鼓勵手足自我毀滅，或完全接納與幫助的母親。對於小團體，有已經描述過的 Ba 領導者神話。對於大團體，有哥雅❸〈謠言〉（Rumor）繪畫中如此巧妙展現的偏激暴民。對於在團體情況中尋找自我認同的個體，有奧德修斯（Odysseus）神話。並且對於每個情況都有相對應的神話。技術上來說，這些神話必須被闡明，因為它們的束縛性特質，它們讓無益的非適應系統永存。

這樣基本假設團體中的成員同時是開心與不開心的。他們因為他們角色的簡單而開心，不需要什麼技巧，也不需要反思。在 BD 團體中，成員的角色是被照顧，作為讓領導者行使細心照顧能力的「傷者」以及團體關心的對象。儘管也許有對於這個角色的競爭，但成功的標準——受到領導者的關注——十分簡單。在 BF 團體中，成員是為了勇氣與服從而加入戰鬥團隊；儘管傷亡——會被忽略並被視為裝病者——可能比比皆是，但他們可以透過強烈的同

---

❷ Penelope，古羅馬神話中戰神奧德修斯的妻子，她為了等候丈夫凱旋而歸，堅守貞潔二十年，於是被引申為忠貞的象徵。
❸ Goya，法蘭西斯科・哥雅，西班牙浪漫主義畫派畫家。

袍情誼、行動、做些什麼，即使可能是跳下懸崖或進入大炮口，而獲得補償。（看著這樣的團體在行動，我時常能理解克里米亞戰爭的法國將軍，據說在看著在巴拉克拉瓦所發生著名的輕騎兵的衝鋒❹時說：「看似美好，但不是在作戰。」明顯地對他來說，戰爭是一個複雜工作團體的事情。）在BP團體中，成員不是配對的一員，就是替代性參與觀眾的一部分，無論哪種情境，他們都迷失在正在進行的活動中，受到希望的鼓舞，像契訶夫❺戲劇中的角色期待著「春天會到來」，整個氣氛如在弗蘭芒風格朝拜畫像❻中的屏息等待。在BO團體中，成員會迷失在海洋般的一體感中，或是，如果將合一擬人化的話，就是成為傳道者的一部分。

　　在這樣的簡單性下，對個別成員是否具備執行任務必要技能的個人評估是不需要的。在整個過程中，成員從團體中獲得任務，而其社會角色也由團體定義。作為反對者、口譯員或丑角，並非總是愉快的經驗。但是這樣的角色比沒有角色好，後者可能是作為工作團體成員的結果。在這種角色中，成員可能會被想念，因此在委員會中，當反對者缺席時，困惑會產生，所以決議會被推遲到他返回之後，這時事情很快就得到解決，而反對意見迅速被克服。

　　另一方面，有困難與不愉快。參與Ba團體會使個別成員在不同程度上失能。記憶力變差。時間感受損：「以前的某個時候某個人說了諸如此類的話。」要活在此時此地似乎非常困難，並且會有

---

❹ 裝備馬刀的輕騎兵在易守難攻的地形上，衝向準備充足的俄軍炮兵。輕騎旅在猛烈的火力下，成功衝入炮兵陣地，但因為傷亡慘重，被迫撤退，是看似成功但徒勞無功的行動。

❺ Chekov，安東・帕夫洛維奇・契訶夫，俄國的世界級短篇小說巨匠，其劇作也對二十世紀戲劇產生了很大的影響。

❻ 朝拜耶穌基督降生。

回到過去發生事情的明顯傾向:「我們上次做了什麼?」確認發言者是誰的能力受到干擾:「在那邊的某人,我忘了是誰,說過⋯⋯」句子,尤其是如果他們試圖傳達解釋或洞察,必須是簡單且相對簡短。偏好是領導者在團體不必言明其行動願望的情況下就行動:「他多聰明啊;看,他一直都知道的。」確實,在 BD 團體中,對魔法的渴望非常強烈,所有災難都被視為最周全計畫之跡象。如果我去美國並把團體交代給我的助理,評論會是:「看他設想得多周到啊?這都是為了我們好。」

　　個別成員的失能可能是巨大的。因此,一群都熟悉精神分析理論的分析師、心理師及社工師,以研究團體歷程作為主要任務而聚在一起,在某個情況下認為我的一個手腕腫起來,而我的腳踝也可能腫了,並表示關心。當我指出這個討論可能有某種伊底帕斯的意義時,成員真誠詫異地看著我。非常痛苦與緩慢地,他們逐漸重建了他們剛剛一直在討論腫起腳踝的事實。然後一個成員想起了伊底帕斯與發腫腳踝的連結。但他們十分堅持是父親殺了兒子。這樣的失能可能對團體凝聚力有利。例如,一個類似的研究團體的成員評論道:「為什麼大家都戴黑色領帶?」在經歷某些困難後,他們發現在場的十人之中只有三人似乎戴黑色領帶,甚至其中一個表面上黑色的領帶不是黑色,因為它有深紫色條紋。黑色領帶很明顯是被需要的——奉團體凝聚力與一致性之名。

　　另一個導致痛苦的是這些團體中情況的字面性(concreteness)。並不是有一個生氣的圖爾凱博士的想像,而是圖爾凱博士真的在生氣。來自顧問的詮釋時常被視為指責:「我們又搞錯了。」它也可能被視為是該做什麼的字面指導。因此當整個研習會約五十名學員,為了研究團體間關係而聚在一起,聽到這個陳述,「看來為了進行這樣的活動,小團體形成的一些歷程必須被好好思考」,它被

當成是去分組的指示,而房間中的成員在短短幾秒內都離開。陸軍小型部隊的指揮官十分了解對命令的字面詮釋所帶來的危險。因此當一排軍人固定在被機槍掃射的海灘,無法移動,被給予「向前行進」(forward march)的命令,所有的人都站起來齊步行進,最後所有人都被殺了。此外,這種字面性使承擔責任特別困難與痛苦。

個別成員也不是因為他自己的原因而待在那裡。跟領導者一樣,他是為了滿足團體的目標,並只為了該目標而被賦予他的角色。如果成員違反目標並表現出自己不尋常的行為,便會被踢出團體。因此,在一個心理治療團體中,在顧問可以展現其技巧並對她的痛苦做些什麼的希望之下,病人被鼓勵說自己的故事。在一開始她感覺到非常壓抑與抱歉,特別是對占用團體時間這件事,但團體會鼓勵她說。最後她告訴了團體,由於她在性方面的害羞,在經歷許多猶豫之後,她接受了她辦公室裡一個男人一起去喝酒的邀約。她遲到了半小時——團體接受這是女人的特權。然後她說她被恐懼支配,聲稱自己必須打個電話,她從另一扇門離開,將那個男人丟下。這個對團體來說太不尋常了,而她在剩下的團體時間裡被忽略並在她的角落哭泣。相同地,在BF團體中,任何生病的人都會被視為裝病者,因為將個人的價值擺在團體的優越地位之上並與其對立。一位成員在團體的允許下,試圖與我形成配對。儘管有我的詮釋,他在這個新的陰謀中從團體獲得許多鼓勵。但當他要求我為他提供私人諮詢時,大家不再喜歡他。神可以是公開的,但不能是私人的。這樣的團體對他們的成員可以是無情的;成員只能通過適應團體的角色和要求來避免受到這種對待。

成員的慰藉似乎來自團體不可質疑的行動本質。沒有時間暫停或思考,並且對這樣的活動沒有理解。思考被認為是「內省的廢話」,特別是在BF團體中,「羅馬總是在燃燒,而工作團體無足輕

重。」常見的陳述像是「我們哪裡都去不了」和「那能帶我們去哪裡？」儘管一個團體表面上可能試圖尋求了解自己，但是顧問在這種情況下的說明被描述為「我們的顧問總是在阻攔我們」，導致「我們必須做點什麼」。這種現象可能會變得嚴重，像在全科醫生的診療室裡，焦慮的妻子在丈夫來訪後問丈夫：「所以，他做了什麼？」確實，通常全科醫生在診斷患者的狀況為心因性，並與他討論了相關的情緒問題後，發現他自己被迫以做了什麼的名義給他一瓶藥。光談話代表沒做任何事。

所以，這樣的基本假設團體非常有凝聚力和一致性，充滿活力和生命。透過擁有一個結構幫助了這樣的團體，儘管此結構沒有特別價值。即使預算很少，委員會有一個會計。會議紀錄成為規條，而不只是幫助記憶；通常會議紀錄似乎是為了提供「完整紀錄」而寫，而不是議決行動的摘要。主席指示而成員們作為橡皮章。成員似乎被要求坐在同一張椅子上。在「眼不見為淨」的基礎上，缺席成員的椅子被移除以顯示團結，這是另一個字面性的例子。這些團體的結構和凝聚力，也受到它們使用廣泛的概括和陳年老調傾向而強化。在團體中不得有分歧。

▍工作團體與基本假設團體相比

那麼，工作團體與基本假設團體之間的關係是什麼呢？這裡我建議以夢作為範例。就像夢的顯性內容充滿了隱性內容一樣，工作團體也不斷充滿了基本假設元素。就像不可能存在只有顯性內容的夢一樣，一個純粹的工作團體是很少見的。另一方面，一個只有隱性內容的夢是可能的，所以，一個純粹的基本假設團體也可能發生並存在一段時間。

兩種團體之間關係的問題，尤其是一個工作團體環境可以如何維持，幾乎不陷入基本假設模式的行為，可以透過檢視「複雜的工作團體」這個說法來進一步探索。工作團體的複雜性可以用四個主要方面來表示。

　　第一，工作團體在它所認為領導力的使用上是複雜的。工作團體的領導者是「同儕之首」，就像團體中其它成員一樣，具備執行主要任務的技能；他不是團體中唯一具備技能的成員。在Ba團體中，領導者被認為是唯一重要的人，事實上，也是唯一被聆聽的人；而即使其它成員也可以是有洞見的，他們的貢獻卻幾乎被忽略。工作團體領導者的優先事務是定義與維持跟環境有關係的主要任務。當主要任務新與不同的方面浮現，領導上的改變也許是必要的。舉例來說，在一個手術團隊，一般的狀況下是由外科醫師發號施令。然而，如果呼吸困難發生，麻醉醫師可能會接管手術，外科醫師則整理好手術檯並或許充當麻醉醫師助手。當呼吸困難的危機被克服時，外科醫師會再次承擔領導者角色並繼續他的手術。因此，在一個複雜的工作團體，雖然或許有領導上的轉換，但是不運作的領導者不會成為該團體裡被丟棄和拒絕的成員。相反地，在Ba團體中，他的沒被使用就等於被擊敗或消滅──像是，例如，被選舉結果踢出行政部門的政治人物。工作團體確實會想要保留領導者的技能，因為它們不是純粹的領導技能，而是有另一個最初關於團體主要任務的部分，就像手術團隊裡的麻醉醫師一樣。在Ba團體中，它是一個解僱與開除的問題；在工作團體中，它則是一個重點轉換的問題。此外，如此轉換的需要並不是領導者一個人的責任。工作團體的成員們也要在任一特定時刻，就當下手上主要任務的獨特面向去評估所需領導的本質。還有，一個外部的觀察者會可以偵測到工作團體中這類領導轉換的一些原因。Ba團體並不是這

樣，它領導者的來去並沒有外部明顯的原因，純粹是那些無法滿足團體內在需要的原因。

第二，與Ba團體相反，工作團體企圖用一種複雜的方式來保護個別成員的技能。此外，每位成員必須不斷的評估與再評估自己在執行主要任務時的技能。這樣的再評估可能需要做出因為缺少必要技能而從工作團體中退出的痛苦決定；這注定是痛苦的，因為沒有人能輕易接受在團體生命中，成員與成員間連續性的斷裂。在Ba團體中，由於角色的簡單性，這樣的自我評估並不需要，也因此那樣的生活較不痛苦。工作團體領導者的一個職責是幫助團體成員進行這類評估。

然而，在領導力中最重要的技能保存方面，也許是關於領導者不可剝奪的執行權。他決策過程的本質與理由可能會被質疑，但不是他做決定或確保決定被執行的權力。理想上，決策過程應圍繞在預測及其檢驗上。實際上，沒有團體可以為了最後的絕對正確性而一直等待，因此，決定必須在沒有完整知識的情況下做出。因此，工作團體領導者技能的一個面向是他忍耐焦慮與懷疑的能力。在這方面，團體中的許多成員經常做出非常可觀的嘗試來讓領導者失去能力，用他們的焦慮和幻想裝滿領導者。結果，他承受焦慮與懷疑的閾值可能被降得如此之低，使得他的執行能力受損，致使他成為團體允許下的領導者。也就是說，一個Ba團體的領導者可能會因為變得如此涉入團體的內在生命，而不再能夠保有其作為一個個體與團體作為整體之間必要的界線。然後，他成為團體行動要求下的獵物，暫停與思考、連同工作一起被遺忘。當然，發生在領導者身上被團體填滿的現象也可能發生在團體的其它成員身上。因此，為了所有人的共同利益，所有人的技能都應該被保留。因此，領導者技能的複雜性保留涉及每個成員的自我控制。每個工作團體成員必

須學會以「評估」的語言而不是「排放」的語言來思考；提取和評估相關訊息，而不是透過鉅細靡遺地描述事件的所有細節來興奮地排放訊息。後者是Ba團體的行為；本質上來說，它將評估的工作丟給團體領導者，並透過「排放」而不是「評估」，將領導者當成一個無底的廢紙簍。「評估」需要技巧和對主要任務的熟悉以及個人責任的行使，但如果沒有這些保護措施，成員和領導者可能無法倖存。

第三，工作團體之所以複雜是因為它使用預測。也就是說，領導者依可驗證的假設來推動團體的工作。所有成功的商業都有可預測的部分——哪種原料的什麼庫存會在何時被需要、銷售預期、預算準備、人員替換率等等。醫院會發展出占床率的概念；全科醫生對季節性的發病率感興趣。相似地，在培訓研討會上，研討會領導者本質上說的是：「如果你如此做或說，這樣這樣就會隨之而來。」領導者最重要的預測性陳述是「因為」子句，因為某人或某事是這樣的陳述——因為這或那——讓領導者的現實感，他的「觸及性」（intouchness），可以被看見與驗證。缺乏這樣的預測，團體會陷入直覺或被單一經驗控制。在缺少可驗證性假設的極端例子裡，許多這樣的例子可被找到，Ba的生活方式主導了這樣的團體。這裡可以引用大學的例子。入學時的預測，整體上與三、四年後的結果很少相關。更糟糕的是，我們對於被大學拒絕入學的學生所知甚少——有多少比例可能會表現得比被接受入學的學生好。在這些情況，Ba的生活方式——對更高的入學標準越來越堅持——容易主導，高中以下學校被指控沒有為這些年輕人提供正確的學業基礎，儘管沒有研究證明大學知道如何在大學新生現有的知識基礎上教育他們，而且沒有執行預測性的檢驗來支持他們提高入學標準的主張。所謂的精神醫學院之間的大部分麻煩，源自缺乏可檢驗的

預測，所以，精神科診所擺盪在對病患發展出BD——試著提供更好的照顧並照顧更多病人，以及對其它診所發展出BF——其它診所被當成是沒有受到啓蒙的愚蠢對手。確實，說出以下這句話並不過分：所持觀點的武斷程度，尤其在醫學界，是直接關係到該觀點可以或已經被驗證的程度。

在此，一個進一步的重點是可預測性的時間間隔；也就是說，預測多快可以被證實？從某種意義上說，作預測和證實之間的時間越短，團體適應和糾正其行爲的處境就越好。時間間隔越長，Ba形式的思考就越有可能發展出來。大部分的銷售部門不僅有年度預報，還有每月核對。類似地，如年度預算，大多數公司有現金流計算或類似的系統。心理治療呈現了相反的圖像。從接受患者到考慮出院之間的三年或更長時間間隔，使心理治療機構可以不受核對地運作，機構因而變得越來越致力於BD的生活方式。 實際上，它沒有別的了。

第四，也是最後，工作團體試圖以一種複雜的方式將相關的Ba團體用在履行主要任務上。它試圖動員相關的Ba團體來支持它的工作，並阻止任何可能會危害其主要任務的Ba團體。例如，一個手術團隊會試圖透過其病房結構、組織效率、所提供的冷靜例行公事，以及醫生、護士和輔助人員對患者及其處境的詳細初步了解來動員BD，以使患者能以信任與依賴的態度將自己交給手術團隊。BD時常會被BP增強，病人與一位護理師或病房護理員配對。如此，雙重抵擋，BF無法靠近。

當主要任務的執行有所轉換時，Ba團體的動員也會需要有相對應複雜的改變。因此，在學校裡，對老師過多的對抗阻礙了學習。BD被動員，BP也是，透過將對老師的注意力轉移到個別學生上。在英國的大多數學校都試圖擺脫大的課堂教學情況而轉向較

小的團體，因為這樣情況的BD可被更適當地控制。因此，大學研討班系統的發展也是如此。但BD在考試的情況是沒用的。期待考試人員照顧好應試者是不切實際的——至少根據我的經驗。例如，在醫學考試中，會有BF的複雜動員。過去的試題被仔細複習，考試人員喜歡的科目被發掘出來，一般而言，考試被視為是敵人的侵犯，必須透過反情報的策略來扭轉。BP也可以透過兩名應試人員互相測驗來動員。

另外，Ba團體生活方式的動員幫助賦予工作團體活力、溫暖與凝聚感。Ba元素不可避免的充斥，因此被工作團體有建設性的使用。但是只有工作團體才能做到這一點，對基本假設生活方式的複雜使用是工作團體的傑出特點。

一個將基本假設以複雜的方式使用來進行工作的經典例子，可以在修昔底德（Thucydides）的《伯羅奔尼撒戰爭史》（*History of the Peloponnesian War*）中找到。這本書是跟斯巴達人在斯法克蒂里亞（Sphacteria）被雅典人擊敗的那個粉碎性事件有關。雅典人占據位於皮洛斯（Pylos）的大陸海岸，而斯巴達人占據斯法克蒂里亞島。斯巴達人將要強行登陸，雅典將軍德莫塞尼斯（Demosthenes）對著他的部隊說：「士兵們，我們所有人一起面對這個挑戰：我不希望你們任何人在我們目前棘手的處境，試著透過精確計算圍繞我們的危險來展示他的才智。相反地，面對敵人，我們必須直截了當，不要停下來討論這件事，心中相信這些危險也可以被克服。因為當我們被迫進入這樣的處境時，好的計算一點也不重要。」不用說，他是在向古代世界的知識菁英講這些話；可以假定斯巴達人既不需要也不會理解這種語言。

個體與團體

本質上來說，加入團體的個體面臨著一個兩難。他希望自己成為團體的一份子，同時又希望自己可以是一個分離、獨特的個體。他想要參加，但又想觀察；想要有關聯，但又不想成為他人；想要加入，但又想保有他作為個體的技能。他想要Ba團體的生活方式，為了滿足他自己的基本假設需求、為了此類團體可以提供的安全感、為了它們的簡單生活方式、為了它們對人的終極目標──確立他的獨特性而同時維持與他人的關聯性──有恢復力的貢獻。

一開始，個體藉由認同領導者而獲得歸屬感。領導者幫助新加入的成員進行他們對主要任務覺知的現實測試。加入的行為會藉由新成員對其中一種Ba團體生活方式的喜愛而被增強。因此，工作團體隱含的Ba文化必須與個體在相互關係上偏愛的工作方法吻合。醫生必須有BD的傾向，內科醫師比外科醫師更是如此。但是期待被囚犯照顧的典獄長會有災難降臨。典獄長需要對BF有強烈的「化合價」（比昂的話）。一個銷售員必須對BP有強烈的喜好，因為他與他的顧客必須配對以創造出這商品值得購買的神話。個體隨後的歸屬感仰賴於工作團體的滿足、他在主要任務執行上技能的發展，以及他對於團體需求的滿足。此外──而且這是危險的元素──如果他的工作團體技能沒有被滿足，或是他缺少對主要任務來說必要的技能，他可能會因為獲得Ba團體需求的滿足而想留下來。

個體與團體的分離性是來自分裂與投射，投射到個別團體成員或團體作為整體。因此，我們會看到「與我無關」態度以及團體提供個體選擇退出機會之能力的發展。使用這兩種機制──分裂與投射──有重要的後果。它們傾向於增加責任感的缺乏；責任感在別

的地方與自我不想要的部分有連結，而這個不想要的部分也被投射到其它地方了。它們增加了領導者的權力以及成員對領導者的依賴。因為透過投射，領導者成為權力、技能和現實測試的唯一容器。它們也增加團體外面世界的冷漠、不友善、甚至具迫害性的本質，導致諸多的恐懼（界線能維持住嗎？如果已經投射出去的東西回返會發生什麼事呢？），恐懼感會再次的加強Ba團體的向心力。

因而個體會掙扎。當他離開Ba團體的生活方式時，他會經驗到失落：失去歸屬需求的滿足；失去團結感、凝聚感、同袍感，以及成為比自己更偉大的什麼的一部分的感覺；失去一個堅定、不需質疑的角色；失去行動的機會，無法「感受」到他有活力和興奮地正在做些什麼。面對這些失落，他會被吸引回Ba團體的生活方式。所以，他游移不定，先是離開Ba團體的生命，然後又回去，透過被團體排除、或不滿足、或不尋常的使用團體角色，或試圖領導而回去與死亡親近——並不可避免地以非高尚悲劇而是低級喜劇的方式來應對死亡，氣絕時「不是一聲巨響而是悲鳴」。

所以，他又從中抽身，經歷孤獨與孤立，獨自面對卡繆的「荒謬」（Absurdo）；知曉不能被分享的東西，找尋無法被找到的；對他的行為負全部責任，對他的知識及他如何使用它負甚至更多責任；必須不斷面對他者重新評估自己，且可能退縮；面對關聯性所帶來的痛苦和愉悅；並體驗他無法控制的未來。所以又回到Ba團體的生活，在那裡死去的人似乎從來都不是他，而且那裡有生命的神話而沒有提及死亡。基本假設團體是對死亡的防禦，但就像所有的心理防禦一樣，Ba團體有其內容，其實是死亡。所有不一致的成員死於被團體排除到冰冷的外在世界。在作戰或逃離上的失敗就是死亡。沒有被照顧的團體成員會死。Ba團體的領導者會死，不

管壯烈與否,被他不可能的任務所壓垮。

留傳下來支持未來世代的是團體所創造的神話。布魯諾·斯內爾(Bruno Snell)❼恰當地評論了希臘神話:「被設計來幫助人們反思的希臘神話通常引起更大的謙卑感。主流典範教導人們要體認到他們作為人的狀況、他們自由的限制、他們生存上的條件性本質。他們鼓勵在德爾斐(Delphic)座右銘『認識你自己』(Know thyself)精神下的自我知識,他們頌揚尺度、秩序、節制。」透過神話提供的這種知識與經驗,是Ba團體生活方式對於人類努力的終極貢獻。

許多詞在希臘悲劇中占主要地位──智慧(Sophia)、傲慢(Hubris)、節制(Sophrosuno)❽、時間和卓越(Aristeia)❾──但同等重要的是必然性(Anake)❿:所有這些不可改變、不可迴避的事實,構成了人類生存的條件,人類自身本性的雙重枷鎖,以及一個他們從未創造過的世界。如同阿羅史密斯(Arrowsmith)⓫所寫:「必然性首先是死亡;但它也是老年、睡眠、命運的逆轉和生命的舞蹈:因此它既是痛苦也是快樂的真相,因為如果我們必須跳舞和睡覺,我們也必須受苦、衰老和死亡。」

是伊底帕斯的必然性──他是必然性──他的必然性是頑固的奮鬥、了解並面對他知識的後果,以及「透過堅持對他自己命運全部及完全的責任而戰勝會毀滅另一個人的必然性」。因此,哈姆

---

❼ 德國古典語言學家。
❽ 在古希臘文中代表著一種個人處於調和、平衡的終極狀態。
❾ 被指稱史詩戲劇中慣常的一幕,在表現戰鬥中的英雄擁有的最美好時光,英雄通常會在該幕結束時死亡。
❿ 希臘神話中的命運、定數和必然的神格化,她的形象是拿著紡錘的女神。
⓫ 威廉·阿羅史密斯(William Arrowsmith),一位美國古典主義者。

雷特和那個決鬥場景：「準備好面對不可避免的死亡。」（Ripeness is all.）勝利是憐憫的擴大與加深〔就像《伊底帕斯在柯隆納斯》（*Oedipus at Colonus*）〕❷，憐憫被體驗成被分擔的痛苦，讓人「在一個尖叫著要他們死的世界能夠用愛來忍受」，這為人類的掙扎賦予尊嚴，並因此將它從徒勞中拯救出來。Ba團體的生活方式，不管它的出現有多短暫，是這個掙扎的暫緩。它給人一個喘息的空間，並透過友情的力量使他能有精神地返回面對孤獨。如此有精神，他忍受並活下來，以證明單單「重大痛苦的尊嚴」給予人在與他的必然性、他的命運戰鬥上的決定性勝利——沒有基本假設生活方式的機會就不可能有勝利。因此，人是一種「政治性動物」，一項如比昂所指出「忽略它會為我們帶來危險」的事實。

---

❷ 講述伊底帕斯在弒父娶母的「勝利」後，其悲慘的生命如何善終。

第八章
當權的女性：
一個社會心理分析

瑪喬麗・貝葉斯（Marjorie A. Bayes）
彼得・牛頓（Peter M. Newton）

> **瑪喬麗・貝葉斯（Marjorie A. Bayes）**
> 瑪喬麗・貝葉斯是一位退休的臨床心理學家，曾任教於耶魯大學醫學院精神病學系以及史密斯學院社會工作學院。她曾在麻薩諸塞州北安普頓和科羅拉多州丹佛開設獨立的心理治療診所。貝葉斯博士在心理健康領域有著豐富的經驗。
>
> **彼得・牛頓（Peter M. Newton）**
> 彼得・牛頓在理解工作團體、成人發展和精神分析心理學方面，做出了重大貢獻。他早期關於工作團體的研究直接關係到團體關係領域，而他後來的研究則展現了更廣泛地參與理解個體和團體在整個生命週期中的複雜行為。

　　近來對於家庭外工作場域女性角色的研究，通常強調在工作組織裡女性的機會不公平，並倡議讓女性有更多高層級職位（例如，Ginzberg & Yohalem, 1973; Huber, 1973; Willett, 1971）。只有一些研究（例如，Hennig & Jardim, 1977）考慮到當女性真正獲得權威位置後，組織和個體所遇到的問題。雖然現在女性更常被考慮給予領導位置，極少證據顯示對這類社會改變的社會心理後果有仔細的思考過。我們將用在一個心理健康中心工作的一個女性單位主管和她員工的案例素材，在此討論幾個關於權威和性別角色的議題。

　　對工作組織中女性的歧視是先在較低層級減少的，但在較高權威層級的速度則慢很多。雖然女性在勞動力中占了約40%，但被歸類為經理與管理者的只有20%是女性（美國人口普查局，1976），

而只有2.3%的高階管理者，年薪超過兩萬五千美元是女性（女性局，美國勞動部，1975）。

為什麼在管理階層有這麼大的不平等呢？第一層的解釋一定要強調對寶貴資源的經濟競爭以及白人男性獨占特權有關。然而，除此之外還有心理上的障礙。女性常被認為並且也認為她們自己不適合權威的位置；很多有能力的女性不嚮往高階管理職務。所謂男女兩性都對作為女性經理下屬感到不情願常被引用（例如，特別專案組，HEW，1972；女性局，美國勞動部，1974），雖然很多人實際上從未在成人的工作場域中作過女性的下屬。當一個女性真的登上管理位置，她和她的員工可能會表現得讓她失去能力，否認她的權威，並破壞工作任務。

男性和女性是在外顯及內隱地把性別角色視為全角色，並以這些角色來訓練個體的文化中被社會化。全角色定義了自我感和一系列合宜的行為，包含權威的層級和種類；它滲透到生命的所有層面，而且優先於其它比較情境特殊的工作或社交角色，如果它們之間無法相容。支配和獨立與男性化角色連結，而順從、被動和養育則與女性化角色連結（Broverman, Broverman, Clarkson, Rosenkrantz, and Vogel, 1970）。這些和性別連結的角色概念是藉由社會化學習到的，主要是在核心家庭裡。

這個瀰漫在文化裡認為女性應該是無力、養育和順服的觀點，和一個女性可能比男性更有力量也更危險的幻想共存，或說是回應這個幻想。紐曼（Neumann, 1955）提出許多人類學證據表示女神的表徵早於男神。他討論許多藝術和神話上的女性原型表徵。這個原型，出現好幾千年了，有三種形式：給予的、養育的、照料的好母親；有攻擊性、吞噬性、設圈套的壞母親；結合所有這些特質的偉大母親。

目前，文化中定義，理想女性特質的本質強調好母親形象，並且避免壞母親和偉大母親，要求女性壓抑憤怒和攻擊性。對社會而言，讓母親處於養育的、不然就是無力的角色似乎很重要；這個角色成為社會現實（Lerner, 1974; Neumann, 1954），透過基本社會架構和核心家庭的歷程而延續下去。

一個在工作團體（例如，專案團隊、病房、諮詢單位）或組織被賦予主要權威的女性，面臨職位角色要求，和她本人及下屬學到的性別相關角色概念的基本不一致。下屬對她的回應一部分會是從個人而來，一部分會是文化對女性的既定看法。*我們關心的是那些女性管理者和她的下屬，基於性別刻板印象的反應干擾團體工作的例子*。如果這些社會影響沒有被辨認出來，浮現的困難很容易讓個體被指責，那個人就成了受害者或受傷者。

我們將呈現我們對一個女性管理者，她的員工和他們組織的功能，在受到女性領導的影響下的觀察和分析。我們的分析奠基於米勒和萊斯（1967）的社會系統模型、工作團體功能的概念（Newton & Levinson, 1973）、他們在家庭中性別角色社會化的延伸（Newton, 1973），以及團體行為的精神分析理論（Bion, 1961）。作為我們討論的基礎，我們首先簡單地考慮作為性別相關權威角色原型的核心家庭。

家庭作為一個社會系統

牛頓（1973）勾畫過傳統核心家庭的社會架構和歷程。家庭，就像其它社會系統，有界線、重要任務，以及包含位置與角色之定義和分配的社會架構安排。女性和男性是在核心家庭學習由社會產生，瀰漫在成人生活中想法和行為的性別角色概念。孩童觀察

他們父母在權威上的分工,並開始建立權威的假設、定義及模型,之後通常變成了無意識而且不恰當地應用到其它團體。在這當中,我們關心的是性別角色和權威的連結。

家庭是以養育孩子作為主要社會功能的小團體。父母形成一個領導聯盟,負起家庭責任,通常父親是一號而母親是二號權威。父親更多的權威和他在經濟系統的主要性有關,這是由於男性獨占了薪資較高的工作（c.f., Horkheimer, 1972）。父親,作為一號,傳統上在外部界線有個位置。作為事業的管理者,他獲取資源,提供保護,並且一般而言對外部世界代表家庭。一個展現父親權威的事實是所有家庭成員以他的姓為姓。在男女婚姻和家庭裡,「夫人」這個頭銜表達了男和女在權威上的不同,也定義了女人。

母親,作為二號,在執行內部工作時管理父母和孩子的內部界線——孩子的照料和社會化——以及系統的內部維護。她的主要權威只有在孩子上,以及不間斷地和他們互動。她被體驗成最早和最近的權威。作為無助嬰兒的主要照料者,她也有強大的破壞力量。對孩子而言,母親好像很強大,是存活的關鍵,也是生命的創造者。

母親和她的孩子進入強烈情慾的關係,在身體有很多親密的接觸。同一時間,她也必須扮演他們挫敗的仲介,為了要幫助他們適當地社會化而剝奪他們的滿足（Parsons, 1954）。佛洛伊德（Freud, 1932）和荷妮（Horney, 1967）寫道,女性作為主要幫助社會化的這個角色,控制滿足和挫敗,因此變成最早施虐衝動的目標,是帶給男性「女性恐懼」的主要因素。勒那（Lerner, 1974）同意我們對「男性化」和「女性化」行為的定義和對女性的貶抑,大部分來自早期嬰兒—母親關係持續情感的防禦處理。

孩童的一個重要發展步驟是抗拒母親的權威。對母親權威過久的順服,尤其對男性而言,會帶來奚落和嘲笑。這個對男性長大之

後成為一個女性的下屬會如何反應是重要的，女性對當權女性的反應好像更複雜及困惑，也許因為加上去的認同因素。

一個案例的主題

我們從一個職業女性，A博士，剛被提升成為一個心理健康中心的社區諮詢單位主管的案例中，選擇了幾個主題。這個案例，我們相信混合了組織、工作團體和領導力特質的元素，而這當中，性別議題被突顯。我們會呈現一個簡單的背景，以及我們對此工作團體和其女性領導者在以下範疇所遭遇之困難的理解：(a)權力的產生與使用；(b)領導者與二號下屬的關係；以及(c)員工團體的依賴。

• 案例背景

一個社區心理健康中心的單位──諮詢單位，被設立來提供團體和機構專案諮詢。諮詢單位包含九個員工職位：一個心理師，兩個精神科護士，兩個社工，以及四個專業助理。

在連續兩個男性單位主管任期期滿辭職之後，一個單位成員，A博士，30多歲的女性心理師，被員工推舉為單位主管。中心主任任命A博士為單位主管，並與另一個單位合併，創造出社區部門這個上級結構。在這個部門中的每個單位，本質上維持了它自己原來的形式。第二個單位的領導者，S博士，一個男性心理師，成了部門主管。

A博士接手了這個有強烈特質的團體。他們對任務的定義一直感到困惑。這個團體描述自己是一個民主、自由、受害的團體，與身為其中一部分的組織沒有正式或概念上的連結。這個團體和真實

工作世界之間的連結一直以來相對薄弱。

因為A博士覺得這個單位在關於它社會結構和歷程上有外部諮詢的需求，她找了作者之一（PMN）——他曾經為中心其它工作團體提供諮詢。他同意擔任這個單位的顧問，並且做了兩年。他參加每週員工會議，而且每週和單位主管單獨會面。當其它員工要求，他也和他們見面作個別諮詢。

在諮詢階段結束後，這篇文章的作者們合作分析了諮詢資料。這些包含了員工會議紀錄以及顧問描述諮詢持續歷程的備忘錄。我們開始注意到一直浮現出來的有關單位領導者性別的重要性，現在我們呈現浮現出來的我們認為和女性領導最有關聯的主題。

權力的產生和使用

李文森與克勒曼（Levinson & Klerman, 1967）寫道，一個管理者為了完成組織責任，需要關注權力的聚集和使用。我們會專注在此管理功能的兩個主要部分：(a)外部界線的管理和(b)完成任務時，工作團體內權力之所在。

• 管理外部界線

管理功能的一個重要部分是在工作團體的外部界線上維持一個位置，輸入必需品，輸出產品或服務，讓團體與外部世界產生關聯，以及保護這個團體免於環境壓力。核心家庭結構和歷程的很多部分為一個女性創造出來的認同，與在一個主要責任是管理一個團體外部界線的職位功能不一致。母親的位置，女性權威的原型，並不在於外部界線上。她傳統的責任與權威是在家庭團體內部的人和事，並支持父親的一號位置。

在界線管理上，兩個讓A博士最煩心的部分是與整體組織維持連結和保護團體不受干擾這兩個任務。

在她任期的大部分期間，A博士是中心裡唯一的女性單位主管；之前沒有女性部門主管，也沒有女性在中央行政部門。因此，除了A博士，又或許有一個女性祕書作會議紀錄，很多中心領導會議都是全男性團體。這樣的會議通常會以當時男性體育活動的討論開場，如「更衣室」般的討論，讓A博士無法參與。她的女性本質是一個隱蔽的團體問題。在一個會議中，有人開玩笑說，因為A博士坐在一把前一天是男性州長坐過的椅子，也許她會「因為他的光環而懷孕」。在另一個場合，當她表示房間太熱時，有人開玩笑地問她是否有「（更年期）熱潮紅」。

男性管理者之間的連結經常是非正式地，這些男人社交性地聚會或一起從事體育活動。有時為來訪的達官貴人而準備的委員會會議或晚餐，會舉辦在女性不能進去的社交俱樂部。由於女性管理者在這個組織很少，她感受到因她的性別而產生的疏離感。

A博士在把這個單位連結到整個組織上有特別的困難。與其它單位的連結很薄弱，表現在A博士和其它單位主管及部門主管友善但疏遠的關係，很少有實際的合作。她毫無疑問地接受這個組織是由男性主導的事實，當她因為性別而被隱約地貶低或孤立時，她認為自己算是恰當地被對待。法比安（Fabian, 1972）曾暗示這是一個專業女性在此類情境下的典型反應。

即使沒有公開討論這個情況，A博士的員工以不同方式表現出

他們因她的性別，會進一步讓他們已經受苦於缺乏連結的單位更孤立的焦慮。員工常常抱怨覺得孤立，缺乏與更大系統的協調。沒有權威去管理外部界線功能的男性下屬焦慮地表達如此做的需求。他們常常在這些議題上對 A 博士採取提供諮詢的角色。有一次，一個男性員工和另一個單位主管開始就單位間的合作計畫進行協商。沒有人注意到這個行動的不合適。

有困難處理外部界線議題，A 博士把她大部分的時間放在內部議題上，尤其是她員工的人際關係。她用親切與支持的態度與他們互動，並對他們持續的不滿感到困惑。

作為第二個重要的界線功能，一個主管借由監控外界侵入的力量來保護團體。在傳統家庭中，父親主管團體的物理安全。當團體領導者是女性的時候，不一致會發生在需要領導者保護外部界線和女性的傳統文化概念之間，女性被視為物品或擁有物，被一個有力量的男性擁有和保護，以及對透過強暴、誘惑或懷孕之身體侵犯的生理脆弱性。

A 博士有困難概念化和執行保護功能。其中一些困難在每週員工會議的界線問題被象徵出來。

> 一開始，A 博士允許不同的人——機構牧師，公關負責人——來參加單位員工會議，參加的時間長度不明確。有時候他們在討論敏感單位議題時在場，這些議題最好在單位界線範圍內處理。A 博士藉由不邀請無關的人參加會議來關閉這個界線，是承認她保護責任的第一步。然而有幾次，部門主管沒有先跟 A 博士說要來，就突然出現在單位員工會議。這讓員工清楚地感到吃驚和受威脅的侵入是 A 博士無法防止的。

在這些和其它場合,員工們似乎覺得界線上存在著無法改變的缺口,無法被適當地保護,而且隨時有被侵入的脆弱感。

• 完成工作的權力和權威所在

在我們的案例中——而且我們相信是常見的——女性領導和她的下屬雙方都用防止她使用權威的方式行動。在家庭裡,母親的權力是由她和男性權威聯盟而來,而且這力量是被理解為養育和訓練。一個沒有男性領導者的家庭被視為是受損害的,是一個「破碎的家」且是不完整的。一個女人在家庭取得第一的位置是由於對方缺席,由於男性領導者放棄權力。

當一個女性擁有權威的位置,團體會懷疑她是否能真正地*使用*它。雖然從來沒有被說過或承認,諮詢單位的一個主要主題是只有男性能真正地使用權威。因為這個主題從來沒有被公開地檢視過,它導致花費時間和能量在我們稱之為「尋找男性權威」上——尋找一個地位跟A博士相當或超越的男性,他會是真正的領導者,A博士或可與其配對,但是居於第二位。

在A博士被任命為單位主管之後,單位內的工作差不多都停止了,員工對沒事做感到舒服,相信這個單位的主要工作會在A博士的協助之下由男性部門主管完成。一個員工,C女士,在一個員工會議中說這個團體有「一個缺席的領導」,而且是「由遙控器控制」。C女士指的是部門主管,後來變得清楚,不應該密切地參與單位的工作。隨著時間的逝去,員工們在兩個感覺中替換,一個是對他距離遙遠的敵意,另一個是希望更靠近

他。他們藉由要求他出席所有員工會議來尋求聯繫，或以占用他的時間和注意力的方式來挑戰他。當A博士開始行使更多權威時，員工感覺和S博士的關係被切斷，因而更加尋求他的參與。總而言之，員工們施壓給S博士和A博士，讓他們承擔這個單位傳統的第一和第二位置與角色，試圖讓S博士同時成為這個單位以及部門的主管。

S博士不是唯一可能成為單位領導的男性；顧問也是男性。

諮詢單位的員工開始表現得好像A博士引進了一個潛在的男性領導者，很想把A博士和顧問配對。一開始他很受尊敬，他說的話沒有人挑戰。當他的評論好像有批判性，員工詢問他的建議和能改正的方向。然而，當他維持顧問角色並拒絕領導者角色，沒過多久，員工們，尤其是兩個資深男性員工，開始攻擊他。

男性員工沒有公開地和A博士競爭領導者身分，但似乎展現出對外來男性領導者的渴望，以及對潛在候選人的競爭意識。雖然男性員工挑戰A博士對他們以及對他們工作的權威（稍後會被討論），他們通常沒有和她競爭單位領導權和對其它人工作的控制。

A博士在尋找男性權威的事情上的立場是什麼呢？有時候，她肯定自己身為單位主管的權威。其它時候，她和團體在他們對男性權威的信念上共謀，並參與了為了讓這個信念可以活下去而做出的集體尋找。她是慢慢地才覺察到自己想要也準備好在一個有力量的男士身邊扮演二號支持性角色。

第八章　當權的女性：一個社會心理分析 | 201

當尋找男性領導者失敗了，且Ａ博士更能成功地實踐她的權威，她受到不斷的挑戰。這些似乎不同於對男性權威的挑戰，對男性權威的挑戰更常是公開的質疑。對Ａ博士權威的挑戰通常是不被承認的、微妙的及被偽裝的，以隱蔽的違抗、否認下屬地位或試圖誘惑她離開她的角色的情況出現。最直接的挑戰來自女性。

Ａ博士對這些挑戰的回應是軟弱與不確定的，部分是因為她有困難辨識並把這些定義為挑戰。她無法為了經營事業而運用自己的攻擊性。她對待員工的方式常常像是一個支持的、樂於助人的老師。她試圖做「好人」，讓大家覺得舒服和安全並勸阻衝突。她的反應似乎反映了在沒有男性上司的支持下，面對其它成人時，承擔權威角色的不舒服。

在幾個場合中，Ａ博士授權工作責任給不同的員工，然後他們會決定這工作應該用不同的方式做，或是給不同的人做。Ａ博士很不高興，但沒有生氣地回應。然後會有一個非常柔聲細語的對抗，沒有直接面質這個對她權威的嚴重挑戰。她對行使她職位合法的權力有遲疑，以模糊她的權威和讓對抗持續的行為方式來表達。

當公開的衝突真的發生了，團體成員好像否認Ａ博士給予重大懲處的權威。

Ｃ女士一度對Ａ博士分配給她的任務進行長期的公開反抗。Ａ博士告訴Ｃ女士說她可能因此被調職或解職。Ｃ女士對這樣的事會發生表達十分驚訝，就好像無法想像Ａ博士會有訴諸這種懲處的權利。

男性下屬有時候試圖誘使Ａ博士離開她的角色，從而讓她失去對他們的權威。例如，在一次她在跟一個男性專業助理員工互動，就在批評他的工作時，他開始恭維她穿衣的風格和身材。困惑於他不預期和不恰當的轉變，她試圖不直接面質他的侵犯地回到工作角色，而沒有完全成功做到。

　　男性員工傾向跳過Ａ博士並蔑視組織架構。當資深男性員工和她談及他們的工作，是用一種向她取得諮詢的心態，因而模糊了他們的下屬地位。他們努力獨立於她，跟她的權威保持距離。他們有困難接受Ａ博士的批評，並且會竭盡全力為他們的工作辯護。就她的部分，Ａ博士覺得在給男性員工工作上的負面評價時，自己會極度小心。

　　重點是一個女性領導者和她的員工沒有重要的先前社會經驗，能讓他們視一個女性有合法的權力去控制和保護一個成人團體的外部界線，獨自作為一個權威人士、授權並評價其它成人的表現。

▎女性領導者和二號下屬的關係

　　一個工作團體最重要的內部界線，通常是分別領導者和其它成員的界線。一個二號層級的權威位置在領導者和下屬間的結構空間中，有很關鍵的位置。

　　在一個工作團體中，責任通常是被分割的（就像在核心家庭裡），一號權威把主要注意力放在外部界線，而二號放在內部界線。後者不只管理許多工作任務的具體細節，也管理社會情緒功能。如果沒有二號位置，領導者會被迫去注意所有任務及維持功能，而優先順序可能會有衝突（Newton & Levinson, 1973）。

　　二號權威可以保護一號權威不被下屬攻擊，如果有這樣的保

護，領導者就不需要花力氣在維持對下屬攻擊的防禦，而能專注能量在任務功能。如果沒有內部保護，領導者必須不斷尋求或確認下屬的支持，或是在沒有下屬一致支持的清楚感受下執行工作。

當代社會中，男性通常是一號權威，而一個女性可以在他之下舒服地擔任二號權威，就像家庭的原型。我們相信，在一個單位中，當創造出一個以女性領導的領導聯盟時，特別的問題會發生。

這個中心的男性主任有一個男性副主任，設立一個男性一號和男性二號的模式。有些男性部門主管與單位主管僱用女性來執行二號職位的功能，但通常沒有清楚的副手職稱；也就是說，女性執行很多重要的日常功能，但沒有相稱的權威、薪資或認可，也無法得到升遷。

• 嘗試建立一個二號角色

在諮詢單位，A博士想要建立一個二號位置；然而，沒有一個資深員工可以和她發展出滿意的二號角色關係。

Y先生，一個資深專業成員，似乎是最適合的二號角色人選。即使他在和前任男性主管的關係上已經扮演過一個強力支持的二號角色，也沒有想要承擔一號位置，他從沒有和A博士發展出一樣的聯盟。他和A博士已經在同輩關係上有舒服的工作關係；然而，在她升遷後，他在單位工作上變得較不積極，而且在短時間內離開了單位。

男性通常有困難在有一個女性一號時去接受二號位置，尤其如果它是一個組織裡的特殊情況。有一些證據顯示在諮詢單位裡，一

個男性二號角色在部門主管和 A 博士面前會覺得特別不自在。

在 Y 先生和 A 博士私底下討論由他接受二號角色可能性的那一週，員工會議上，S 博士也在。會議的大部分時間 Y 先生都沒有説話。當 A 博士問他關於他不尋常的沉默時，他説他在扮演觀察者的角色。A 博士和 S 博士當時坐在桌子的兩端，當 S 博士提前離開會議，Y 先生移到他的位置坐下並開始參與。

在一些情況中，男性員工明確拒絕和 A 博士聯盟的可能，並重申他們在員工團體的成員身分。他們似乎感覺到和她聯盟的不舒服，也有可能是危險。我們推斷可能是一種回到與母親連結的威脅，同時是和 A 博士的男性上司危險競爭的伊底帕斯情況。

被社會化成承擔男性一號下的二號位置，女性發現，在另一個女性作為領導者的情況下承擔次級領導角色的情況非常不同。女性被訓練在有力量的男性面前去和其它女性競爭想要的位置。女性似乎有困難用支持或保護的方式來加入另一個女性。

也有可能團體裡的男性害怕女性聯盟，因而採取行動來避免它。

下一個資深順位女性，C 女士，不僅沒有想去取得二號角色，還隱隱地和 A 博士競爭。當 F 女士被以一個資深職位僱用時，她和 A 博士在主要議題上有共識，也有相似的工作風格，但她們有困難為 F 女士定義二號角色，覺得困惑，不舒服，似乎沒有意義。兩個女人有困難彼此開放溝通和合作。憤怒的挫敗和競爭形成，而這

對她們來說很難承認。

當她們開始在員工工作坊中處理這些議題，男性員工變得很焦慮，改變討論的方向，堅持兩名女性已經是聯盟，而且好幾次叫反了她們的名字。男性有效地預防了對關於如果兩個女人形成真正的領導聯盟或公開競爭，會發生什麼的感受或幻想的檢視，並減少她們真正合作的可能性。之後不久，F女士離開了這個單位去接受中心另一個部門的一個一號職位。

男性和女性好像都對待在女性領導者下面的二號角色上感到不舒服。如果缺乏二號角色，女性領導者要不是被員工孤立，就是深陷人事的細節與爭吵，對其管理整體企業的能力有深遠的影響。

員工團體的依賴

比昂（1961）推論，工作團體的成員在兩個層級上工作：一個涉及工作任務，而另一個涉及團體所形成對自己的基本假設，但它大部分都在意識外。比昂發現三個基本假設——依賴、配對和戰—逃。一個團體會表現得好像他們依賴其領導者提供所有形式的滋養和安全，或只透過兩個成員的配對去完成工作，或去爭吵或逃離某人或某事。當團體的行為主要由基本假設決定時，成員可能會以不適合工作任務的方式來表現。

個體與當權女性的初始經驗來自母親，所教導的是她的角色是提供養育和訓練；她的權威位於這些領域。工作團體裡，一個女性領導者的存在似乎會在團體中引發強烈的依賴需求，並直接導致依賴基本假設的形成。也就是說，員工可能無意識地認為女性領導者

的任務是養育和訓練,不管實際上給到她的是什麼任務。團體成員因而把自己當成想被餵養和教育的無助孩子。

　　當A博士擔任諮詢單位的領導者時,每當她要求完成一個工作時,員工幾乎自動地要求更多的培訓。在顧問與這個團體的第一節工作中,他注意到他搞不清他們是員工還是受訓者。他引用了員工對更多內部培訓的要求,並詢問爲什麼他們沒有試圖用其它方法來獲得,因爲他們有大量培訓課程的管道。他注意到他們表現得就好像沒有外在資源,好像所有的資源一定要從單位領導者獲得。

　　如果女性領導者始終如一地把她的注意力放在工作任務,而不是一部分因爲她的性別而引發的依賴需求上,她可能可以在一段時間後讓團體知道她不會扮演一個主要是養育者的角色。然而,因爲她自己的社會化過程,女性領導者可能用維持和促進對於「給予和教導性母親之幻想」的不同方式與員工互動。

▌無法滿足的後果

　　當依賴需求沒有被滿足,一般會產生空虛感、個人不足感,以及對剝奪性領導者的隱藏憤怒。當A博士要求員工付出而不是拿取時,她面對的是被動攻擊性的破壞。一個涉及團體實際餵養的原型例子是:

　　　　幾個月以來,A博士在沒有要大家分擔費用或責任

的情況下，在員工會議中提供咖啡。當她停止提供咖啡之後，員工嘗試提供，但以一種沒什麼效率的方法。一些重要的供應品（杯子、即溶咖啡、湯匙）總是沒有，而沒有人真的有咖啡喝。在她嘗試停止供應實質的口腔供應品的第一週，兩個員工帶食物給她（自己做的巧克力蛋糕、餅乾），作為餵養交易的延續——雖然是個翻轉——好像是去灌注抽水機一樣。在克制了幾個星期之後，A博士終於回復提供——免費地、單邊地——所有早上要喝到咖啡的所有必需品。她有真正的困難，在這個及更一般的情況下，把員工的依賴視為是不恰當的，試著去反轉團體中持久的依賴基本假設。

雖然A博士習慣以讓依賴幻想活躍的方式表現，她終究變得較不滿意。當她把注意力更專注在工作任務上時，她變形為一個極度剝奪性的人物。下屬用憤怒與敵意來回應。有一次，這個團體似乎無意識地推出一個員工來為其感受到的殘酷剝奪發聲。

C女士頑強地緊抓一個高要求、高需求的立場，表達了團體的依賴堅持，就是單位主管對更多工作及更少培訓的強調是壓迫和不合理的。這個女代言人好像在向領導者發出一個當「好母親」的集體訴求。在「單位哲學」名義下——其本身是傷感地反文化的，她反對A博士行使權威的嘗試。

常常無法決定誰負責某個專案以及許多員工承接的專案事實上永遠消失的事實，對這些員工來說沒有那麼令人信服。一個依賴的

團體歷程發展得如此強烈，在此脈絡下，有能力的員工也無法負起專案的個人責任。

在一個基本假設依賴的情況，領導者失去執行重要功能的能力。借由誘發出關於作為一個剝奪性、有保留的母親的罪惡感，員工要求女性領導者放棄她的合法領導地位。他們可以用貪婪的要求讓她無法應付——更多培訓、資源、各種供應品。她很容易受影響，當有權威的時候覺得獨裁，有現實感的時候覺得吝嗇且保留，期待員工成人行為與責任感時覺得不合理。

摘要與結論

A博士對關於她自己、團體和組織對她在行使權威上的困難的貢獻變得更了解。在諮詢期間以及她接下來的任期裡，她能用更有覺知的方式行動。在這些觀察結束後的一年內，由於牽涉其它組織議題的原因，中心有一個更高層級的重組，諮詢單位因而被結束了。A博士被給予中心另一個部門的行政職位，而她接受了。

我們強調了我們相信和性別有關，對這位女性和她的員工的困難之處，希望我們指出沒有被看見但很普遍的問題的方式會對他人有幫助，同時我們也提供了這些問題的特定組織意義的理論觀點。我們提出，因為對女性力量的幻想與恐懼，男性和女性都被社會化而接受一個女性只有在養育這件事上有合法權威的強大刻板印象，因而女性在那些被看作不適合她的性別角色的領域行使權威可能會有困難，而她也很少或幾乎沒有早期訓練：維護一個團體的外部界線，為了工作而運用攻擊性，以她為一號而建立的二號位置。她也可能在員工中激發並共謀依賴的維持。

因為這些原因，一個當權的女性要準備好去對抗在她自己和他

人身上那些阻礙能勝任的領導力行為的強烈社會力量。對這些潛在困難的理解，幫助一個工作團體及其女性領導者以更有效的方式運用資源。

第九章
被詆毀的他者：
多元性與團體關係

馬文・斯考尼克（Marvin R. Skolnick）
扎卡里・格林（Zachary G. Green）

> **馬文・斯考尼克（Marvin R. Skolnick）**
> 馬文・斯考尼克是一位專注於團體動力學和心理治療的心理學家。他的研究深受比昂關於團體動力學和精神病患者精神分析工作的影響。
>
> **扎卡里・格林（Zachary G. Green）**
> 扎卡里・格林是一位在組織發展、領導力和心理學領域具有豐富經驗的學者和實踐者。他在個人、群體和組織的轉型過程中，特別關注多元文化背景下的領導力發展和社會正義議題。

「那時，天下人的口音言語，都是一樣⋯⋯他們說：來吧，我們要建造一座城，和一座塔，塔頂通天⋯⋯耶和華降臨要看看世人所建造的城和塔。耶和華說：看哪，他們成為一樣的人民，都是一樣的言語⋯⋯我們下去，在那裡變亂他們的口音，使他們的言語，彼此不通。於是耶和華使他們從那裡分散在全地上⋯⋯所以那城名叫巴別❶。」（創世紀，11，1-10）

比昂（1961）認為伊底帕斯、伊甸園和巴別塔神話，反映出關於自我了解和與我們有連結之人的了解的一個普遍且深層的矛盾。根據比昂的觀點，我們不能擁有關於人類關係的絕對理解，相

---

❶混亂的意思。

反地，我們的生命是活在一個等待被開拓的領域，在此處透過體驗的協作學習推進這個新領域，但永遠不會征服它。巴別塔神話裡的神，透過把我們分裂為無法理解彼此的派系，來應對以建塔為象徵的人類對知識的追求。這個神可以被理解為是那個守護全知幻覺，並避免引發痛苦的自我了解的人類嫉妒面向。它攻擊了與可以提供社會學習潛能的其它團體的連結。它詆毀了他者。

這篇文章利用比昂及其它精神分析思想家的著作來探索多元性的動力。團體關係研習會作為研究這些動力潛意識面向的一個實驗室，將被仔細考慮。這篇文章是1991年在密蘇里州聖路易斯市萊斯機構（A. K. Rice Institute, AKRI）科學會議上所發表的一篇論文的延伸和修正版。發表於會議論文集的原始文章，是以在1989年6月所舉辦首次以多元性為主題的團體關係研習會的學習為基礎。從那時起，華盛頓－巴爾的摩分會和霍華德大學（Howard University）諮商中心，持續地共同主辦以各種版本的「多元性與權威」為主題的一年一度研習會。「多元性」和「身分認同」已成為萊斯機構研習會的常見主題，包含一個全國性研習會和一些地區分會主辦的研習會。有兩個研習會，其中一個有一個全非裔美國人的工作團隊，而另一個聚焦在「白」作為一個種族建構，是在擴展主題界線到更有熱情和張力的學習領域上值得一提的嘗試。

這個以不同形式存在的主題所帶來的影響是：很多團體關係工作的新顧問，尤其在（美國）東岸，都是在這個「多元性時代」獲得他們的初次研習會經驗。因此，作為一個顧問個人身分認同的重要性和研習會成員的社會身分認同強烈影響了學習的焦點。在一個逐漸浮現的建構裡，權威逐漸被視為是身分認同和多元性的結果。許多早期多元性研習會的工作人員，相當重視如何在強調多元性和權威之間取得平衡。即使在較近期沒有明確的以多元性為主題的研

習會中，多元性和身分認同作為權威一部分的重要性，基本上被視為是持續的。

多元性的挑戰

科學和科技的突飛猛進拉近了世界各地人們彼此的距離。我們是否能創造連結並發展出一個共通語言，還有待觀察。有了可以使彼此豐富或引發世界末日的工具後，我們必須學習去管理一個全球性的團體間活動，否則就是自我毀滅——我們太常將別人所說的話當作是「巴別」。不同文化之間的關係和溝通，持續被偏執、仇恨、嫉妒、無法去理解差異和一個也許揮之不去的信念——接受「他者」是違反神聖秩序——所混淆。比昂（1977）對於從偏執心理位置移動到憂鬱心理位置，或重新擁有那些已經被排除到他人身上的有害心理內容的主張，涉及災難性變化的經驗而不可避免地會受到主流體制抵抗。綜觀人類歷史，當世界相互依賴和合作的不穩定界線爆炸性崩塌時，我們的戰火就被點燃了。我們再一次發現我們面臨對於稀有資源的競爭，通常因為身分認同的差異而加劇。伴隨這些戰爭而來的是將人們彼此分開的原始、偏執歷程和毀滅性行為。

愛因斯坦評論過，當我們把一個原子切開，我們改變了一切——除了我們的思考方式。面對將不同族群扔進全新編組和模糊界線的快速改變，多元文化運動已被發展來促進面對差異時的相互接受及維護既有文化續存的權利。在某些例子裡，作為面對全球性界線變化的一個反應，一個比較有民族優越感的方法被採用，這可在有顯著身分認同特徵團體的自我隔離中看見。在令人困惑的時候，雖然透過尋根「或追隨一個古老的鼓」（Eliot, 1943, p. 56），

來回應對團體完整性的威脅對於增強個人的身分認同可能有重要的角色，但它本身並沒有考慮到對能客觀比較族群間差異的一個世界文化的需求。訴諸自戀和誇大民族間的微小差異，會有助長假物種幻覺的風險（Erikson, 1964）。

試圖挑戰我們對於多元性的思考，透過無數關於這個主題的課程出現在大學校園裡，也透過「多元性訓練」出現在企業中。在這些努力中，焦點通常放在增加對文化和種族差異的理解和敏感度。在更深的層次，團體試圖打破孤立，透過與「他者」的互動來豐富經驗，以及在我們的思考中直面這個問題。太常見的是，從對跨界溝通的敏感度而形成的「政治正確言論」和其它表現形式帶有風險，這個風險是指雖然產生改變，但是沒有處理在對那些不同的人的態度上產生重要內在改變的需求。極端的政治手段可能會帶來只交換了壓迫者和被壓迫者角色的風險，就像在歐洲、非洲和美洲的革命所闡明的。即使這個交換受那些曾經被壓迫的人歡迎是可以理解的，壓迫的動力並沒有改變（Chené, 2000）。只有壓迫的表面旋轉了，不是壓迫本身。

潛意識團體歷程對身分認同與多元性的意義

比昂（1961）對於潛意識團體歷程有深遠影響的洞察力，可能已經提供了一個釐清多元性難題的有用動力框架。比昂揭示了雖然團體成員資格對個體來說至關重要，對團體的情感投入在核心上威脅了個體的生存能力。它釋放了由集體防衛，也就是基本假設，所涵容的精神病性焦慮。斯萊特（Slater, 1966）揭示了團體如何透過神話、儀式、符號與宗教信仰上的發展，來闡明基本假設現象並建立一個團體文化。雖然維持團體基本假設的潛意識共謀歷程

在很大程度上是一個團體內在歷程，但是任何在團體內無法被控制或整合的，會被投射進入「其它」或「非我」團體。把「另一個團體」視為根本上不同的共有幻想，通常是負面歸因，可能在差異化團體身分認同的發展和其成員的個性發展上，扮演一個關鍵的角色（Smith & Berg, 1987）。

二分化的驅力天生存在神經心理歷程和區分自己與他人的大多數原始歷程中。這個世界被劃分為被躲避和被追求的，或者用克萊恩學派的詞彙來說，劃分為好乳房或壞乳房。對於好或壞的社會辨識，透過團體歷程在個體內被濡化（enculturated），就如同品德修斯（Pinderhughes, 1971）所說：

> 團體成員在團體中理想化和鼓勵那些促進團結的身體部位、產物和行為，同時他們詆毀和不鼓勵那些帶來破壞的身體部位、產物和行為。排泄和性功能、敵意和其它令人不快的行為或刺激，在團體成員中被壓抑，取而代之的是私人行為中、象徵性團體儀式中（藝術、舞蹈、運動等等）的制度化表達，或是針對團體成員偏執的外部目標對象的壓抑和投射。

詆毀「他者」的文化傳播的微妙之處，進一步在拉岡學派的語言分析中被展現出來。拉岡（Lacan, 1977）相信我們心智上的象徵收錄是由我們被生下時所處的文化所形塑。我們誕生於特定的文化，其歷史和習俗不只形成我們口語溝通方式的基礎，也提供了我們潛意識心智結構的基礎。

沒有源自文化的象徵性秩序，個體會淪為自閉症或精神病。拉岡主張，雖然透過母語的文化侵入對於能與人性連結至關重要，但

是它同時也造成自我和他人的錯誤防衛形象。舉例來說，我們可以思考在英語和歐洲語言裡，一連串與「黑」這個字有關的一連串能指（signifiers），如何影響我們對不同膚色人們的看法。「黑」這個字的能指大多是帶有貶意的：壞的、髒的、邪惡的、神祕的。相反地，「白」這個字的一連串象徵性能指大多是正面的：純潔的、好的、乾淨的和美麗的。不意外地，在多數非洲文化裡，這些能指的本質和意涵是顛倒的（Somé, 1995）。

在我們逐漸多元的社會和變小的世界裡，團體間增加的交談使我們面臨一系列的挑戰。這些挑戰大多數雖然艱鉅，在個別工作團體和那些提倡以多元文化取向處理人類關係人士的持續努力下，是可以被管控的。在潛意識上將「他者團體」當成團體內防衛系統的一個主要部分、以及團體和個人身分認同的一個基石來使用，可能會變成在來自不同文化的團體間建立有效能關係最棘手的障礙。換句話說，透過逐漸增加的跨界交流而可能發生的對「他者」詆毀的潛意識幻想的失去，可能會威脅從人類歷史一開始就不斷維繫身分認同的偏執歷程結構，並導致反應性的衝突加劇。

從這個觀點，我們可能會認為，找出這個非理性並以理性取代，可以在更有建設性的團體間關係上產生巨大的進展。然而，難以想像人類，更不用說群體或文化，主要靠理性來運作。就像比昂所說：「理性是情緒的奴隸且是為了合理化情感經驗而存在。」（Bion, 1977, p. 1）舉例來說，在俄國共產黨的實驗中，用來消除宗教、民族優越感和其它舊文化的「非理性」的嚴厲措施，造成了一個一致共享的窮困文化，產生了一種新的且也許更有害的非理性。大多數簡單直接的解決方案，可能無法成功對付相異團體間關係中的非理性。一旦這些強迫人類團體變理性和「一致」的手段突

然失敗，我們將體驗族群的巴爾幹化❷和古代部落衝突的重現。

基本假設文化

圖爾凱（Turquet, 1974）強調了基本假設文化非理性的雙重本質，以及它的盛衰可以如何決定團體的性質和效能。基本假設可以是工作團體的敵人，將潛在有創造力的團體成員變成依賴的傻瓜或不切實際的空想家。也許對團體間關係最重要的是，它可以大量製造盲目的戰士，專心致力於摧毀另一個它主要只由自身投射所了解的團體。另一方面，基本假設文化可以提供一個使團體生活一致、更有生產力和富有的必要神話、儀式、傳統、語言和信仰織錦。當外推到團體，像是使我們維持我們的身分認同的家庭、部落、宗教、國家和種族，是基本假設文化為一個冷酷無情的宇宙提供了意義（Rothman, 1997）。基本假設文化也為個人發展提供條件和路徑及對抗存在恐懼──包含死亡的必然性──的所需緩衝。從這個觀點，基本假設文化擁有兩個面貌、一個雙重性、一個傑基爾博士與海德先生（Dr. Jekyll and Mr. Hyde）❸特質，一個是神話、靈性、可靠和反思的；另一個是原始、不知變通、有攻擊性和行動導向的。

舉例來說，「應許之地」這個文化神話可以作為一個鼓舞人心關於對於通過考驗磨難，抵達一個具超越性的新的「幸福之地」的毅力、勇氣及信心的隱喻。這可以為我們與他人的痛苦提供一個同理的理解。「應許之地」也可以被援用來合理化對可能引發邊界衝

---

❷主編注：一個較大的國家或地區分裂成較小的國家或地區的過程。
❸源自於《化身博士》（*Strange Case of Dr. Jekyll and Mr. Hyde*），意指雙重人格。

突或戰爭的特定爭議領土的權利。因此，一個團體可以把同一個神話用作偏執分裂心理位置的內容來促進對敵人的競爭性侵略，或用作憂鬱心理位置的內容來強調一個關於通過苦難成長的普遍眞理，各個詮釋會對與其它團體的關係產生非常不同的影響。

克萊恩（1959）主張，偏執分裂和憂鬱心理位置不只是在幼年時期需要被掌握的發展階段，還是整個成人生活裡不斷波動的經驗模式。比昂（1977）認為，這些經驗位置或模式是在經驗的瓦解、投射、再內射和整合的循環中交替出現，以辯證的方式互相關聯，其中一種的存在使另一種的存在成為可能，就像白天和黑夜一樣。偏執分裂模式可以是力量、攻擊性能量和生機的來源，而憂鬱心理位置則是抑制罪惡感、理解自我、他人和愛的來源。在兩者任一心理位置固著都會導致病狀：在偏執分裂經驗模式裡，被貪婪和嫉妒激起的自我誇大、剝削和對「他者」的壓迫。在憂鬱心理位置裡，它可能導致由罪惡感和來自「他者」詆毀投射的內射引起的癱瘓。類比來說，基本假設文化可以被視為是以辯證的形式存在，一是偏執，另一為憂鬱，是在其中的固著導致同時存在於團體裡和與其它團體的關係中的病狀。

▌詆毀的起源和偏執分裂心理位置的主導地位

我們有理由認為，儘管在科學和科技上的卓越進展，世界的優勢文化和它們的互動，依舊以阻礙成長的偏執分裂心理歷程為特徵並深陷其中。坎貝爾（Campbell, 1968）主張，當代的優勢文化正因為被剝除了相關神話而掙扎。大部分對傳統文化有用的神話，現在變得不合時宜。它們被以脫水水泥的形式保存，與現有關於我們世界的科學資訊牴觸，同時它們的教條主義與分裂和偏執分裂心理

模式的思考相當契合。

被原始基本假設文化控制的國家、宗教和族群，時常受貪婪、猜疑、對自我的理想化、對他人的詆毀和對主宰的追求所驅使，而非為了自己的成長和發展。往往政治團體，像典型的邊緣型人格，透過否認、分裂和投射性認同的幫助，表現得貪婪好戰，同時又維持一個善良和理性的假象。帝國主義作為一個常見的例子，牽涉到有攻擊性地偷取屬於他人的東西，然後投射性認同進入這個「他者」的貪婪和原始粗鄙。被壓迫的團體或文化經常是被鎖在憂鬱模式，並且變得易受詆毀性投射的內射的影響。

應用比昂的被涵容者和涵容者的模型（1977），團體可以被視為在這些停滯不前的狀況下使用彼此作為無法運作或寄生的涵容者。被投射性認同進入他者的東西，沒有被修整或處理成為可供思想和成長的阿爾法元素，而維持作為在一個不斷升級的過程中來回傳送常常以暴力告終的貝塔元素。就像使用病態投射性認同的精神病性人格，另一方被視為是一個如政治宣傳漫畫裡所繪，以非人怪獸作為敵人畫像的「怪誕客體」（Bion, 1977）。如果我們要避免災難，團體迫切需要培養把自己從偏執分裂關係固著中釋放出來的能力。

卡夫卡（Kafka, 1989）在處理現實的多重面向上有相似的觀點。他認為並不是如同貝特森（Bateson）「雙重束縛」假設所斷言，難以辨別、矛盾的訊息使脆弱的家庭成員陷入思覺失調症，而是對人類經驗中本就具有的矛盾、模糊、悖論和多重現實的無法忍受導致病狀。在深陷僵化意識形態和價值觀的家庭中成長的人，在家庭外面臨到生命複雜性時，容易產生思覺失調性崩潰。當應用在團體間，一個不寬容的文化使其在更寬廣世界中面臨互動的複雜性時，容易爆發法西斯主義或偏執的仇外心理。

一份不一樣的誓約：
對辯證法、多重現實和容器的需求

朝向基於多重現實與更大人類家庭成員資格的成長與身分認同的這個轉變，包含了放棄潛意識中的全能、全知、純真、自我誇大和對模糊現實與身分認同的確定感。這些失落，比昂認為是災難性的，可能會動搖集體心靈的基礎。如果想要發展歷程不被阻抗擾亂或造成混亂的話，強烈焦慮、自戀性狂怒、仇恨和罪惡感的餘波需要被涵容並轉化為思想和理解（Heifetz, 1994）。東歐和非洲的一些國家似乎奇蹟地把自己拉出那個泥淖，其它卻似乎陷入以破壞性仇恨為特徵的民族和部落的偏執。

較大民族、部落、宗教或政治團體中的次團體，開始朝一個更加整合的憂鬱組織方向帶領。然而，他們自己時常變成被隔離的容器，容納著帶給更大團體威脅的東西。他們容易遭受迫害、被貼上叛徒的標籤，並被順應大多數人原始焦慮和幻想的偏執戰鬥領袖和偏執基本假設所淹沒。這個動力在麥卡錫時代主宰了美國文化。在多元文化時代，這個動力可以在當那些來自一個可被辨認的團體的人，試圖與「他者」建立連結時是如何被「他們自己人」排斥、拒絕和疏遠中找到（West, 1994）。

改革運動偶爾會產自一個屈從於統治團體的團體（Palmer, 1999）。內射了來自統治團體的詆毀性投射，他們被固定在一個比較憂鬱的傾向。法農（Fanon, 1952）利用從黑格爾哲學辯證法所取得的原則，認為當被壓迫者拒絕扮演這個受虐容器的角色，而且在不否定壓迫者人性的情況下，為了成為一個完整的人的自由而冒著生命危險的時候，這樣的停滯可以被打破。透過訴諸壓迫者的人性，他們可被視為一個促進成長的容器，透過抱持然後將投射以一

個已被修正可供思考的形式，返回給心力耗盡的壓迫者。甘地和馬丁・路德・金恩所領導的運動以及達賴喇嘛的努力，都是這個歷程的典範。

像聯合國、國際法庭和國際特赦組織這樣的國際、政治、法律和人權組織，可以被視為是想要創造出可以在世界團體間歷程中作為能起作用的容器的努力。他們的有效性卻主要因為授權的問題而不穩定。團體不情願以有意義的方式來授權給超國家組織，因為他們抗拒把自己的利益放在另一個團體的利益之後，而且他們懷疑這樣的組織真的是他們號稱想要成為的樣子──而非只是暗地進行強權政治的魁儡組織。在最需要這些組織的危機時刻，他們往往因為不充分的授權而失敗，然後淹沒在以國家利益為優先想法下的偏執分裂心理動力。

團體關係研習會和多元性

團體關係研習會的塔維斯托克模式，可以為理解和處理多元性挑戰帶來貢獻嗎？奧爾波特（Allport, 1958）在《偏見的本質》（*The Nature of Prejudice*）中寫到：

> 偏見可能透過多數與少數團體在追求共同目標時，以平等身分接觸而減少。這個效果可被大幅增加，如果這個接觸能得到機構上的支持──而且如果它能導致不同團體成員間有共同利益和共同人性的看法。（p. 267）

團體關係研習會理論上應該能提供這些條件。作為一個暫時性機構，它可以提供一個受約束的環境，在其中，認同或代表多元性

團體的個人可以脫下禮貌的外表，並且提供一個場所；在其中，他們可以在一個學習和理解這些互動的共同目標上，跨越封閉的界線遇見彼此。如果許多關於多元性最棘手的問題都跟固著在偏執分裂心理位置有關的假設成立，那麼，團體關係研習會，其強調透過經驗及對此經驗的詮釋來發現個人在團體投射與內射歷程中的潛意識參與，理論上應該能提供一條離開這個固著並朝向一個較憂鬱的位置。

比昂（1977）認為精神分析研究的對象本身是無法被確知的。當一個人使用經驗所得出的假設朝真理前進時，他必須願意容忍未知。這個態度和承諾在多元性的領域中似乎是必要的，各個團體的文化必須放棄它擁有絕對真相的信念，並且對多重、模糊和矛盾的團體現實和團體間經驗保持開放。如果缺乏合適的容器來接收和修改有害的投射，是團體間關係陷入僵局的根源，那麼，關注界線及有接收投射訓練的工作人員的團體關係模型，理論上應該能提供一個合適的容器來處理多元性的困境。因此，當團體關係研習會能吸引擁有或將得到重大權力、權威和意願在非研習會世界中去行使領導力的個體時，研習會能對解開多元性的結做出有意義的嘗試。再加上其它致力於扮演多元性中間人以及透過平行社會技術來彌合差異，我們就有理由去希望源自於我們偏執分裂心理位置去詆毀「他人」的傾向可以被處理和轉化。

儘管團體關係模式有理論上的適用性，是否任一團體關係研習會真的能對多元性的學習做出有建設性的貢獻還是未知。我們必須考慮到，華盛頓—巴爾的摩分會（「多元性」團體關係研習會起源地）、萊斯機構以及其它塔維斯托克傳統的組織，都是一個團體文化中的一部分。我們因此也與其它每個團體一樣，容易受所有原始和非理性歷程影響。

從一個小的尺度來看，針對聯合國的質疑，也同樣可能針對萊斯機構。它從哪裡得到權威呢？它可以被相信嗎？佛洛伊德（1930）在《文明及其不滿》（*Civilization and Its Discontents*）中提出這個問題，精神分析是否有恰當的觀點或權威去分析其所處的社會。對權威的主張，不管是源自哪裡或多麼有權威性，都需要被仔細審查來看什麼可能被分裂出去、沒有被說出口，或什麼可能作為政治操弄的一個有意識或潛意識計謀的部分而被說出口。這是解構主義者的觀點（Derrida, 1984）。沒有任何一位偉大的作家、神學家、科學家、哲學家或團體關係顧問，可以站在自己的主張、反思、實驗之外，或揭示人類事務而沒有受到自身或被清楚或隱含代表的團體的主觀、既得的利益的影響。

在典型的團體關係研習會裡，當成員的防衛逐漸減弱且個人與團體之間的界線開始模糊，將成員二分為「理想我」與「被詆毀的非我」這兩類的驅力，不可避免地造成身分認同的重建。這些類別幾乎無可避免地建立在可見或大概的特徵上，像是膚色、性別和非顧問地位，提供一個學習時常扭曲或混淆多元性團體間關係的潛在原始力量的機會。如果我們要能誠信地做這份工作，我們應該要不斷地問我們自己令人不安的問題。

案例

在研習會中，偏執分裂心理位置在成員與顧問的最初接觸就看得出來。在主席的開幕式所呈現的物理與功能界線，製造出「我」與「非我」的明確區別。當那些不熟悉團體關係經驗者的期待時常被顧問角色挑戰時，這種分裂會進一步加重。當顧問提供團體動力裡權威與多元性混合的詮釋時，個別成員會感受到焦慮。每個人都

必須決定他或她在此結構中的位置，在這個結構中，社會互動和心理防衛的一般慣例可能無法提供安全感。偏執性投射和分裂性分離隨之而來。

當顧問提到團體中所呈現的典型兩極時，偏執分裂的態度開始將團體內關係納入。隨著如同以下的諮詢：「這個團體持續支持兩個看起來在爭奪團體領導地位男性間的競爭，而把女性的聲音給消音」，成員試圖在這個詮釋中找到自己。如果成員沒有陷入精神分裂，他們可能會與那些擁有相同身分認同的人一起進入一個集體偏執。

在一個研習會裡，兩個非裔美國男性涉入一場激烈又長時間的爭論。一個也是非裔美國男性的顧問提供了一個詮釋：「此團體看起來再次滿足於利用黑人男性來爭吵並承擔攻擊性，彷彿房間裡的其它地方都沒有爭吵或攻擊性一樣。」顧問的話被團體中所提出的意見視為是對這個雙人歷程的侵入。此外，非裔美國男性他們自己認為黑人會被看成是有攻擊性而非只是單純意見不合的見解是「種族歧視」。在這節團體剩下的時間裡，團體作為一個整體聚焦在反駁此詮釋，並且將其描繪成將外在現實強加於當下脈絡。研習會裡的其它黑人男性加入了一開始的這兩位黑人男性，作為一個集體拒絕處理或探索他們被團體利用的可能性。其它成員，特別是白人，也採取行動來反駁此詮釋，提出像是這樣的觀點：「我不認為黑人男性爭論和任何其它種族的任何人爭論有什麼不同。怎麼有人能說這樣的話。」

在這個例子裡，這個「我」／「非我」的分裂發生在成員／顧問軸線上。偏執分裂心理位置幫助成員保存一股純真，並且把詆毀的來源放在顧問身上。當顧問努力托住這些投射時，此團體就能在一個剛形成即崩毀的虛假團結中綁住它的焦慮。實際上，在下一節

團體裡，成員開始承認他們對於其它人在爭吵，因而他們不需要在此歷程中找到他們自己聲音的「歡欣」。其它人也能夠接著表達他們未說出口的「害怕」，害怕因為涉入爭論之男性的身分認同，言語可能會變成肢體衝突。帶著含淚的情緒，其中一位非裔美國男性談到他對需要抑制自己感覺的厭倦，因為其它人總是很快地把他的經驗當作是生氣。當成員對於他們在此動力中的參與提出更多他們的覺察並增加他們的接納，憂鬱心理位置在團體中浮現並且學習變得顯而易見。

在另一場顧問團隊全由非裔美國人組成的研習會裡，在機構活動中出現了像是全由白人成員組成名為「另類力量」，以及由黑人帶領但意圖是「有包容性」名為「多元性對話」的團體。這類團體的使命很明顯的是要為交替被成員理想化和貶低為無能的偏斜研習會權威架構提供一個對比。然而，最有力的證據是一個自身命名為「三個異性戀白人男性」的團體。基於此團體是由三個主要身分認同不是黑人就是男同志的成員組成，使用這個名字表達了潛意識中利用傳統白人男性權威結構來襯托出研習會權威架構的願望。帶著研習會討論和應用團體期間羞愧和難過的混雜感受，這些成員理解到他們透過採用這個不同的身分認同來消除研習會領導階層權威的努力，同時也消除了他們自己最珍視的那些部分。更痛苦且有力量的學習是意識到他們在生命中一直以來可能都是這麼做，但卻沒有意識到這個他們允許出現在生命中的隱晦現象。

與詆毀共謀的危險：可探索的問題

我們允許或甚至鼓勵退化，是因為它有助於成員的自我及學習嗎？或者，我們是在利用醫源性退化的研習會成員來滿足我們想要

感受到，相較於一個被詆毀的「他者」團體，一個理想化自己的慾望？

我們通常小心地組建我們的研習會工作團隊，來讓我們對研習會成員呈現出一個多元性的形象。由工作人員多元性所引起的張力有在工作團隊裡被直面和處理嗎？或者他們透過對成員工作的「詮釋」被投射到成員身上了呢？不只研習會成員需要從投射到工作人員身上反映出的形象看見他們自身，工作人員也必須願意從成員的視角去看工作人員自己（Kahn & Green, 2004）。

我們應該意識到，如果我們被認為是腐敗、剝削、欺瞞和操弄的家長、雇主或「老派好男孩（good old boy）❹」種族歧視者，這可能不僅僅是因為移情或反移情，而且也是因為我們可能就某個程度上來說就是他們所認為的。我們是我們社會體制的一部分，並且大多數人都沒有與我們的祖先斷絕關係，或為了那些被用來作為有意識和潛意識詆毀的客體的「他者」所經歷的不公平行為作出個人補償（Sampson, 1993）。我們很多人都享受了某種程度上的特權，關於這個，我們可以使用某種程度上的否認，減少任何需要在實際或隱喻上放棄我們從我們有利條件所累積的利益（McIntosh, 1999）。去執行這些懺悔的行動也許可以滿足我們的良心，但對研習會成員的學習可能沒有幫助。更準確的說，我們需要允許成員所傳達的內容深入我們，不管它看起來是關於我們或他們，不要以反攻擊的「詮釋」形式把它丟回去。在我們反應性地把它投射出去之前涵容並處理我們的經驗，牽涉到將偏執分裂心理位置的誇大和疏離，替換成憂鬱心理位置的痛苦和更有意義的洞察。尤其是在多元

---

❹ good old boy 是標準的美國南方男子（愛和朋友開玩笑、固執己見）的意思（劍橋字典）。

性研習會的脈絡下,顧問可能被要求抱持投射並容忍較長的此時此地感。作為「他者」的退化成員,可能在「此刻」再次經驗到來自彼時彼地的詆毀,而需要時間去將它連結到研習會經驗。當我們不這麼做,我們就助長受害者的再次產生。

在我們與塔維斯托克的連結裡,我們有大英帝國的根源。這個傳統曾經殖民大部分的世界,輸入珍貴材料並透過投射性認同和武裝脅迫,輸出英國文化特性中未整合的部分到世界各地「原始民族」身上。我們需要問我們自己,我們在潛意識上有多麼地認同這個傳統,透過舉辦研習會來出口我們的陰暗面到沒有戒心的研習會成員身上。我們組織裡的世代、性別、派系、地區和種族張力定期地爆發,並造成傷亡或永久的分裂,但卻很少被處理——除了或許間接地透過了研習會成員。我們組織裡的有色人種是否重現了被壓迫者中的菁英角色,好讓殖民力量可以統治?來自其它文化的人是否被使用來持有我們集體自我的異國情調和熱情的面向?男女同志工作人員是否被用作原始性慾投射的儲藏室?還有那些被選為工作人員,儘管看起來有文化差異,是否被選來遵守某些不存在的權威標準,「白種人」,以及潛意識中占上風的塔維斯托克傳統?

我們也有美國傳統的根源,發展並擁護民主制度與平等,同時也發展和管理沒有人性的奴隸制度。聖吉(Senge, 1991)與阿吉里斯(Argyris, 1993)稱這個歷程為所擁護和所使用理論間的差距。一個合理的假設是,我們有時候更投入於徵募成員來成為我們的天才孩童,透過標記他們作為工作領袖或明星,而非執行我們的既定任務。一旦這麼做,我們就創造出一個特徵是轉化為這個「秩序」和一種智性上奴役的形式,而非真誠學習的結果。在一個更有害的層次,我們用行動將「他者」強行拉進我們自己的潛意識偏執與原始歷程。我們終究冒著使主導論述永存的風險,即使那些提供

詮釋的臉孔似乎被一個不同的顏色給突顯出來。

古斯塔夫森與庫柏（Gustafson & Cooper, 1979）批評研習會顧問的技術是侵入性的遺棄，而非協同性的工作。他們的批評提出這個問題：我們是否以行動去操縱成員做符合我們投射的行為和表達。這個我們太常沒有在研習會經驗結束後產生有意義的應用的事實，暗示這個侵入和遺棄有其它層面。正如米勒（1985）所指出，成員來研習會並學習管理他們在角色中的自己，一時是沒問題的，但沒有其它支持或干預，他們是被賣給了「一件第一次洗就縮水的襯衫」（p. 393）。超出暫時性機構外的研習會經驗效用受到質疑。依此延伸，團體關係研習會在多元性議題上的使用也許更不可信，因為要研究的是身分認同的核心。尚不清楚的是做這個工作的我們，對提供成員安全感已形成的文化歷程是否有替代選項。在這個方面，我們提供了一個鼓勵潛意識探索但對於意識層面缺乏涵容的漏水容器。

我們使用精神分析和塔維斯托克語言作為探索我們概念理解上新領域的一個探索性科學工具，或者，我們像使用神祕咒語一樣地用它來確保我們的權力，並且去迷惑和主導聽眾的心智？成員的敵意變成一個自我實現預言，源自於我們偽裝成對「他者」行為詮釋的偏執性回應。當成員表達蔑視和攻擊我們的自大時，我們合理化我們的行為，打著研究權威的幌子，創造出有助於灌輸我們主導論述的環境。在許多方面，我們可能正觀察到比昂所提到被涵容者與容器間的平衡已經朝著機構化容器的方向轉移。如果這個立場是真的，團體關係工作先驅者的啟發性精神已經為了穩定性而被淡化了，讓我們失去我們最重要的創造力優勢。結果將會是一個變得與意義更分離的機構，以及用斯賓格勒（Spengler）的話來說，一個正在沒落的文明。

在超過十年致力於多元性研究的AKRI研習會之後，這些疑問和議題依舊存在，且需要持續有責任感的反思和探索。如果我們要提供好的容器，讓成員向自己和他人揭開在防衛和禮貌表面底下作用的原始偏執歷程，我們有責任不去採取站不住腳的立場：「照我們說的去做，而非照我們做的去做。」米勒（1985）指出，團體關係顧問的角色只是為了提升成員的學習而干預。他主張我們也可能透過干預去提升我們自己的地位和操弄成員朝向某些有意識的或潛意識的慾望，不管它是一場在組織內為了社會改革的運動，或是招募他們來當我們在組織內部鬥爭時的盟友（Kahn & Green, 2004）。米勒強烈建議我們永遠要問我們自己為什麼我們要做這個干預。這似乎是我們在工作中的領先優勢。這也可能是我們能信任自己和作為多元性研究的真實容器，而不是另一個巴別塔的唯一方法。

結尾反思

萊斯機構的華盛頓—巴爾的摩分會和霍華德大學諮商中心，從1989年開始合作舉辦關於多元性的一年一度團體關係研習會，作為測試本篇文章先前所提假設的適切性並且發展新假設的一個實驗室。比昂認為學習發生在當偏見沒有跟「乳房」配對並且個人陷入困惑和痛苦時，它就能夠被轉換成思想。本篇文章所發展出的想法是文獻回顧和我們至今研習會經驗的衍生物。它們並不代表結論，而比較像是需要被新的經驗進一步測試和修正的未完成構想。這篇文章象徵一個過磅處，透過它，我們希望會有一個把團體關係研習會作為一個體驗式實驗室的長期合作歷程。

雖然在十年的研究之後，將「多元性」當作一個特定主題似乎

已經開始減少，但是從團體關係工作中，多元性主題學習的影響依舊顯著。在撰寫本文時，這項工作似乎正在演變成新的和古老的多元性領域，採取探索宗教間關係、靈性、混亂和複雜性的研習會形式。一些評論家會認為使用多元性以及其它任何當前正在出現的主題，主要是吸引成員來參加研習會的一個行銷手段，研習會動力依舊沒有改變。一個較不憤世嫉俗、較有反思性和較長遠的觀點，提供我們已學到更多的證據。對多元性的強調也許是有變革性的，因為它持續給予我們更多精確的方式去命名，並學習社會身分認同與權威的交會點。關於這部分，研究多元性已經不只是單純對潛意識表露出來的心理建構進行探索：它是那些與我們一同在研習會中學習的人，其親身體驗的縮影的反省。穿過憂鬱心理位置的深處後，希望會浮現，無論多麼短暫，我們可以真實的確認我們的權威反映在每個我們遇到的人身上。在這個確認裡，我們開始終止我們對彼此的偏執性投射，我們開始終止我們對他人的詆毀，然後我們再次開始尋找我們共同人性的語言，它在很久以前隨著一座神話之塔的倒塌而遺失了。

● 參考文獻

Allport, G. W. (1958). *The nature of prejudice*. Garden City, NY: Doubleday Anchor Books.

Argyris, C. (1993). *Knowledge for action*. San Francisco: Jossey-Bass

Bion, W. R. (1961). *Experiences in groups*. New York: Basic Books.

Bion, W. R. (1977). *Seven servants*. New York: Jason Aronson.

Campbell, J. (1968). *Creative mythology*. New York: Penguin Books.

Chené, R. (2000). Teaching the basics of intercultural leadership. In B. Kellerman & L. Matusak (Eds.), *Cutting edge: Leadership 2000* (pp. 13-18). College Park, MD: Academy of Leadership Press.

Derrida, J. (1984). My chances. In J. H. Smith & W. Kerrigan (Eds.), *Taking chances: Derrida, psychoanalysis and literature* (pp. 1-29). Baltimore: The John Hopkins University Press.

Eliot, T. S. (1943). *Four quartets*. New York: Harvest/ HBJ Book.

Erikson, E. H. (1964). *Insight and responsibility*. New York: W. W. Norton.

Fanon, F. (1952). *Peau noire, masques blanc* (C. Markmann, Trans.). Paris: Editions de Seuil.

Freud, S. (1930). Civilization and its discontents. In *Standard edition of the complete psychological works of Sigmund Freud, 1953-1974,* vol. 21. London: The Hogarth Press.

Gustafson, J. P., & Cooper, L. (1978). Collaboration in small groups: Theory and technique for the study of small group processes. *Human Relations, 31*(2), 155-171.

Heifetz, R. (1993). *Leadership without easy answers.* Cambridge, MA: Bellnap Press.

Kahn, W., & Green, Z. G. (2004). Seduction and betrayal: A process of unconscious abuse of authority by leadership groups. In S. Cytrynbaum & D. A. Noumair (Eds.), *Group dynamics, organizational irrationality, and social complexity: Group relations reader 3.* Jupiter, FL: A. K. Rice Institute for the Study of Social Systems.

Kafka, J. S. (1989). *Multiple realities in clinical practice.* New Haven, CT: Yale University Press.

Klein, M. (1959). Our adult world and its roots in infancy. *Human Relations, 12,* 291-303.

Lacan, J. (1977). *Escrits: A selection* (A. Sheridan, Trans.). New York: W. W. Norton.

McIntosh, P. (1999). *White and male privilege.* www.departments.bucknell.edu/res_colleges/socjust/Readings/McIntosh.html

Miller, E. J. (1985). The politics of involvement. In A. D. Colman & M. H. Geller (Eds.), *Group relations reader 2* (pp. 383-390). Washington, DC: A. K. Rice Institute.

Palmer, P. (1999). *Let your life speak.* San Francisco: Jossey Bass.

Pinderhughes, C. A. (1971). *Racism: A paranoia with contrived reality and processed violence.* Paper presented at the American Psychoanalytic Association, Washington, DC.

Ogden, T. H. (1989). *The primitive edge of experience.* Northvale: Jason Aronson.

Rothman, J. (1997). *Resolving identity-based conflict.* San Francisco: Jossey-Bass.

Sampson, E. E. (1993, December). Identity politics: challenges to psychology's understanding. *American Psychologist,* 1219-1230.

Senge, P. M. (1990). *The fifth discipline.* New York: Doubleday.

Scofield, C. J. (1967). *The new Scofield reference bible.* New York: Oxford University Press.

Slater, P. E. (1966). *Microcosm: Structural, psychological and religious evolution in groups.* New York: John Wiley & Sons.

Smith, K. K., & Berg, D. N. (1987). *Paradoxes of group life.* San Francisco: Jossey-Bass.

Somé, P. M. (1995). *Of water and the spirit: Ritual, magic and initiation in the life of an African shaman.* New York: Penguin Press.

Turquet, P. M. (1985). Leadership: The individual and the group. In A. D. Colman & M. H. Geller (Eds.), *Group relations reader 2* (pp. 71-88). Washington, DC: A. K. Rice Institute.

West, C. (1994). *Race matters.* Vancouver: Vintage Books.

第十章

誘惑與背叛：領導團隊對權威的潛意識濫用歷程

威廉・卡恩（William A. Kahn）
扎卡里・格林（Zachary G. Green）

威廉・卡恩（William A. Kahn）

威廉・卡恩是一位組織心理學和管理學領域的重要學者，以其對職場心理和人際互動的深入研究而聞名。他最著名的貢獻是提出了「參與」（engagement）的概念，並探索了影響個人參與感的因素，包括心理安全感、心理可用性和意義感。

扎卡里・格林（Zachary G. Green）

扎卡里・格林是一位在組織發展、領導力和心理學領域具有豐富經驗的學者和實踐者。他在個人、群體和組織的轉型過程中，特別關注多元文化背景下的領導力發展和社會正義議題。

在社會系統中，工作可能會因為未檢視的心理歷程而受到破壞。這在當個體的個人議題，例如控制和遺棄，對表面上看起來理性的工作關係造成影響時最為明顯。大量的研究和理論著作已經為此類動力提出證明（e.g., Argyris, 1982; Kahn & Kram, 1994; Kets de Vries & Miller, 1985）。這個歷程有個系統上的類比：團體的主要工作任務被集體、通常不被意識到的幻想所破壞；這些幻想的作用是滿足團體成員的防衛需求，卻不可避免地也腐化他們的工作。比昂（1961）辨識出基本假設動力，在其中，團體具備理性和非理性的兩種層面。因此，團體成員將他們自身理性和非理性的部分帶到他們的互動中。其它學者也建立了較新的假設，顯示出潛意識團體動力形塑工作行為的種種方式（Hirschhorn, 1997; Smith & Berg, 1987）。

根據團體關係理論，工作團體非理性生命的特點是四種假設團體（依賴、合一、戰／逃和配對）（Bion, 1961; Turquet, 1974）。這些基本假設基本上都帶著「彷彿」（as if）的特質：團體成員表現得彷彿他們團體真正的目的是滿足其非理性需求。雖然在基本假設狀態下，成員仍可能完成工作，但大多數時候他們只是照著幻想來行動。在這些假設下，位於工作團體內部或外部邊緣的權威人物，是團體成員可能投射那些幻想的空白螢幕。利用投射性認同這個心理歷程，成員將他們自身不想要的部分分裂出去，並形塑權威人物被選派扮演的隱含角色（例如，一個拒絕、不照顧人的領導）（Klein, 1959）。成員接著會表現得彷彿是這個被投射的幻想決定了他們的行為。

　　這一章探索的是一個未被檢視的平行歷程：團體成員作為權威角色投射他們不想要和不喜歡的部分的空白螢幕，將成員選派為隱含角色，並表現得彷彿投射出去的幻想是成員真正的樣貌。這樣做，他們偷偷地將困擾他們團體的議題放到在一個更大系統中相連的成員團體中（Alderfer, 1987; Smith, 1989; Smith, Simmons, & Thames, 1989）。這一章描述並說明，權威團體中未經檢驗的議題如何被輸出到下屬團體且由下屬團體承載。下屬團體不得不去處理那些像是他們自己的議題，而在這個歷程中，他們自己的工作被腐化。在這個動力中，兩邊團體的成員被一個潛意識中共有的幻想所綁住：雙方都相信權威團體與這個掙扎無關，且對下屬團體的掙扎抱著支持的態度。在這個幻想之下有個陰險的歷程，那就是，下屬團體在將權威團體的議題外化的同時，又被權威團體所拋棄，即使表面上看起來是在接受權威團體的支持。

　　這場誘惑與背叛的戲碼是由權威團體在潛意識層面發動與指揮，並由下屬團體演出。這個戲碼和家庭系統中小孩為了整個家

庭功能所展演出來的議題一樣，更精確地說，為了他們父母隱蔽的掙扎（Napier & Whitaker, 1978; Zinner & Shapiro, 1989）。小孩被家庭系統中其它人沒有表達出來的痛苦所充滿，並涵容與外化這些痛苦。一個聚焦於下屬團體（小孩）如何演出在系統中相連權威團體（父母）未處理議題的類似歷程會被描述。在組織生命的脈絡中，特別是在層級結構的使用中，人們容易退化到父母—小孩動力（Kahn & Kram, 1994）。這個拉力為誘惑與背叛的動力設立了舞台。

「誘惑」與「背叛」這兩個詞的使用是相當慎重的。誘惑的定義包含了對權威的聚焦。牛津英文字典（1989）中的頭兩個定義提到：誘惑者「說服他人拋棄忠誠或效勞」，而更廣義的來說，「帶領（一個人）偏離正確或預期行動方向的行為或信念，並朝向或進入一個錯誤的方向。」本質上，誘惑牽涉到腐敗的勸誘。這個詞本身也帶有某種程度的性意涵，我們的理解是它暗示著在誘惑者和被誘惑者之間有親密且強烈的互動本質。誘惑不一定要跟性或腐敗有關，但它的確涉及權威（正式或非正式）和親密（心理或生理）這兩者的特點。那些特點幫助創造之後背叛的條件，對於背叛，我們以信任的破碎來定義。把權威交給他人時，人們信任他人會遵守決定他們關係的合約（Smith & Berg, 1987）。當這個信任被打破時，這就是背叛（正如「去誘惑卻無法結婚」，牛津字典，1989）。

在最基本的誘惑與背叛動力形式中，一個掌握權力的人以不顧且侵犯工作角色界線的方式來行使權威。權威位置的濫用和界線的喪失，會造成任務的破壞和潛在創傷性人際處境的發生。

原型

誘惑的一個典型例子涉及教授和學生。在這熟悉的場景中，教授（也可能是治療師、牧師、督導或任何其它專業權威團體成員）被委託提供學生學習的機會。當直接與學生工作時，對此任務的熱情是教授一開始主要的焦點。學生也因此與教授建立起促進學習的安全依附關係。隨著學生向教授學得更多，學生開始覺得有足夠安全來探索與這位可信任的教授在學習與關係方面的各種向度。當這個過程是以誠信來進行時，在教授與學生間的相互尊重得以建立。學習上的挑戰持續是這個關係的焦點，直到任務完成，而學生也準備好進入下一個階段。理論上，學生仍可在有需要時，為了諮詢、安慰和支持而回來找這位教授。關係的界線保持不變，學生知道教授會一直都在那裡並提供學習的機會。

在誘惑的情節下，任務被更原始的情慾所汙染。教授與學生之間的親密工作關係被教授視為某種更基本的東西：一個性滿足的機會。誘惑開始於當教授忘了關係中的權力層層結構。對權力不對等的否認，讓教授能無視侵犯權威—學員雙人關係中信任界線的責任與後果。學生對教授的安全依附（親近感、依賴和開放），可被教授神奇地轉譯為性吸引力的確認。教授對於進行誘惑行為的決定是基於其對學生也渴望性接觸的投射。對於學生有與教授發展性關係的自由意志的這個錯誤假設，導致誘惑真正發生，並創造了背叛的條件。

背叛牽涉到否認教授對學生濫用權力。熱情學習的任務失去了，並讓一個曾經可行的工作關係因受汙染而腐化。這個教授在工作角色的脈絡下拋棄了學生。在它最邪惡的表現形式中，背叛在教授把誘惑的責任推到學生身上時達到最高點。在這樣的情況下，受

傷的是工作的誠信、關係的安全性和學生的心理健康。

雖然這個情節描述了誘惑與背叛動力的基本性質，在團體和組織生命中的轉譯是一件更複雜的事。在接下來的情節中，我們指出這些複雜性是如何以各種不同的方式展演出來。

• 情節1：行銷公司

一個小型的行銷公司主要由核心資深經理與資淺同事所組成。總經理、副總經理和資深企劃經理都是男性，其餘的資深經理是女性。經理們有注意到資深層級中的性別動力，但不認為它是一個會在根本上影響他們工作的問題。

三位男性資淺同事被要求為某國際男性服飾公司的重要合約帶領一個焦點團體計畫。副總經理，他是這個合約的主要協議人，密切的監督這三位男性的工作並指派額外的員工來協助他們。資深企劃經理也告訴這三位男性，這個服飾品牌合約是「絕對優先事項且會影響未來職涯」。資深企劃經理也跟這三位男性保證會「給他們支持」，直到焦點團體結束。這三位男性同時也在一位資深女性經理帶領的策略團隊中。這個團隊，其餘成員皆為女性，為一個現有合約提出新行銷計畫的截止日期快到了。這些男性，基於他們與資深企劃經理的協議，幾乎沒有花費精力在策略團隊。他們負責的焦點團體則非常成功。

在年度考核的時候，三位男性都發現自己被策略團隊領導者給了非常低的分數。評語包括「很難與女性工作」和暗示他們有性別歧視。總經理在看到這些評語後，暫停對這三位資淺男性同事的加薪與升遷。副總經理和資深項目經理都支持這項決定。這麼做，他們在把這三位資淺同事誘惑來展演高層管理團隊所面臨的議題（也就是資深男性經理暗地裡將資深女性經理降職）後拋棄了他們。這

些資淺男性透過幾乎沒有為女性經理和她們的計畫付出時間來為他們的長者展演那個動力。由於他們的表現，這些資淺男性被公開譴責，被犧牲作為資深男性給予資深女性的祭品。高層管理團隊見證了他們自己隱蔽劇本的展演，並透過懲罰資淺男性來貶抑他們不要且分裂出去的部分。

• 情節2：製造公司

一個製造公司的管理高層感受到由於隸屬於一個更大的企業集團而缺乏自治和控制。他們關於買哪些零件，尋求和服務哪些合約，更換哪些器材和開發什麼新產品線的決定，都被企業集團負責降低成本、維持效率和滿足股東對短期股利需求的金融分析師團隊監控、質疑和撤回。一些管理高層團隊成員逐漸充滿憤怒、無力的情緒，以及不服從的渴望，但其它人對企業集團的保護感到高興，沒有想要改變這種關係的願望。

製造公司的中層主管被委託執行一個全面品質提升計畫的任務，來賦權公司中的每個人來為自己和公司業務的品質負責任。中層主管們將他們自己分成幾個較小的單位，每個單位負責全面品質流程的一個片段；他們全體也每週聚在一起彼此協調並處理共同的問題。每個單位都跟一位被委任作為顧問給予支持的高層經理緊密合作。隨著這個歷程的繼續，中層主管團隊很明顯地依照他們認為組織應該如何改變的觀點而被分成不同的陣營。兩個強力的陣營浮現：一個認為改變的發生是慢的，且必須發生在已建立的權威、監督和溝通系統之下；而另一個相信組織成員對品質提升歷程的所有權是基於他們能在不受官僚主義干擾的情形下被賦能來設計品質標準並做歷程提升。各自陣營都得到其高層主管顧問的支持。

高層管理團隊知道中層管理團隊在全面品質歷程相關議題上遇

到困難且陷入僵局。兩位中層管理團隊成員（來自兩個陣營）已經提出轉換任務小組，也已經被其它迅速融入對立陣營的中層主管所替代。高層經理決定讓中層經理繼續解決他們自己的議題，並支持雙方陣營直到達成協議。隨著中層經理兩邊陣營高漲的張力和敵意，高層主管終於決定透過舉行讓雙方陣營提出他們論點的聽證會來介入。支持全面品質提升歷程自治和賦權的中層經理拒絕參與聽證會，因為他們認為高層經理團隊終究會透過作為裁判來剝奪他們的權力。高層經理團隊視這個團體為不服從，因而解散這個任務小組，並決定啟動一個由保守派中層經理管理的遞增式品質提升歷程。其它的中層主管被定調為對組織不忠誠。

因此，高層管理團隊懲罰的是他們自己那個想對企業集團上演一個相似的不服從造反的部分。透過指派顧問給中層經理作為媒介，他們讓雙方陣營展演他們自己團隊中保守和激進部分的鬥爭。如此，這個鬥爭可以以不威脅與企業集團關係的方式安全地被展演出來；唯一的代價是被選派為輸家和不服從角色的中層經理的職涯和熱情。

- **情節 3：顧問團隊**

　　一個管理顧問團隊正與一家面臨在一個越來越競爭環境中，市場占比縮小的電腦軟體公司高層管理團隊工作。顧問團隊包含六個成員：其中三人是創始合夥人，而另外三人是最近加入的同事。顧問團隊在競爭和繼承議題上有鬥爭：最資深的管理合夥人在年底要退休，但團隊中尚未有任何關於繼承計畫和任務角色改變的公開討論。顧問們都在祕密地運用各種手段與他人競爭，帶領更有曝光度、聲譽和對公司重要的計畫。顧問團隊作為整體還沒有明確地處理這個歷程。

在與電腦軟體公司的工作中，顧問的診斷聚焦在這個組織是如何太輕易接受從公司不同部門提出的不適當計畫。他們建議將每個部門分為更小的團隊，所有的團隊進行相同的計畫並互相競爭那些計畫。於是軟體公司建立了這樣的流程：研發團隊以所要求新產品的設計為依據來競爭；製造團隊以節省成本方式為依據來競爭製造新產品的機會；而行銷和銷售團隊以所提出的宣傳活動和業績為依據來競爭。每個團隊都有一位來自高層管理團隊的贊助者協助團隊篩選想法，並策劃對抗其它團隊的競爭性策略。軟體公司的執行長負責選出每個競爭的贏家和輸家。

這個系統的確讓軟體公司的產品取得更大的市場占比，但同時整個公司的人員異動也增加了。三分之一的高層管理團隊離開，原因是感受到更大的壓力和缺乏與其它管理者的連結。顧問團隊繼續提供軟體公司執行長關於管理用來挑選策略之團隊系統的建議，並細緻地指導新進高層管理團隊成員。這麼做，顧問團隊繼續執導這個劇本，讓他們自己的競爭議題為了自身的好處而偷偷地被展演。

• 基本的腐敗

這些情節暗示了誘惑與背叛動力是多麼普遍存在於階層結構關係中的個體間。它們也暗示了這種動力作為一個在組織中某個部門的議題被轉移，並在其它部門展演的機制是多麼普遍存在 [1]。

然而，這些情節也說明了誘惑與背叛動力根本上怎麼是對自然發展歷程的一種腐化；自然發展歷程在此指的是，在那些需要滋養回饋與那些有資源可以提供這些的人之間連結的初始形成與後續終

---

[1] 見史密斯（Smith, 1989）；史密斯、西蒙斯與泰晤士（Smith, Simmons, & Thames, 1989）。

止（Erikson, 1980）。親子關係在為了小孩的成長與發展上示範這個建立然後終止連結的歷程（Bowlby, 1980）。下屬與權威角色的關係亦是如此，關係被建立來引導和指導，然後被終止來提供自主和獨立。被捲入且被抱持，然後被放手的經驗，是下屬的學習和成長歷程的核心部分。這個歷程的腐化是發生在下屬怎麼被抱持：不是用溫尼考特（Winnicott, 1965）所描述的促進性方式，而是用米勒（Miller, 1981）所描述的傷害性方式。抱持的環境被腐化，而誘惑的侵犯以背叛作為最高點。

這些情節顯示誘惑與背叛的動力在組織生命中可以呈現的不同方式。我們起初是在我們作為塔維斯托克研習會工作人員與成員的經驗脈絡中發現這個動力。我們現在更深入也更細部地來檢視給予這個動力意義與推力的歷程。

由塔維斯托克人類關係機構設計以及萊斯機構在美國推廣的教育性研習會，致力於關於權威、領導力和組織生命的團體動力的體驗式學習②。工作人員團隊基於主席的權威，共同管理這個研習會（Rice, 1965）。研習會的設計是基於這個主要任務：提供機會，在研習會中學習在人際間、團體間和機構關係脈絡中的權威（Obholzer, 1994）。研習會活動通常包含小和大團體，以及包含整個研習會的團體間活動，每個活動都聚焦在從此時此地的活動學習以及角色分析或應用團體。工作人員的運作是建立在源自比昂（1961）在潛意識團體作為一個整體現象的研究成果，並在後來被延伸和應用於嵌入系統的理論基礎（Miller & Rice, 1967; Rioch, 1971; Wells, 1990）。

---

② 塔維斯托克模型的詳細說明，見本書第二章夏拉・海登與雷內・莫倫坎普（2004）〈塔維斯托克入門 II〉。

這些研習會的目的是聚焦在組織實質工作底下的權威動力和社會系統。因此,它們提供研究權威關係一個獨特和直接的方法:關於擔任不同階層結構角色的人之間的關係,關於不同階層結構團體之間跨界線的交易,以及關於這些團體彼此之間獨立和互相依賴的關係。這些關係在萊斯機構研習會中,當參與者努力將他們關於權威的經驗與他人關於權威的經驗連結時,得到探索。研習會提供照明充足的舞台,讓成員觀察在工作團體執行任務行為中仍是隱藏但運行著的行為。因此,研習會讓我們有機會說明在持續性系統的工作行為中,可能仍是隱藏的誘惑與背叛動力。

下一節會透過一個假設性的萊斯機構研習會脈絡來說明這個動力。我們接著會詳盡闡述促成在階層結構系統上演的誘惑與背叛動力那些存在社會系統與其成員中各種條件的本質。我們會以討論數個關於理解階層結構團體並與其工作在理論和實際上的可能影響作為結尾。

案例說明:塔維斯托克研習會

塔維斯托克形式研習會中,顧問的工作是提供此時此地活動的詮釋,以幫助成員學習權威、領導力與社會系統。成員的工作涉及努力在他們的角色、情感經驗和權威動力、以及顧問團隊基於理論的詮釋中所嵌入的理論觀點間找連結(Colman & Bexton, 1975; Hayden & Molenkamp, 2004)。成員揭露自己的某些方面,一旦被公開確認,可被團體用來理解它自身的動力。團體中每個成員都有一個角色。顧問,透過他們的詮釋,指點團體成員將他們個別的角色帶到一個緊密結合的場景:團體作為整體(Wells, 1990)。從本質上來說,顧問是幕後的導演,詮釋團體互動中浮現出來的文本,

並提供舞台指導來引導進一步的工作③。當成員能與呈現在工作人員的權威建立親近的內在連結時，他們的學習會明顯地獲得提升。當這些連結被濫用時，誘惑與背叛動力會發生。這個歷程將透過以下一個假設性的情節來說明。我們的目的是形成一個揭露相當純粹形式的誘惑與背叛動力的說明。

• 一個研習會情節

研習會主席和工作人員在成員來到前，開了一系列的會前會議。議程是讓工作人員互相認識，並學習在主席的權威下一起工作。工作人員自我介紹，並談及受過的訓練、過去曾經擔任過成員或主席的研習會工作人員，以及他們的顧問血統，也就是他們師承過的萊斯機構顧問。工作人員包含一位輸掉這個研習會主席任命的男性成員。雖然這個資訊是所有工作人員都知道的且被提及是個重要的議題，但工作人員的注意力都放在別的地方。工作人員也談及他們彼此在過去研習會一起工作的關係。他們也以較含糊的方式提及他們彼此的私人關係；兩位工作人員（男性）說到過去當他們一起在研習會工作時，從未能建立私人關係；而另外兩位（一男一女）說到他們在之前某場研習會中很親近，但後來又疏遠了。

這個工作團隊並沒有探索這些關係對此次研習會工作人員動力的影響與意義。大部分的時間反而被用來與主席討論工作人員在研習會中會如何被部署。兩位工作人員質疑他們被指派的任務。一位

---

③ 顧問工作的前提是，研習會成員的動力是他們對工作人員權威的感受和想法的顯化。比昂（1961）提出了一個經典的例子，在這個例子中，團體將全部隔離、補給與痛苦的感受填滿其中一位成員，並在潛意識中期待權威角色（由顧問作為代表）來幫助這個人，並在這個過程，幫助這個團體本身。這些團體成員所做找人當代罪羔羊的行為，是他們對依賴權威人物和被權威人物拋棄感受的顯化。

要求被從對小團體的顧問工作調去對大團體的顧問工作。另一位要求被任命為小團體顧問組的組長。其它工作人員對主席指派作為全研習會時段工作人員與成員之間顧問的人選提出質疑。主席解釋了她的決定而並沒有撤銷這些決定。工作人員也花時間探索主席對於在每場活動後，工作人員報告時不被打斷的偏好，一些人覺得這樣做會抑制他們在工作過程中彼此在智性和個人關係上的連結。主席也解釋並維持她的決定。

工作人員檢視研習會成員從報名表與推薦函而來的資料，並分享他們所知成員人口統計學上的特徵（例如，種族、性別、職業和從屬機構），還有經驗的程度（例如，過往體驗式研習會的參與）。工作人員找出一些與工作人員，包括主席，有個人連結或關係的研習會成員，並將這些人分配到不會受這些個人關係影響的小團體。工作人員談及這些私人關係，以及這些關係對研習會成員學習的影響。兩位新加入的工作人員沒有和任何研習會成員有私人關係；他們不斷對研習會主席和資深的工作人員們提出關於這些個人關係可能會怎麼影響他們在小團體中的工作的問題。他們引起主席在對於處理研習會議題潛在複雜性上給予支持的保證。會前工作人員會議以大家外出享用晚餐然後到酒吧喝酒作為結束。研習會在隔天早上開幕。

工作人員在主席後面魚貫進入成員已在等候的全研習會房間，並一字排開坐在面對成員的椅子上，主席在中間。當主席宣讀開幕詞解釋研習會的目的與學習模式時，其它工作人員審視著房間。他們觀察成員的外表、他們對主席宣讀內容的關注情況，以及他們在許多向度，從外表吸引力到他們對主席權威關注程度上的表現。工作人員也為了自己關於工作人員－學員關係上的學習，會去關注他們視為資訊來源的成員。在開幕式結束後，工作人員魚貫離開並討

論他們的觀察與反思。他們也向彼此指出那些他們之前討論過與工作人員有特別關係的研習會成員。

研習會以小型研究團體開始。每個小團體都被指派一位工作人員，任務是以顧問的角色，提供透過反映團體歷程的詮釋來協助團體進行學習團體動力的任務。此處的焦點放在一個有一位被指出與主席有特殊關係成員的小團體上（這位成員與主席同在一個正在進行的同儕臨床督導團體）。這個小團體的顧問是一位較資深的工作人員，曾帶領過比目前這個研習會稍微小一點和較沒有名氣的研習會。在與這個團體工作的頭幾節，顧問給了團體以下的詮釋：「這個團體沒有理解到團體中主席的存在所扮演的角色」，以及「這個團體無法與在團體中的主席工作」。這些詮釋發生在那位與研習會主席有私人關係的團體成員尚未公開此關係前。團體成員對顧問給出的詮釋感到迷惑，並對這個團體如何「涵容」主席感到不解。他們聚焦於他們可能怎麼藉由忽視顧問的詮釋來貶低主席的權威，因為顧問是主席的代理人。但他們努力想理解詮釋的事實反證了那個貶低：他們對團體任務的投入，說明了他們對顧問和主席的授權。

隨著在理解顧問詮釋以及在表面混亂中找到表面清晰上漸增的壓力和張力，與主席有個人關係的成員向團體談及了那個關係。團體緊抓她的招認，聚焦在她身上，視她為那個可以滿足他們在方向和照顧上的需求。在這個過程中，顧問作出了以下詮釋：「成員透過他們與主席的私人關係作出回應」，和「主席在這個團體已經被聽見了」。團體聚焦在那位現在被視為代表研習會主席的成員，將她說的話視為最重要，並在討論什麼議題和如何討論上追隨她的領導。團體成員增強她的領導權，但同時無視她偶爾表達的迷惑和不知所措；到了第三節小團體，她完全停止那些表達。團體成員表達了對顧問無法幫助他們執行任務的憤怒，同時對於有主席的同事以

同儕的身分在他們之間感到安心。

研習會過了一半時，這個小團體的成員改變了他們對那位他們發現是主席同事成員的態度。團體成員談到他們仍然對他們的學習歷程感到困惑和心煩，以及他們指派作為領導的成員並沒有恰當地執行她的角色。一部分團體成員對於她將注意力帶到她自身且「表現得像顧問而不是成員」而攻擊她；另一部分團體成員則繼續鼓勵她帶領團體。這個團體授權一位男性成員作為一個其它成員（尤其是女性成員）宣示忠誠的新領導者來帶領這個攻擊。團體陷入兩個派系間的鬥爭，其中一個支持一開始的領導者，而另一個則支持後來的領導者。在此期間，顧問給予的詮釋（基於向其它工作人員諮詢的結果）聚焦於，團體透過推舉一位主席的替身後將她拉下台以表達對主席的憤怒。這個團體持續展演顧問所點出的動力。

這個團體的顧問將這些事件回報給研習會主席和其它小團體顧問。他們形成一個關於小團體是怎麼為研習會成員整體展演議題的假設：在成員中設立一個主席的替身並攻擊她是一個象徵性釋放成員被操縱和拋棄之集體感受的方法。主席也與工作人員一起試圖理解成員是如何為工作團隊自身的議題而展演。他們談到「工作人員對於削弱主席權威的願望」和「成員設立一位主席的替身，然後透過賦權其它成員來暗地或直接攻擊她來削弱其表面權威」之間的平行關係。工作人員聚焦於研習會成員似乎如何展演工作人員團隊間的動力。他們也談到那些擔任象徵工作人員角色的成員們是怎麼透過不斷地以某種方式表現，並強調他們與特定工作人員的關係來試鏡那些角色。

跟有主席替身的小團體工作的顧問透過提供被設計來將成員從他們象徵性角色中解放出來的詮釋，在工作人員—成員的平行關係上工作。這些詮釋包括：「團體拒絕將主席從她無所不在且無所

不能的角色中釋放出來」，以及「成員無法將彼此視為不同於他們所代表的工作人員」。團體成員有困難承認與放下他們對於彼此代表工作人員團體不同部分的觀點。他們無法改變他們彼此互動的模式，而且被選派扮演象徵性角色的成員（例如，主席替身或審問者）在試圖表現不符合他們被指派角色的自身部分時經驗到了痛苦。這個團體的顧問所提供的詮釋聚焦在成員持續對工作人員和主席的依賴怎麼讓他們無法分析自己團體的動力。工作人員團體驚異於他們自己關於成員無法認識到成員是如何既平行又不理會工作人員團體的討論。研習會結束在小團體持續展演其對主席替身的依賴與憤怒模式，以及持續在對顧問的無視與依賴之間有分歧。

• 詮釋的架構

　　這個情節闡明領導團隊藉以濫用權威的誘惑與背叛動力的基本要素。我們對這個情節的詮釋是，研習會成員是工作人員所否認的投射的不知情載體。研習會成員被使用來澄清與展演工作人員團體未解決和未表達的議題。工作人員的議題被加到研習會成員自己的議題上，使得研習會成員議題本身更難被展演和釐清。研習會的主要任務被腐化：就工作人員團體知道或能辨識工作人員與成員之間界線的破壞但沒有指明來說，它是一種誘惑。當工作人員沒有為了工作而如此做時，會造成誤導。背叛發生在當研習會成員要獨自處理基本上是未經處理的投射 ④ 的顧問詮釋。

---

④ 這類投射不是傳統上所指的反移情。反移情指的是個體對於他人移情的經驗和反應（Halton, 1994）。就其核心來說，它是反應性的。誘惑與背叛的動力是由一個更主動的歷程所驅動：當權的人將情緒、願望和其它自身心理自我的部分投射到他人身上，而這些被投射的人將那些部分內射並展演。儘管反移情提供透過跨過一個適當運作界線傳遞的關於他人的有用資料（Halton, 1994），誘惑與背叛歷程則是透過破壞權威界線的誠信來運作。

在以上所闡明的誘惑與背叛動力中，去注意到研習會成員參與於他們自己的腐敗也是重要的。意思是，他們透過強調那些他們自身符合角色的部分，來暗地試鏡這些工作人員選派的角色，考量到他們如此做的傾向（valences）（Rioch, 1975）與依附工作人員團體的需求（Bowlby, 1988）。研習會成員並不是工作人員團體隨機投射的「空白螢幕」；更確切地說，他們透過試圖扮演所提供的角色，在潛意識上與投射和戲碼本身共謀。這不是要「責備受害者」（Ryan, 1971），也不是要減少工作人員團體（以及一般領導團隊）對那些他們應該要照顧的人造成傷害——單純因為他們可以藉由下屬團體成員的實際行為來合理化他們的投射——的責任。這是意圖指出「加害者—受害者」動力通常是雙向的（雖然不總是相等的），且需要被如此理解。

這個案例說明顯示了誘惑與背叛歷程的一些特定步驟。第一，領導團隊內部經歷了種種動力。有些動力，如過去在專業上的連結，被處理了；而有些，例如競爭，沒有被處理。領導團隊沒有面對或探索自身浮現關於競爭的隱蔽議題，亦沒有詮釋對主席領導力的各種疑問（例如，工作團隊成員對於角色或程序的疑問）。例如，競爭這個議題有被指出，但沒有被視為一個可能在研習會中被展演出來的議題來被工作。這個工作，涉及為關於這個動力的感受和經驗負起責任，被逃避了。意思是說，隱蔽的動力已經在工作人員團體中發生，但沒有在這個團體本身的脈絡中被挖掘和工作。有一齣準備好要被演出的戲碼，但演員們並沒有就定位。

第二步是選派其它人來扮演那些角色，並創造演出這個競爭戲碼的必要性格。這個起始於當工作人員透過基本資料，如所屬機構或與工作人員的過去關係，來對特定成員做出投射。工作人員在開幕式時觀察研習會成員，並持續地將一系列特質，包括透過可觀察

線索,如性別、種族、族群、年紀、外表吸引力、穿著、身體語言與臉部表情而來的能力、聰明才智和性慾特質,投射到成員身上。工作人員選派各種讓研習會成員之後扮演的角色,而這些角色的性格是依據工作人員自己不想要與不喜歡的部分來被形塑。工作人員尋找研習會成員來為他們背負那些部分,就好像明星演員有替身、特技演員和配角來幫他們演出困難或不舒服的場景。這個選角歷程發生在研習會成員是否看起來足夠像工作人員的基礎上,如同主席的同事看起來夠像主席,才能象徵性地被選派演出她的角色。

成員然後透過在小團體脈絡中顧問給出的詮釋,偷偷地被邀請來扮演工作人員為他們選擇的角色。在上面的情節中,顧問最初關於團體無視「在團體中的主席」的詮釋,是對主席同事宣布她私人關係並扮演這個象徵角色的邀請。這些詮釋是誘惑:顧問暗示性地試圖誘惑這位成員加入工作人員團體潛意識上想要導演的這齣戲。這些詮釋腐化了成員的工作,因為它們是建立在顧問早先的投射,而不是來自團體成員有意識的內在經驗或表達。顧問在團體尚未取得關於主席透過一位成員而象徵性存在的資料前,就處理了關於團體無視房間內主席表徵的投射。這位團體成員因而被當作工作人員的延伸,意思是她被視為工作人員希望她是的角色,也就是,展演對主席的憤怒。

雖然顧問給出的詮釋,某種程度上解釋了成員底層團體動力的一部分,它們也形塑了團體成員怎麼看待彼此,以及怎麼與彼此互動。這些詮釋影響了團體如何對待那位用強調她與研習會主席的關係以及她自己領導力傾向來回應顧問的成員。誘惑發生在當這個成員承擔起工作人員投射到她身上的角色,並強調她自身與投射相符的部分時。因為當表現出她自己受歡迎的部分,如確信感時,能得到顧問的注意,她被誘惑去這樣做。這種表現有一部分當然是基於

成員在面對特定投射時的傾向，也就是，基於他們在被選派演出特定角色上有多麼吸引人（Bion, 1961; Rioch, 1975）。

這個歷程不只破壞來自內在經驗和外在可觀察資料的學習工作，也威脅到權力低下團體成員的完整性。這些成員可能會承擔不適當的角色：他們被認為是體現他們經驗的某個層面，而非多個層面，而且這樣做的話，會被緊緊地束縛，彷彿穿上不合身且過緊的戲服。他們被關在某個特定角色中，而不能自由的以個人方式參與、漫遊於他們自身的各種面向，以及將那些面向帶入他們與其它成員的學習（Kahn, 1992）。他們可能擁有許多關於自己的訊息，但是他們只能透過不認識他們之人的投射來被其它人認識。如果自我身分認同與被投射的身分認同之間的鴻溝太大，這些團體成員可能會經歷很多痛苦，跟那些被誘惑之人一樣。如果他們無法處理來自領導團隊的投射，他們可能會崩潰或發瘋，不知道這個歷程有領導團隊動力和個別成員心理上的根源。這個分析提供一個去理解，或面對，類似於團體治療師所提供那些團體不幸事故的方式（Kaplan, 1982）。

誘惑與背叛動力的下一步，發生在當研習會成員在承擔起那些工作人員團體投射到他們身上的角色的過程中，展演了那個團體的隱蔽議題時。這個小團體展演了一個關於一位成員被安排作為主席然後被殺死，然後為了重複這個演出再被邀請回到這個角色的劇本。這個演出一部分是對工作人員團體有好處，工作人員團體使用研習會成員來演出他們自身關於個人權力鬥爭的議題，安排成員（通過詮釋作為工具）來殺死代表「壞客體」（Klein, 1959）的主席和主席替身。研習會成員想必是在高強度和一種升高的脆弱感之下，經歷了他們的動力：他們背負著額外的心理負擔，不只為了他們自己，還為了一群隱藏、有權力的觀眾。工作人員的投射維持隱

蔽且未被發現，因為研習會成員無法公開討論它們。這樣做會讓個別成員暴露在被標籤和被當成心理上是混亂且有破壞性的風險。

當工作人員從權力和對主席的憤怒這個視角來對研習會成員動力做詮釋時，他們與研習會成員的工作就彷彿是那些議題是成員獨有的。他們否認任何他們自身動力被他人展演的責任。任何背叛的本質性表現就是拋棄，讓人們在身體或心靈上獨自一人。背叛發生在當工作人員意識到他們對研習會成員的誘惑卻沒有提出來，也沒有用它來幫助成員學習的那一刻。工作人員見證了他們自己戲碼的展演，但卻拋棄對於劇情、角色和表演的責任。他們退到評論家的位置，彷彿他們對這個歷程沒有影響，也彷彿他們沒有幫助決定劇本與指導成員動力的展演。他們透過觀看成員面對那些議題的掙扎，並與其工作來得到替代性的滿足。這基本上是一個自戀的姿態，而研習會成員是在遠處反映工作人員的一面面鏡子。工作人員因此扭曲的聚焦在被鏡映在研習會成員身上的自己，而非直接聚焦在他們自己和他們自己的團體動力上。

工作人員透過多種方式與他們從自身分裂出去並投射在研習會成員身上的議題保持距離。工作人員使用的一種保持距離的機制是撰寫關於研習會成員的心理封面故事，來合理化成員對於各種動力的責任。這些事實上是掩蓋工作人員團體所做事情痕跡的故事：工作人員想出關於特定研習會成員，例如主席替身，怎麼有特定投射傾向的解釋（Rioch, 1975）。這些故事的潛臺詞是這些特定成員引發並投入完全由他們自己創造出來的動力。另一個拉開距離的機制是透過提供帶有優越感的詮釋或顯示對他們學習的鄙視來拒絕成員（這可以被理解為工作人員為了抵抗與他們自身學習相關的羞恥而出現的防衛）。這些拒絕，防衛性地推開工作人員身上關於被反映回來在他們身上不想面對部分所產生的焦慮。事實上，這些拉開距

離的方法，是為了在潛意識上讓研習會成員不去注意到以幫助他們學習為名所加諸在他們身上的行為。這些方法類似於米勒（Miller, 1983）所稱「有毒教學法」（poisonous pedagogy），他用這個詞來說明父母是怎麼教導孩子，以至於孩子對自己被父母的虐待無法察覺。

誘惑與背叛的動力以研習會成員困在角色中且無法改變其互動模式作為結束。當工作人員透過事實而不是投射來工作時，研習會成員在團體動力的學習上，一般而言會有進展：他們自我揭露，並一起努力來理解所揭露素材的意義。在誘惑與背叛的動力下，他們不能完全做到。工作人員的投射是劇本遺失的部分，繼續存在依舊被困住研習會成員的意識層面之外（Smith & Berg, 1987）。研習會成員不曉得他們無法繼續在任務上有進展的原因。工作人員不但沒有為他們提供遺失的部分，還做出詮釋，暗示他們被困住的原因是由於自我揭露的不足。工作人員的幻想是：成員無法學習且系統動力不再運作。在這樣的預設下，研習會成員的學習被拋棄了。他們在不同程度的痛苦中經驗著那個拋棄且獨自承擔那個痛苦，無法好好的工作和學習。他們的反應像是依附理論家所描述經歷不安全依附基礎的嬰兒行為：緊抓不放，或完全無視和抗拒他們的主要照顧者（Ainsworth, 1982; Bowlby, 1980）⑤。研習會成員所經歷的

---

⑤ 這個連結是有趣的，因為鮑比（Bowlby）在嬰兒依附的研究，在很多方面是與梅蘭妮・克萊恩的理論（Segal, 1974）相左的。儘管克萊恩學派的觀點認為一個小孩對母親般人物的反應，可被歸因於一些大部分基於內在歷程的非理性因素，那些支持鮑比看法的人肯認實際的親子依附對建立關係模式的重要性。安全依附的小孩，不會因為被摟抱或哺育的渴望而變得依賴，可被理解成是以符合適當的發展與隨之而來的自主性的方式來表現。相比之下，焦慮或不安全依附的小孩，在母親般人物缺席時會表現出不舒服與苦惱。使用比昂理論的語言，對配對的渴望或對戰鬥的準備這兩種角色，都是在一個被體驗成不安全和不確定的環境中，為了適應而形成的盔甲。

誘惑與背叛，損害了他們對於被領導者安全抱持的感覺、他們的信任和安全感，以及他們能工作和學習的程度。

我們的詮釋框架強調工作人員團體與成員團體之間連結的誠信。研習會成員通常用那些連結來讓自己沉浸在關於權威議題的掙扎中，意思是，他們將工作人員體驗成用來投射他們未完成權威議題的移情客體（Miller & Rice, 1967）。理論上，為了研習會成員的學習，工作人員使用那些連結來檢驗和提供他們的反移情經驗（Halton, 1994）。當反移情作為投射的源頭沒有被檢視和理解時，工作人員與研習會成員間的心理界線就會被破壞。雖然這個發生在成員的意識覺察之外，但是它會影響成員最終覺得為了學習團體和權威動力而揭露他們的自我有多麼安全（Kahn, 1992）。揭露自我需要一定程度的信任（Erikson, 1963）。更重要的是，人們對那些負責他們成長的人有一定程度的依附需求（Bowlby, 1980, 1988）。在上面的情節中，研習會成員與工作人員的安全依附基礎被剝奪，只剩下本質上不安全的依附。而且他們因為工作人員與成員之間的權力差異而無法處理他們的誘惑（Courtois, 1988）。

我們希望強調這個概念：信任是誘惑與背叛動力的核心。特別是在塔維斯托克研習會中，以及更普遍地在組織生命中，成員的信任會受到權威人物是否濫用權力而受到本質上的挑戰和改變。在那些如鮑比（1980）所描述，安全依附可被建立的案例中，基本信任作為一種特性會被強化，而學習會被提升。鮑比的著作讓顧問知道，在退化性研習會生命經驗中依附的重要性。在這樣的環境中（以及大體來說，階層結構系統中），成員會變得像小孩。會有想要相信環境的願望；如果有安全依附的感覺，成員在權威面前探索不同角色的能力會被強化。是那個信任為人類經驗中的初始與持續成長提供了保險（Erikson, 1963）。

造成誘惑與背叛的條件

　　內嵌於這個萊斯機構體驗式研習會例子的特定特徵（且一般來說在早先所描述的情節中明顯可見），是關於在社會系統中造成誘惑與背叛動力的條件的學習。我們在下面會說明七種這樣的條件。我們的焦點放在社會系統，其中的個體是不同團體的成員，而這些不同的團體對彼此有相對的權力，正式的如階層結構權力或非正式的如專家或參照權力。為了方便，我們將那些團體稱為下屬團體和權威團體。

- **對權威團體的需求**。其中一個條件是，下屬團體為了工作上的進展，需要權威團體成員的幫助。這裡的焦點是兩個團體間連結的重要性，下屬團體的學習、成長和生產力，就某個程度來說依賴權威團體所給予的幫助。當下屬團體需要權威團體資源和經驗的輸入時，兩個團體之間交易的本質就被建立：權威團體輸出，下屬團體輸入。當然，兩個團體之間的關係常常是更複雜的，包含合作與競爭的部分（Gould, 1993; Hirschhorn, 1997; Krantz, 1998），但這個基本交易依然關鍵。這樣的關係不只為權威團體輸出資源奠下基礎，也為權威團體輸出它自身將被下屬團體接受的議題奠下基礎。
- **權威的自戀**。第二個條件是，權威團體成員假定下屬團體成員的態度和行為，所映射的是他們對權威團體存在與行動的反應。這是一個自戀的姿態：下屬團體成員被假定是為了他們應負責的權威團體成員而映射與行動。結果下屬團體因為他們關於權威團體的映射而被關注，而不是因為他們的本質以及他們那些與映射無關的行為。他們還會因為將移情反應

理想化而得到增強（Kohut, 1971），從而他們將權威團體成員當成全能、理想化的父母。在這個自戀的框架下，對他人經驗表達同理的能力減少（Kets de Vries & Miller, 1985）。這個情形類似於父母關注的是子女所代表的意涵，而非他們真實的樣子（Miller, 1981），科胡特（Kohut, 1971）稱之為「同理失敗」（empathic failure）。因此，權威團體成員關注的是映射在下屬團體中的他們自己。如果那個關注是用來代替權威團體的自我反映，下屬團體會更容易被使用作為替身來演出權威團體中的困難議題。

- **投射的工具**。第三個條件是，權威團體成員的確幫助下屬團體成員做他們的工作。如果誘惑與背叛動力要發生，權威團體需要經常和下屬團體接觸。這樣的接觸會提供機會讓權威團體成員對下屬團體成員傳送回饋，無論是實質內容或下屬團體有共鳴的歷程（成員彼此間與對權威團體的）。那些回饋的傳送是權威團體可以用來卸下和攜帶將被下屬團體接受的投射的工具。我們注意到這些工具，也負責傳輸正確的資料；基於真實情境和經驗的理解，還有其它人可以理解的反移情。將這些工具用來傳送投射而非資料，代表權威團體成員的一個清楚選擇。

- **未處理的權威議題**。第四個條件是，權威團體自己內部有仍未處理的議題。可能的議題是那些關於權威、依賴和反依賴、競爭和合作，以及其它表徵和威脅團體生命的主題（Bion, 1961; Gibbard, Hartman, & Mann, 1974）。這樣的議題引發焦慮，而為了對抗這個焦慮，權威團體將我們在此稱之為誘惑與背叛的防衛行動化（Krantz, 1998; Lyth, 1988; Miller, 1993）。這些議題迫使投射被輸出到下屬團體。一旦

輸入下屬團體，這些投射會以看似屬於下屬團體的議題浮現。當下屬團體為了解決這些議題而掙扎時，他們正在展演權威團體期待被演出的掙扎，並且透過這個展演，權威團體希望從中得到他們團體本身掙扎的替代性解答。

- **不安全的依附基礎**。第五個條件是，權威團體提供一個不安全的基礎來定錨下屬團體成員的依附。依附理論（Bowlby, 1980, 1988）提出，父母與其它主要照顧者提供不安全的基礎，因為他們照顧嬰兒需要的狀態反覆無常，或完全無法照顧嬰兒的需要。當權威團體和下屬團體間的關係包含一些後者退化和前者理想化的元素時（在大多數的階層結構系統中會發生），用父母與嬰兒來比喻是適當的。在那些時刻，權威團體成員，在他們與下屬團體工作的脈絡中處理他們自己的議題，無法照顧到下屬成員的需要，也無法提供一個安全的基礎讓那些成員可以探索自己，並在自己的世界中自信的行動。他們會上演米勒（1981）稱之為「天才兒童的劇本」（drama of the gifted child），吸收並回應他們照顧者的潛意識需求而不是反過來。

- **權威的疏遠機制**。第六個條件是，權威團體有將下屬團體視為自身困難來源的簡單解釋。這些解釋讓權威團體成員能拒絕為下屬團體所展演的議題負責任。他們透過寫出各種意圖解釋為何下屬團體成員在與彼此和與權威團體工作上有困難的故事來做到這點。這些故事都有「責怪受害者」的特性（Ryan, 1971）；它們圍繞著讓權威團體無法被責怪的情節，並無視於整體系統動力。當有聚焦於個人性格或下屬團體特殊組成要為他們經歷的困境負責的現成情節時，誘惑與背叛的動力特別容易發展。當下屬團體成員已經接受過各種使他們

無法察覺他們是怎麼被權威團體誘惑與背叛的「有毒教學法」（Miller, 1983），這些情節能保持不被下屬團體成員質疑。
- **缺乏校訂**。第七個條件是，權威團體成員有寫出這類封面故事的能力，卻沒有在他們的社會系統中受到任何校訂。社會系統的階層結構本質，有效地阻止下屬團體成員去校訂由權威團體成員出版的故事。當權威團體成員無視他們自己懷疑他們自己歷程的部分（以及當那些團體中，懷疑的成員被同樣無視）時，誘惑與背叛動力會發生。如果其它有相同或更大權力的人一樣無視於權威系統的內在動力，或如果系統中沒有這樣的其它人時，這個動力就會不受阻地繼續下去。

診斷與介入

當權威團體成員與下屬團體成員的自然連結充滿未處理的投射時，下屬被權威抓住又放掉的經驗是難以忍受的，且對他們的健康與他們系統的健康帶有影響。組織中的誘惑與背叛動力有一些呈現的方式；看起來毫無關聯的事件，事實上是了解某個系統型態的線索，並提供診斷這些動力的方向。以下列舉三個這類型的線索。

- **下屬的痛苦**。誘惑與背叛動力的標誌是下屬團體成員承載並演出權威團體中仍舊隱藏的痛苦。下屬團體不可避免地要為這個輸送付出代價（Hirschhorn, 1988）。下屬可能因為承載權威團體成員所否認部分的經驗而生病（生理或情感上）；他們可能內化他人對於他們疾病的投射並依照這些投射行動，就如同孩童在受到父母虐待時會做的（Miller, 1990）。下屬可能會在被憤怒、失望和羞愧情緒充滿的情況下，離開

公司或完全離開這個職場。這樣做，他們行動化一個共享的幻想：他們是他們組織領導者不想要部分的承載者，且為了讓系統重獲健康而必須離開（Kahn, 1998）。下屬的痛苦也可能透過他們在工作上表現、學習或成長的無能來表現。承載他人的投射可能會透過將原本可被用於工作上的能量用來製造焦慮而讓下屬失能（Lyth, 1988）。那些投射也可能剝奪下屬學習和成長的機會，因為權威團體成員會獎勵在權威團體所安排戲劇中扮演較被喜愛的隱蔽角色的他者。下屬團體成員被困住，被強化他們為權威團體成員所做的隱蔽勞動的外在和內在力量所癱瘓。

- **暫時性解決辦法**。誘惑與背叛動力涉及下屬團體的展演和權威團體未處理議題的替代性澄清。辨識這類動力是否正在發生的一個線索是，組織困境是否有暫時性解決辦法的重複提出，但似乎從未被根本解決（Hirschhorn, 1988）。隨著某些情況，當下屬團體成員中，扮演或表現出這些困境的個體被移除，或當塑造下屬團體成員彼此間及與權威團體成員關係的溝通與權威系統被重組時，這些困境的各種症狀可能隨之消失。當那些症狀的根本原因持續沒被提出並處理，不同的症狀會繼續發生（Wells, 1990）。下屬團體只能少許地釐清和解決權威團體的議題；議題本身會繼續以作為這個痛苦的根本原因在起作用，不停地折磨這個系統。此處的心理機制是強迫性重複（Freud, 1949）：如同個體，社會系統會以各種隱蔽的形式一再地引起未解決的議題並在其中掙扎，直到這些議題有被充分地修通（worked through），讓發展性進展和成長得以發生，或用另一種方式來說，直到人們與系統對於造成衝突與焦慮的議題有了更好的掌握。然而，組織往

往會形成社會性防衛，妨礙而非實現任何這類根本性的解決辦法（Lyth, 1988）。

- **系統性停滯**。組織中誘惑與背叛動力的第三組線索，圍繞在組織的停滯，意思是組織無法在做什麼或如何做的層面產生有意義的改變。停滯涉及組織無法從視為理所當然的習慣性想法和行動中移開（Smith & Berg, 1987）。誘惑與背叛動力直接影響這類系統性停滯：當下屬團體成員展演在更大系統中屬於別處（在權威團體中）的角色時，真正的問題繼續被隱藏，且系統真正的圖像被遮掩。在沒有準確系統圖像（也就是合作與張力、信任與不信任，以及勝任與不勝任的來源）的情況下，成員無法朝想要的結果前進。改變的歷程不可避免地會被破壞，而系統繼續被困在現狀（Miller, 1993; Obholzer & Roberts, 1994）。

• 介入

一旦誘惑與背叛動力能透過這些線索被如此理解，就有鬆動它對人與其系統控制的方法。這類介入的目的是讓權威團體對自己的議題工作，而不是將議題投射出去。這意味著，權威團體成員透過收回並面對他們輸出到下屬團體的投射來為他們的問題負責。權威團體成員可以採取步驟行動來確保這個歷程。這些步驟所立基（不能被視為理所當然）的前提是：權威團體成員肯認他們對於組織中重複發生使其失能的問題是有一定責任的。我們在下面提供三個這樣的步驟。

- **與下屬團體合作**。抵銷誘惑與背叛動力力量的其中一個步驟，是讓權威團體成員與下屬團體成員一起合作來診斷重複

發生問題底下的原因（Hirschhorn, 1997）。這意味著收集關於困難來源的資料，並釐清哪些令人煩惱的問題是來自權威團體，而哪些是來自下屬團體。在實踐上，這個診斷工作會是最有意義，當它是由能幫助人們看到形塑他們特定困難的更大系統力量的外部顧問或行動研究者來統籌（Alderfer, 1980）。權威團體與下屬團體成員間零碎的合作關係，也是階層結構組織的現實：每個團體為了創造相對安全的環境，先分別探索自身的議題，然後再一起協商共享的詮釋和介入方式（Brown, 1978）。合作的過程，理想上可以在同個系統中不同且高度相連的部分間，建立意識上和潛意識上的連結。在萊斯機構教育性研習會的脈絡下，這是最能夠透過數個團體間討論時段來達成。

- **自我審查**。這個歷程的自我反思層面必須維持運作，以防範誘惑與背叛動力再次發生。權威團體需要採取某種校訂程序，以持續檢驗下屬團體成員可能正在如何承載並展演權威團體的議題。這個需要是為了持續檢驗對於不想要感受和動力的分裂和投射，以及權威團體和下屬團體成員間角色和任務界線被清晰維持的程度（Alderfer, 1990）。這個校訂功能類似於詹尼斯（Janis, 1982）所建議作為團體迷思（groupthink）的解毒劑：團體成員被指派為故意唱反調的人，並提出不同的觀點與看法。雖然詹尼斯的焦點是放在確保不同的建議能被納入考慮，而不是點出分裂與投射的動力，其對持續自我審查的強調是一樣的 ⑥。一個這類自我審

---

⑥ 制定這樣的一個歷程，是與管理大多數權威團體的規範相左：一般認為，檢查和探索權威團體的脆弱，會削弱它維持系統其餘部分完整的能力。換句話說，權威團體成員可能會覺得他們需要無視他們自我懷疑的部分，才能作為有效的領導者，尤其是當他們有壓力並且他們的系統界線受到威脅時（Hirschhorn, 1988; Janis, 1982）。不幸的是，無視正好是誘惑與背叛動力的重要因素。

查的精緻方法是由夏皮羅與卡爾（Shapiro & Carr, 1991）定義並闡述為系統成員可以採用來反思他們在角色與系統中經驗的「詮釋性姿態」（interpretive stance）。在沒有這類自我審查（以及在相關技術和破壞工作團體的基本假設動力兩者的訓練）的情形下，誘惑與背叛動力很可能在支持否認此動力的階層結構系統文化中再次發生。在上面所描述的萊斯機構研習會例子中，如果兩位與主席沒有情感連結的外部顧問能被授權提供研習會動力的諮詢，持續進行的競爭問題就能被顯著削弱。

- **系統性程序**。權威團體的自我審查需要被嵌入在更大的機構程序中，以提供組織成員理解事件模式背後系統動力的快速管道。這類程序的目的是創造讓組織中有權威和沒有權威的成員，都能夠有辦法理解系統動力的環境。這可能意味著由代表組織中不同部門的成員所組成、並為了診斷與介入似乎影響所有組織內團體的問題而工作的持續性團體。這些團體不只成為問題解決的途徑，也成為更大系統力量可以展演自身、被理解、以及提供對更大系統合適介入方法線索的場合。它們成為傳統上被用於組織診斷與改變歷程中，在可控的環境下學習並處理系統動力的縮影團體（Alderfer & Smith, 1982; Smith, et al., 1989）。理想上，持續性團體成員能透過與外部顧問工作來學習自我審查的歷程，以及他們在系統動力上的展演，成長到他們能成為自我校正單位並執行有意義任務（它的決定是基於對他們團體與其所代表系統的學習）的程度。

以上每一個介入都透過讓權威團體有能力看到自己未承認的議

題來減弱誘惑與背叛動力的力量。這些介入是基於史密斯與伯格（Smith & Berg, 1987）針對受困系統所清楚表達的活動三原則：朝向而非遠離與議題或事件相關的焦慮或害怕；檢視看似對立位置間的連結，並發展系統性解釋；以及肯認個體和團體如何透過分裂和投射機制，用他人來定義自己。當權威團體執行這些原則時，它們將下屬團體從展演服務於它們自身隱蔽目的的劇本中釋放出來。它們創造出下屬團體可以有安全依附而非不安全依附的環境。

以上提出的介入建議極度依賴權威團體成員的行動。同樣重要的是肯認下屬團體成員能授權自己採取步驟，將自己從誘惑與背叛動力的控制解放出來（Gould, 1993）。這些步驟包括辨識動力的存在，透過收集與傳播關於他們所經驗和感知到表現形式（manifestations）的資料：下屬團體的痛苦及其影響（也就是人員流動率、身體不適和缺席），無法真正解決問題的暫時性解決辦法以及整體上的系統停滯。將這些資料所提供的線索組合起來，可能可以讓下屬團體成員更有力量去創造他們系統需要的公開討論場合，讓系統整體能形成對誘惑與背叛動力和系統成員如何在共享投射歷程中，在這個動力的傳遞上共謀的一些理解。透過這樣的理解，權威團體與下屬團體成員間共享投射的力量會減小，且動力對系統所有成員的支配也會削弱。

結論

我們希望清楚表明，誘惑與背叛的劇本，尤其在被理解為一個潛意識歷程時，是權威團體和下屬團體成員間一個共同建構的經驗。然而，就這個動力中的角色與權力而言，是那些被託付正式權威該採取負責任行動的人要為這個動力負責。一旦這個動力進入意

識層面時，他們必須注意並管理關係的界線。下屬和研習會成員毫無疑問也促成這個歷程，即使是無意的。他們將自身的傾向和慾望帶入社會系統。結果是，在此時此地發生的互動，為那些當權者和那些為他們且跟他們一起工作的人，如何及時相互合作創造了一個舞台。當權者的挑戰是努力去了解他們何時處在一個潛意識的誘惑與背叛場景中，以及他們要如何行動來讓這個展演停下。

因為我們是在團體關係研習會的脈絡下辨識出誘惑與背叛的動力，我們特別關注研習會成員可以怎麼削弱這個動力的控制。團體關係工作的誠信，依賴研習會工作人員涵容那些來自研習會成員與那些來自他們自身投射的能力。對於關注誘惑與背叛動力的疏忽，會讓研習會工作人員暴露於虐待和腐化的嚴重指控，甚至是實際的犯罪。當團體關係研習會工作人員為了讓潛意識內容浮到意識層面而工作時，也會有機會看到並停止誘惑與背叛的動力。因此，甚至在研習會開幕式的初始界線中，工作人員就可以努力覺察自己在誘惑上對徵募的幻想，為了提防對那些相同焦慮且脆弱成員的潛在拋棄或背叛。這樣的話，對權威的研究可以成為一個矯正性而不是破壞性的經驗。團體關係研習會可以負起責任成為一個地方，在其中，渴望的陰暗面一旦浮到意識層面，能為成員提供學習上的機會、真正的自由和尊嚴。

更一般的來說，在組織生命層次，我們希望強調，問題不在誘惑與背叛的條件會不會在組織生命中出現，而是什麼時候出現和以什麼形式出現。更重要的是，關鍵問題是權威團體成員會不會用他們的權力（詮釋、賞與罰，以及意義賦予上的）來濫用信任與拋棄成員，讓他們來承載那些當權者促成且很可能製造出來的潛意識負擔。當權威團體成員肯認並開始與自己競爭的、好鬥的、性的、自戀的和其它追求是如何被投射和放置於他人身上工作時，這個動力

會得到根本上的減輕。一旦被注意到並負起責任，領導者必須在探索自身歷程並賦予意義上展現一定程度的無所畏懼。如此，讓他人安全工作、學習、以及與彼此實踐一個平行歷程的條件，才更有可能發生。

• 參考文獻

Ainsworth, M. D. (1982). Attachment: Retrospect and prospect. In C. M. Parkes & J. Stevenson-Hinde (Eds.), *The place of attachment in human behavior* (pp. 3-30). New York: Basic Books.
Alderfer, C. P. (1980). The methodology of organization diagnosis. *Professional Psychology, 11*, 459- 468.
Alderfer, C. P. (1987). An intergroup perspective on group dynamics. In J. Lorsh (Ed.), *Handbook of organizational behavior* (pp. 190-222). Englewood Cliffs, NJ: Prentice-Hall.
Alderfer, C. P. (1990). Staff authority and leadership in experiential groups. In J. Gillette & M. McCollom (Eds.), *Groups in context* (pp. 252-275). Reading, MA: Addison-Wesley.
Alderfer, C. P., & Smith, K. K. (1982). Studying intergroup relations embedded in organizations. *Administrative Science Quarterly, 27*(1), 35-65.
Argyris, C. (1982). *Reasoning, learning, and action*. San Francisco: Jossey-Bass.
Bion, W. R. (1961). *Experiences in groups*. New York: Basic Books.
Bowlby, J. (1980). *Attachment and loss* (Vol. 3). New York: Basic Books.
Bowlby, J. (1988). *A secure base*. New York: Basic Books.
Brown, L. D. (1978). Toward a theory of power and intergroup relations. In C. A. Cooper & C. P. Alderfer (Eds.), *Advances in experiential social processes* (Vol. 1) (pp. 161-180). London: Wiley.
Colman, A., & Bexton, W. (Eds.) (1975). *Group relations reader 1*. Sausalito, CA: GREX.
Courtois, C. A. (1988). *Healing the incest wound: Adult survivors in therapy*. New York: Norton.
Cytrynbaum, S., & Noumair, D. A. (Eds.) (2004). *Group dynamics, organizational irrationality, and social complexity: Group relations reader 3*. Jupiter, FL: A. K. Rice Institute for the Study of Social Systems.
Erikson, E. H. (1963). *Childhood and society*. New York: Norton.
Erikson, E. H. (1980). *Identity and the life cycle*. New York: Norton.
Freud, S. (1949). *An outline of psychoanalysis* (J. Strachey, Trans.). New York: Norton.
Gibbard, G. S., Hartman, J. J., & Mann, R. D. (1974). *Analysis of groups*. San Francisco: Jossey-Bass.
Gould, L. J. (1993). Contemporary perspectives on personal and organizational authority. In L. Hirschhorn & C. Barnett (Eds.), *The psychodynamics of organizations* (pp. 49-63). Philadelphia: Temple University Press.
Halton, W. (1994). Some unconscious aspects of organizational life: Contributions from psychoanalysis. In A. Obholzer & V. Z. Roberts (Eds.), *The unconscious at work* (pp. 11-27). London: Routledge.
Hayden, C., & Molenkamp, R., (2004). Tavistock primer II. In S. Cytrynbaum & D. A.

Noumair (Eds.), *Group dynamics, organizational irrationality, and social complexity: Group relations reader 3*. Jupiter, FL: A. K. Rice Institute for the Study of Social Systems.

Hirschhorn, L. (1988). *The workplace within: Psychodynamics of organizational life*. Cambridge, MA: MIT Press.

Hirschhorn, L. (1997). *Reworking authority: Leading and following in the post-modern organization*. Cambridge, MA: MIT Press.

Janis, I. (1982). *Groupthink* (Rev. ed.). Boston: Houghton Mifflin Co.

Kahn, W. A. (1992). To be fully there: Psychological presence at work. *Human Relations, 45*(4), 321-349.

Kahn, W. A. (1998). Relational systems at work. *Research in Organizational Behavior* (Vol. 20) (pp. 39-76). Greenwich, CT: JAI Press.

Kahn, W. A., & Kram, K. E. (1994). Authority at work: Internal models and their organizational consequences. *Academy of Management Review, 19*(1), 17-50.

Kaplan, R. E. (1982). The dynamics of injury in encounter groups: Power, splitting, and the mismanagement of resistance. *International Journal of Group Psychotherapy, 32*, 163-187.

Kets de Vries, M. F. R., & Miller, D. (1985). *The neurotic organization*. San Francisco: Jossey-Bass.

Klein, M. (1959). Our adult world and its roots in infancy. *Human Relations, 12*, 291-303.

Kohut, H. (1971). *The analysis of the self*. New York: International Universities Press.

Krantz, J. (1998). Anxiety and the new order. In E. Klein, F. Gabelnick, & P. Herr (Eds.), *The psychodynamics of leadership* (pp. 77-107). Madison, CT: Psychosocial Press.

Lyth, I. M. (1988). *Containing anxiety in institutions*. London: Free Association.

Miller, A. (1981). *The drama of the gifted child*. New York: Basic Books.

Miller, A. (1983). *For your own good*. New York: Farrar, Straus & Giroux.

Miller, A. (1990). *The untouched key*. New York: Anchor/Doubleday.

Miller, E. J. (1993). *From dependency to autonomy*. London: Free Association.

Miller, E. J., & Rice, A. K. (1967). *Systems of organization*. London: Tavistock Publications.

Napier, A. Y., & Whitaker, C. (1978). *The family crucible*. New York: Harper & Row.

Obholzer, A. (1994). Authority, power and leadership: Contributions from group relations training. In A. Obholzer & V. Z. Roberts (Eds.), *The unconscious at work* (pp. 39-50). London: Routledge.

Obholzer, A., & Roberts, V. Z. (1994). *The unconscious at work*. London: Routledge.

Rice, A. K. (1965). *Learning for leadership*. London: Tavistock Publications, Ltd.

Rioch, M. J. (1971). All we like sheep—(Isiah 53:6): Followers and leaders. *Psychiatry, 34*, 258-273.

Rioch, M. J. (1975). The work of Wilfred Bion on groups. In A. D. Colman & W. H. Bexton (Eds.), *Group relations reader 1*. Washington, DC: A. K. Rice Institute.

Ryan, W. (1971). *Blaming the victim*. New York: Pantheon Books.

Segal, H. (1974). *Introduction to the work of Melanie Klein*. New York: Basic Books.

Shapiro, E. R., & Carr, A. W. (1991). *Lost in familiar places*. New Haven, CT: Yale University Press.

Simpson, J. A., & Weiner, E. S. C. (1989). *The Oxford English dictionary* (2nd ed.). Oxford: Clarendon Press; New York: Oxford University Press.

Smith, K. K. (1989). The movement of conflict in organizations: The joint dynamics of splitting and triangulation. *Administrative Science Quarterly, 34*, 1-20.

Smith, K. K., & Berg, D. N. (1987). *Paradoxes of group life*. San Francisco: Jossey-Bass.

Smith, K. K., Simmons, V. M., & Thames, T. B. (1989). Fix the women: An intervention into an organizational conflict based on parallel process thinking. *Journal of Applied Behavioral Science, 25*(1), 11-30.

Turquet, P. M. (1974). Leadership: The individual and the group. In J. Gibbard, J. Hartmann, & R. D. Mann (Eds.), *Analysis of groups*. San Francisco: Jossey-Bass.

Wells, L. Jr. (1990). The group as a whole: A systemic socioanalytic perspective on interpersonal and group relations. In J. Gillette & M. McCollom (Eds.), *Groups in context* (pp. 51-85). Reading, MA: Addison-Wesley.

Winnicott, D. W. (1965). *The maturational processes and the facilitating environment*. New York: International Universities Press.

Zinner, J., & Shapiro, R. L. (1989). The family group as a single psychic entity: Implications for acting out in adolescence. In J. S. Scharff (Ed.), *Foundations of object relations family therapy*. Northvale, NJ: Jason Aronson Inc.

【第四部】
應用

第十一章

社會系統作為焦慮防禦功能的案例:一家綜合醫院護理部門的研究報告

伊莎貝爾・孟席斯(Isabel E. P. Menzies)

> **伊莎貝爾・孟席斯**
> （Isabel E. P. Menzies, 1917-2008）
>
> 英國著名的心理學家，以研究團體與制度中的無意識機制而聞名。她在塔維斯托克人類關係研究所工作期間，對組織的精神分析方法進行了深入研究。她的研究特別關注社會防衛機制如何影響焦慮，這在她對護理行業的研究中得到了生動體現。

介紹

　　這個研究是由一家尋求幫助在護理組織中建立執行任務新方法的醫院所發起。因此，研究資料是在一個社會治療關係中收集，目標是促進想要的社會改變。

　　這家醫院是一家在倫敦的綜合教學醫院。也就是說，除了平常病人照護的任務之外，這家醫院還訓練大學部醫學院學生。就像在全英國同類型的醫院一樣，它同時也是一家培養護理師的學校。這家醫院大約有七百張病床，也有一些門診部門。雖然被稱之為「這家醫院」，它其實是個醫院集團，在研究期間，它包含了一間有五百張病床的綜合醫院、三間小的專科醫院，還有一間療養院。整個醫院集團有一個整合的護理部門，由位於總醫院的護理長管理。這些醫院共用護理人員和學生。

　　這家醫院的護理人員約有七百人。在這當中，一百五十位是受過完整訓練的員工，其它是學生。護理師訓練課程歷時四年。前面三年，學生護理師是「大學生」。在第三年末尾，她參加考試而可

以拿到「政府註冊」，也就是她的護理師資格和執業執照。在第四年的時候，她是研究所的學生。

　　所有受過訓練的護理人員都要擔負起行政、教學和督導的角色，不過那些被安排到和病人一起的運營單位者，也執行一部分直接照料病人的工作。學生護理師其實是和病人接觸的第一線醫院護理人員，執行相關任務的大部分工作。從這個角度來看，學生護理師的安排應該要滿足醫院護理人員需求的條件。學生護理師花相對少的時間接受正式的教導。在她開始正式護理工作之前，她會花三個月在初級訓練學校，還有在第二和第三年的訓練中，她會各花六週的時間在護理學校，其它時候她是在「實習」，也就是透過在她們能力範圍內去執行全職護理職責來學習也練習護理技能。實習的安排必須能讓學生有綜合護理委員會①規定的各種護理技術最低經驗。醫院提供、也希望護理師能有在醫院專科單位可用的某些額外經驗。醫院的訓練政策是學生在每個不同的護理種類承擔約三個月的持續職責。每個護理學生的安排必須符合這些訓練的要求。在這種情況下有很多衝突的可能性。醫院的護理單位主要不是由訓練的需求所決定，而是以病人為中心的需求和醫學院需求決定。在這個研究開始之前不短的時間裡，資深護理人員發現越來越難去有效協調人員分派和訓練這兩種需求。來自病人照顧的壓力要求重心放在人員分派上，而訓練危機不斷的發生。三個月訓練期的政策已經被放棄，而很多訓練期的時間很短②；一些護理師到訓練幾乎要結束了還沒有所有的必要訓練，而其它則因為接受過多相同種類的訓練而有嚴重失衡。這些危機造成更大的壓力，因為資深員工想要提高

---

① 管理護理師訓練的護理機構。
② 一個實際期間的樣本檢查顯示，30%的學生異動發生在離前一次異動後三週內，而44%在七週內。

訓練的優先順序，並提升學生護理師的地位。

資深員工開始感覺到在重心偏向實際工作的系統中有完全崩潰的危險，而尋求我們的幫助來改善她們的方法。然而，我寫這篇論文的目的不是去關注這個問題的後果。我會在相關的點上提及這些，稍後並提及為什麼這個既有的方法持續這麼久，即使沒有效率也沒有什麼有效改善。

和這個醫院的治療關係就某個程度來說是基於這個信念：我們會明智地把學生─護理師分配當成是一個「主訴」，並在我們完成進一步診斷工作前，對問題本質和最好治療形式先不做判斷。因此，我們以一個相當高強度的訪談計畫開始。我們以個別和小團體的方式對大約七十名護理師進行正式訪談，也對資深醫療和一般員工進行正式訪談；我們對運營單位做了一些觀察性研究；我們和護理師以及其它員工有許多非正式接觸。受訪者知道我們正式研究的問題，但在訪談中被邀請提出任何其它她們覺得在她們工作經驗裡重要的問題。更多研究材料是在之後和資深員工一起討論訪談計畫結果時被收集的③。

當我們的診斷工作持續著，我們的注意力一再地被護理師高強度的緊張、壓力和焦慮所吸引。我們很難理解護理師怎麼能夠忍受這麼多焦慮，而的確，我們發現很多她們無法忍受的證據。不管是什麼形式，從職責中退縮很普遍。約三分之一的學生沒有完成訓練。這多數是出於自己的意願，而不是因為考試或實習失敗。相比

---

③ 這是這類治療研究的一個特色，大多數最重要的研究材料出現在它的後面階段，當工作重點從診斷轉換到治療。資料的呈現和詮釋，以及對從阻抗到接受的工作，促進對問題本質洞察的發展。這擴大被認為跟解決辦法有關的資訊範圍，並幫助克服對訊息揭露的個人抗拒。在這裡所報告之研究的一個讓人印象深刻的特點是，在對資料工作一段時間之後，資深護理員工自己能產生並執行針對處理她們問題的計畫。

其它專業同等資歷的工作人員,資深護理師更容易換工作,且不尋常地傾向尋求研究所訓練。生病的比率高,尤其是只需要請幾天假的小病痛 ④。

當研究持續,我們把了解焦慮本質和焦慮強度的原因看得越來越重要。對我們來說,減輕焦慮似乎是重要的治療任務,還有,被證實了與更有效的學生—護理師配置的發展有緊密的連結。這篇論文剩餘的部分是關於在醫院中焦慮程度的原因和結果的思考上。

焦慮的本質

醫院接受並照料那些不能在他們家裡被照料的病人。這是醫院被創造出來執行的任務——它的「主要任務」。執行這個主要任務的主要責任落在護理部門上,要提供病人不間斷的照料,日以繼夜,全年無休 ⑤。因此,護理部門也承受了因照料病人而來的全部、立即和集中的壓力影響。

很可能在護理師身上引起壓力的情況是常見的。護理師不斷的接觸到身體,時常是嚴重地病了或受傷的人。病人的康復是不確定的,而且不會總是完全。護理那些得了不治之症的病人是護理師最有壓力的任務之一。很少一般人像護理師一樣面對受苦和死亡的威脅與現實。她們的工作情況包含執行以一般標準來說,令人反感、

---

④ 有很多從其它領域來的證據,這類現象表達了一個與工作情況讓人煩惱的關係,並與高強度張力有關。見,例如,希爾與特里斯特(Hill & Trist, 1953)。

⑤ 我的同事,G. F. Hutton,在分析另一個醫院研究的資料時,讓大家注意到現代醫院與護理修女修會的血統關係。這些早期醫院是完全由修女管理。醫生和神父是必要且重要的訪客,但只是訪客。他們滿足病人的特殊需要,但沒有行政責任。即使在現代醫院的組織複雜性以及以病人為中心員工的數量和多元性下,Hutton 所謂「護理師主導社區」的傳統依然強大。

厭惡和恐懼的任務。與病人的親密身體接觸，引發可能難以控制的強烈本能與性慾的願望和衝動。這樣的工作處境在護理師心中激起非常強烈的感受：憐憫、同情和愛；內疚和焦慮；對激起這些強烈感受的病人感到憎惡和憤怒；對病人所接受到的照顧感到嫉羨。

護理師面對的客觀情況，和存在每個個體內心最深、最原始的心智層次的潛意識幻想（phantasy）⑥情況，有令人驚訝的相似性。護理師焦慮的強度和複雜度，主要可被歸因於她工作場景的客觀特點能將早年情境和因之而起的情緒鮮活地激發出來的這種獨特能力。我會簡短地評論這些潛意識幻想情況的主要相關特點⑦。

這些潛意識幻想的元素可以追溯到最早的嬰兒期。嬰兒經驗兩種衝突的感受和衝動——原慾的和攻擊的。這些源自本能的根源並以生命本能和死亡本能的概念來描述。嬰兒感覺自己是全能的，而將動態的現實歸因於這些感受和衝動。他相信原慾的衝動真的給予生命，而攻擊的衝動真的致命。嬰兒把相似的感受、衝動和力量賦予其它人以及人們的重要部分。原慾和攻擊衝動的對象和工具，感覺起來像是嬰兒自己的和其它人的身體和身體產品。在這個時候，身體和精神的體驗是很親密地交織在一起的。嬰兒對客觀現實的精神體驗，很大程度被他自己的感受和潛意識幻想、心情和希望所影響。

藉由他的精神體驗，嬰兒建立一個由他自己及其感受和衝動的

---

⑥ 整篇論文，我按照慣例使用 fantasy，意指有意識的幻想；而 phantasy，意指潛意識的幻想。

⑦ 在我對嬰兒期心靈生活的描述，我跟隨佛洛伊德的作品，尤其是由梅蘭妮・克萊恩發展和詳細闡述的。她的觀點的一個簡短但全面的摘要，可以在她的論文「關於嬰兒情感生活的一些理論性結論」（Some Theoretical Conclusions Regarding the Emotional Life of the Infant）（Klein, 1952b）以及「我們的成人世界與它的嬰兒期根源」（Our Adult World and its Roots in Infancy）（Klein, 1959）中找到。

客體所組成的內在世界⑧。在這個內在世界裡，他們大多是由他的潛意識幻想所決定的形狀和條件存在著。因為攻擊力量的運作，這個內在世界包含很多被損害的、受傷的或死了的客體。氛圍充滿了死亡和毀滅。這個帶來很大的焦慮。嬰兒害怕攻擊的力量作用在他所愛的人和他自己身上。他為他們的痛苦悲傷哀悼，對他無能修正他們的錯誤而體驗到沮喪和絕望。他害怕會被要求補償，以及會落在他身上的懲罰和報復。他害怕他的和他人的原慾衝動無法充分控制攻擊衝動以避免混亂和毀滅。這個情況的辛酸因為愛和渴望本身感覺起來和攻擊是如此靠近而增加。貪婪、挫敗和嫉羨如此容易取代愛的關係。這個潛意識幻想世界的特徵是對一個正常成年人的情感生活極為陌生的暴力和情緒強度。

身體疾病對護理師的直接影響，會受她面對和處理他人心理壓力的任務而強化，包括她自己的同事。即使一個人自己並沒有處於相似的壓力之下，都不容易忍受如此壓力。和病人或親屬短暫的談話顯示，她們對疾病和治療的意識上概念是客觀知識、邏輯推論和有意識幻想（fantasy）的一種豐富混合物⑨。壓力的大小很大程度受到幻想制約，而幻想反過來，例如在護理師身上，被早年的幻想情況制約。潛意識地，護理師把病人和親屬的壓力和她潛意識幻想世界人們的壓力連結起來，因而增加自身的焦慮及應付它的難度。

病人和親屬對醫院有很複雜的感受，而這些感受會特別也最直接的表達給護理師，而時常讓護理師感覺到困惑和壓力。病人和親屬會表達感謝、感恩、感情、尊重；一種醫院可以應付的感人釋

---

⑧對於建立內在世界歷程的進一步描述，見克萊恩（1952b和1959）。
⑨對於一些病人疾病概念的描述，見詹尼斯（Janis, 1958），在那裡也有關於解決有意識幻想可以如何減少焦慮的說明。

放；對處在困難任務中的護理師而言是助益及關心。但是病人時常對他們的依賴感到怨恨；對治療和醫院流程所加諸的紀律勉強接受；嫉羨護理師的健康和能力；是高要求、占有慾強及嫉妒的。如同護理師，病人會有護理照料所引起的強烈原慾和性慾的感受，而有時行為舉止會增加護理師的困難，例如，不必要的身體裸露。親屬可能也會高度要求並且苛責，比較會這樣的原因是因為他們怨恨住院代表他們自己無能的情緒。他們嫉羨護理師的技能，又嫉妒性地怨恨護理師和「她們」病人的親密接觸。

以一種更微妙的方式，病人和親屬對護理師的心理要求讓護理師體驗到更多壓力。醫院被期待要做的不只是接受病人，照顧他的身體需求，以及切合實際地幫忙他的心理壓力。醫院被暗中地期待接受並（透過如此）免除病人和親屬由病人與他的疾病所引發情緒問題的某些部分。醫院，尤其是護理師，必須允許投射到她們身上的感受，如沮喪和焦慮，對病人及其疾病的害怕，對疾病和必須之護理任務的厭惡。病人和親屬對待護理師的方式是為了確保護理師體驗到這些感受，而不是（或部分不是）他們自己來體驗。例如藉由拒絕或嘗試拒絕參與重要決定，而把責任和焦慮推回給醫院。因此，除了護理師自己深層且強烈的焦慮，在精神上還加上相關他人的。當我們對醫院的工作越來越熟悉，我們驚訝地發現有一部分病人光是從身體情況來看是不需要住院的。在某些情況下，可以很清楚的知道，病人住院是因為他們和親屬無法忍受在家生病的壓力。

護理師把嬰兒的潛意識幻想情況投射到現時的工作情境中，並將客觀情況體驗成客觀現實和潛意識幻想的混合物。然後再一次痛苦且生動地體驗和現時情境相關且符合潛意識幻想的許多感受。如此將她的潛意識幻想情況投射到客觀現實，護理師使用一個重要且普遍的方法來掌控焦慮，並在成為象徵潛意識幻想情況的客觀情況

裡調整潛意識幻想情況⑩。客觀情況的成功掌控，帶給潛意識幻想情況的掌控一個再次保證。為了有效，這樣的象徵化需要象徵代表潛意識幻想客體，但又不等同於它。它自己的獨特和客觀性必須也要被辨別出來並加以使用。如果，因為任何原因，象徵和潛意識幻想客體幾乎或完全等同，潛意識幻想客體所引發的焦慮會被象徵客體全部引爆。這個象徵因而無法執行它涵容和調整焦慮的功能⑪。在護理工作中，潛意識幻想和客觀情況的高度相似構成一個威脅，象徵表徵（symbolic representation）會退化成象徵等同（symbolic equation），護理師因此會在意識層面上體驗所有她們原始的嬰兒焦慮。在這個醫院裡，呈現這個現象的例子並不少見。例如，一位母親有幾次婦科手術的護理師，在開始婦科病房的執勤不久後崩潰而必須放棄護理專業。

護理師這個行業本身充滿了強烈也很不好管理的焦慮。然而，光是這個因素不足以解釋在護理師身上如此明顯的高強度焦慮。因此必須把注意力指向問題的其它面向，那就是在護理部門裡用來涵容並調整焦慮的技術。

護理部門的防禦技術

在發展一個結構、文化和運作型式的過程中，一個社會組織受

---

⑩ 克萊恩（1948b）強調焦慮在導致象徵形成與昇華的發展的重要性。
⑪ 西格爾（Segal, 1957）使用象徵表徵和象徵等同的詞。在闡述它們的不同點時，她強調病人體驗到的強烈焦慮，在他們身上，象徵不只代表潛意識幻想客體，而是和它等同。她透過兩個病人的素材來說明，對他們兩個而言，小提琴都是陽具的象徵。對其中一個病人而言，小提琴代表陽具，而拉小提琴是重要的昇華，藉此，他可以掌控焦慮。對另一個病得更重的病人而言，小提琴感覺是陽具，而他必須停止拉，因為他無法在公眾面前觸碰小提琴。

一些互動因素所影響，在這些因素中，關鍵的是它的主要任務，包含因為任務而產生的環境關係和壓力；執行任務可用的技術；組織成員社會和心理滿足的需求；以及，最重要的，在面對焦慮時的支持⑫。在我看來，主要任務和技術的影響可以很容易被誇大。事實上，我比較想把它們當成是限制因素，也就是說，透過主要任務的有效執行和執行可用技術，來保證可行性的需求限制了組織的可能性。在這些限制內，文化、結構和運作型式是由成員的心理需求所決定⑬。

組織成員在對抗焦慮時使用組織的需求，導致社會性結構防禦機制的發展，而以組織的結構、文化和運作型式的元素出現⑭。這樣的社會性結構防禦機制的一個重要面向是個體嘗試將他們特有的精神防禦機制加以外化，並為其在客觀現實提供證明。一個社會防禦系統，關於它應該以什麼形式呈現，是在組織成員間共謀的互動和同意下，通常是潛意識的，隨著時間發展出來。這個社會性結構防禦機制然後通常成為機構老成員和新成員必須逐漸接受外在現實的一部分。

接下來，我要討論一些在醫院歷史長期以來護理部門所發展而

---

⑫比昂（1955）在區別關於現實任務的複雜或工作團體和被原始心理現象主導的基本假設團體時，提出一個類似的概念；這兩種「團體」是同一群人同時運作的面向。

焦慮及其防禦的重要性，在人格發展的精神分析理論已經倍受強調。佛洛伊德最早期的著作中顯示出他的興趣，而之後他在後來的著作中發展了他的理論（Freud, 1955, 1948）。更近期，焦慮和防禦在核心發展上的角色已經倍受梅蘭妮·克萊恩和她的同事強調（Klein, 1952b, 1948b）。

對主要任務和相關因素的更完整討論，見萊斯（1958）。

⑬在長壁採煤情況下，使用同樣的基本技術所發展的不同社會系統是一個說明當社會和心理狀況不同時，同樣的主要任務可以如何在使用同樣的技術下有不同表現的好例子。它們已經被特里斯特和班福斯（Trist & Bamforth, 1951）討論過了。

⑭雅克（Jaques, 1955）描述並說明過在一個工業組織裡這種社會結構下防禦機制的運作。這個名詞是他的。

目前還在運作的社會防禦。這裡不可能完全描述這個完整的社會系統，因此，我只會舉幾個比較突出與典型作為社會防禦的部門運作例子。我會主要侷限在護理部門內使用的技術，而極少提到護理部門使用其它人，尤其是病人和醫生，來操作社會性結構機制以作為防禦的方法。為了說明方便，我會把這些防禦羅列出來，就好像它們各自獨立，雖然在運作上，它們同時運作，也彼此互動與支持。

分裂護理師－病人關係。護理師焦慮的核心來自和病人的關係。關係越近越集中，護理師越可能經驗到焦慮的影響。護理部門嘗試藉由分開她和病人的接觸來保護她免於焦慮。說護理師沒有照料病人並不誇張。一間病房或一個部門的整個工作量被分割成逐項任務清單，每項被分配給某個護理師。她為很多病人執行以病人為中心的任務，可能多到病房的所有病人，通常三十人或更多。因此，她只為任何一位病人執行幾個任務，並與其有限定的接觸。這防止她實際上接觸任何一個病人和其疾病的整體，並提供一些免於因之而來焦慮的保護。

去個人化、類別化，以及對個體重要性的否認。任務清單系統所提供的保護，被一些其它抑制護理師和病人之間完整人與人關係發展的設置所強化，有其隨之而來的焦慮。這些在結構和文化兩者運作的設置的隱藏目的，也許可以被描述成是一種對護理師和病人去個人化或個體獨特性的消除。例如，護理師提及病人時，時常不是用名字，而是以病床號碼或病名或生病的器官──「10號床的肝」或「15號床的肺炎」。護理師她們自己反對這樣的做法，但是一直沒有改變。當然，我們也不要低估要叫出一個病房，例如三十名病人名字的困難，尤其是高替換率的病房。幾乎有一個明確的「倫理」，所有病人必須被同等對待。對護理師而言，她照料誰或什麼病都一樣。護理師要表達偏好有極大的困難，即便是病人種

類或男女性別。如果被逼著表達，她們通常會帶有罪惡感地加上一些評論，例如「你控制不了」。反過來，病人也不該在意是哪個護理師照料他，或是，事實上有多少位不同的護理師照料他。也就是說，病人被照料與護理師照料是職責，也是需求和特權，不管事實上一個病人可能會很需要去「照料」一個壓力過大的護理師，而護理師有時會需要被「照料」。在身體疾病和治療的特定要求之外，病人被照料的方式，很大的程度取決於他屬於病人這個類別的成員身分，而很小的程度取決於他的個別需要和需求。例如，只有一種鋪床的方式，除非身體的疾病需要另一種；只有在早上的一個時間替所有病人清洗。

護理師的制服是被期待的內在和行為一致性的一個象徵；護理師成為一種護理技能的集合體，沒有個體性；每一個因此可以與在相同技能層級的另一個完美地互相替換。護理師之間社會允許的差異，被限制在幾個主要類別，外在上由相同的基本制服衣飾上小小的不同來區分，二年級護理師的袖子條紋，三年級護理師稍微不同的帽子。這試圖在同一個類別的所有護理師中創造出一個操作上的認同⑮。在一定程度上清楚顯示了對「全面性」決定的需求，職責和特權是根據類別而不是個人能力和需求來賦予。這個也消除痛苦和困難的決定，例如，該給各個個體什麼職責和特權。相同的個別獨特性的減少多少存在於營運上的次單位。嘗試在不同護理任務允許的範圍內標準化所有設備和擺設，而不考慮各單位獨特的社會和心理上的資源和需求。

超然性和對感受的否認。進入任何需要與人工作的專業所需的

---

⑮實際上不可能真的執行這些慣例，因為一整個護理師類別可能因為護理學校的正式教育或休假而暫時從實際職責缺席。

心理任務，是發展足夠的專業超然性。例如，他必須學習控制他的感受，不作過多投入，避免令人擔憂的認同，保持專業上的獨立以對抗對非專業行為的操控與要求。在某種程度上，個別獨特性的減少能透過減少可能導致「依附」的人格互動來增加超然性。它也被隱含的「去依附」操作性政策所強化。「一個好護理師不在乎流動。」一個「好護理師」在接到通知後，願意且可以馬上轉換病房或甚至轉換醫院而不會感到不安。這樣的調動是頻繁的，也時常是突然的，尤其是對學生護理師來說。隱含的邏輯似乎是如果一個學生護理師有足夠的現實上和生理上分離的經驗，那麼她在心理上就可以變得超然。多數的資深護理師就個人而言，對這個隱藏邏輯並不買單。她們對太過頻繁調動所造成的個人壓力和營運上的干擾是清楚的。事實上，這是決定發起這個研究的主要因素。然而，在階層上她們的正式角色裡，她們持續發起頻繁的調動，而很少提供發展真正專業超然性的其它訓練。打破關係而造成的痛苦和壓力，以及持續穩定關係的重要性，被這個系統不言明地否認，即使它們時常在私底下，也就是非工作時，被系統裡的人們強調。

這個不言明的否認被關係中所引起不舒服感受的否認所強化。人際的壓抑方法是文化所要求的，而且通常被用來處理情緒壓力。學生護理師和員工都會因情緒的爆發而顯得驚慌。輕快和安慰的行為及「保持冷靜」、「振作起來」之類的建議很典型。學生護理師最受情緒壓力的傷害，且習慣性抱怨說資深員工不理解也不幫助她們。的確，當護理師因為犯錯而引起情緒的壓力，她通常會被斥責而不是得到幫助。一個學生護理師告訴我說她犯了一個錯而導致一個瀕死病人提早死亡。她分別被四位資深護理師斥責。只有她以前學校的女校長，試圖對她作為一個嚴重痛苦的、有罪惡感和驚嚇過度的人來幫她。然而，當學生說資深護理師不了解或感受不到她們

壓力的時候，她們錯了。跟我們私下聊天時，資深護理師表現出相當的理解與同情，而且時常令人驚訝生動地回憶起她們自己受訓時的一些痛苦。但除了壓抑的方法，她們對自己處理情緒壓力的能力缺乏自信，而常會說「總之，學生自己不來和我們說」。無論如何，在員工和學生護理師之間親切同情的處理情緒壓力，是與傳統護理師的角色與關係不一致的，傳統的角色與關係要求資深對資淺的壓抑、紀律和斥責⑯。

以儀式性任務執行來排除決定的企圖。作決定意味著在不同可能的行動方案間作選擇，並對其中一個給予承諾；選擇是在沒有關於選擇結果的完全事實資訊下所作的。如果事實完全知道，就不需要作決定，適合的行動方案就會不證自明。因此，所有決定一定帶著一些關於結果的不確定性和隨之而來的衝突及焦慮，直到有了結果。如果一個決定會影響病人的治療和福祉時，作決定而引起的焦慮可能會很嚴重。為了讓員工免於這個焦慮，護理部門應儘量減少必要決定的數量和種類。例如，學生護理師被指示去執行任務清單的方式讓人聯想到舉行儀式。關於每一項任務執行的方法、任務的順序和執行時間的詳細指示被提供，即使這些詳細指示並非客觀上必要或甚至完全令人嚮往⑰。

如果任務的執行有幾個有效的方法，例如，鋪床或把病人抬起來，一個方法會被選擇並只用那個方法。當在有一些有效替代方案的情況下，很多時間和力氣被花在將護理程序標準化。老師和實習督導從訓練一開始就讓學生護理師明白落實「儀式」的重要性。她

---

⑯ 見前述（第283頁），對這些角色和關係如何發生的說明。
⑰ 比昂（1955）在描述依賴需求主導的團體行為時，曾評論過團體對他稱之為「聖經」的需求。也許發現在醫院，其主要任務是滿足病人依賴的需要，應該有對這種行為決定性描述的明顯需要是不令人驚訝的。

們藉由培養一種工作態度，視每個任務像幾乎攸關生死一樣，要被以適當的嚴肅性來對待，來強化這個對「儀式」的重視。這樣的態度甚至被應用在那些其實一個沒有什麼技能的人都可以有效執行的任務上。因此，學生護理師被積極地阻止使用自己的決定權與主動性，依據客觀情況來合乎現實地計畫工作，例如在危機時去區分哪些任務是緊急或較重要的，並依此去做。學生護理師是最被「儀式」影響的「員工」，因為儀式化容易被應用在她們的角色和任務中，但是也有將較複雜資深員工角色的任務結構儀式化並將其任務執行標準化的嘗試。

以檢查和複查來減低作決定的責任負擔。由一個人作一個最終和有承諾性決定所引發焦慮的心理負擔，會因為一些做法而逐漸消失，因此其影響被減低。最終承諾的行動藉由常見的實踐——檢查和複查決定的正確性與儘可能地拖延行動——而延遲。決定之後的執行行動在介入階段也習慣性地被檢查和複查。個體私下花很多時間反芻一些決定和行動。只要可能，她們找其它護理師一起作決定並檢視行動。護理程序規定不少人與人之間的檢查，但它也是護理師在規定行為範疇外一個強烈形成的習慣。檢查與複查的實踐不僅僅應用在錯誤會有嚴重後果的情況上，例如，給了危險的藥，也在很多決定不會引起什麼後果的情況上，例如，有一次一個關於幾間可用房間的哪一間應被用來作研究訪談的決定。護理師不只問了直屬上司，也問了她們的後輩，以及其它她們沒有功能性關係而只是正好在那裡的護理師或其它員工。

責任感與無責任感的共謀性社會重分配。每個護理師必須面對並，以某些方式，解決來自接受她角色責任的痛苦衝突。護理的任務常會在護理師身上引發強烈的責任感，而護理師常常需要付出個人相當大的代價來履行職責。但另一方面，責任的重擔很難始終如

一地背負,因此護理師常會想放棄。而且,每個護理師有會導致不負責任行為的願望與衝動,例如,草率地執行無聊重複的任務,或變成原慾性或情緒性地依戀病人。在此衝突中對立力量的平衡因人而異,也就是說,有些人天生就「比較負責」,但這個衝突會一直存在。要在內在充分體驗這個衝突會非常有壓力。至少從護理師意識上的經驗而言,內在衝突可以藉由將其一部分轉換到人際衝突來減輕。在一些角色裡,人們常被自己和一定程度上被其它人描述成「有責任感的」;而在其它角色裡,人們被描述成「無責任感的」。護理師習慣地抱怨其它護理師沒有責任感,舉止粗心大意且衝動,因此要不停地被督導和管教。這些抱怨不是指個別的人或特定的事,而是整個護理師類別,通常是比說話者資淺的類別。它的含義是資淺者不僅比說話者更無責任感,也比她在同樣資淺位置時更無責任感。很少護理師看見或承認這些傾向。只有最資淺的護理師可能會在她們自己身上承認這些傾向,然後合理化它們說其它人都是以她們是不負責任的樣子來對待她們。但另一方面,很多人抱怨她們的前輩作為一個類別,在她們身上強加不必要的嚴格和壓抑的紀律,並把她們當成好像她們沒有一點責任感一樣[18]。很少資深的員工能在她們自己對下屬的行為裡看到這樣的特徵。除了少數例外,那些「資淺者」和「資深者」從上或從下看,視情況而定,是同一群人。

我們開始意識到這些抱怨根源於一個否認、分裂和投射的共謀系統,這個系統在文化上是被護理師接受,事實上被需要的。每個護理師傾向於將她自己的一部分從她意識的人格分裂出來,並投射到其它護理師身上。她不負責任的衝動,她害怕她無法控制,

---

[18] 這已經是長久以來在英國醫院一個讓人熟悉的抱怨,也是一些護理研究的核心發現。

被認為是她的晚輩所有。她對這些衝動痛苦嚴厲的態度和沉重的責任感，被認為是她的前輩所有。因此，她把晚輩當成她不負責任的自我（self），並以自我覺得應得的嚴厲程度來對待她們。同樣地，她把前輩當成她對不負責任自我的嚴厲管教態度，並且期待嚴厲的管教。晚輩不負責任而前輩是嚴厲管教者的說法，有精神上的真實。這些是她們被賦予的角色。也有客觀上的真實，既然人們會因著被分配的精神角色而客觀地行動。管教常常是嚴苛而有時不公平，因為多重投射也讓資深者把所有的資淺者當成是她沒有責任感的自我，彼此之間也一樣。因此，她無法充分地在她們之間區分誰是誰。護理師抱怨因為別人的錯而被斥責，而沒有人認真地去找真正犯錯的人。一位員工護理師[19]說：「如果一個錯發生了，你必須懲罰一個人，即使你不知道真正是誰做的。」不負責任的行為很普遍，主要發生在和直接病人照料無關的任務上。這些抱怨顯示，人際衝突是痛苦的，但比起經驗完全內在的衝突還好，而且它可以更輕易地被躲開。資深者管教的眼光無法一直跟著資淺的人，資淺者也不會一直以不負責任的狀態來面對資深者。

正式責任分配上的蓄意晦澀。對特定任務責任影響的額外保護，是透過正式結構和角色系統無法充分定義誰負責什麼和對誰負責的事實而被給予。這和不可避免地由上面描述的巨大投射系統所引起的精神責任位置的晦澀相匹配，也使其具體化。角色的內容和界線非常晦澀，尤其在資深的層級。責任在這個層級更加繁重，因此保護被覺得非常必須。而且，越複雜的角色和角色關係，讓逃避定義變得更加容易。如上所述，學生護理師的角色內容是被她的任務清單嚴格地指定，然而，實際上，她不大可能長時間抱著同樣的

---

[19] 員工護理師是一個完全合格的護理師，也是修女的副手。

任務清單。她可能，並常常是，在同一天有兩份完全不同的任務清單[20]。因此沒有穩定的個人—角色群集，而且最終把責任歸給一個人、一個角色或一個個人—角色群集變得很困難。我們在醫院的工作常會經驗到這個晦澀，例如很難知道誰應該安排或允許護理師參與各種研究活動。

　　病房裡的責任和權威被普遍化的方式，讓它們沒有特定性且不會穩穩地落在一個人身上，即使是修女。每個護理師要為每個比她們資淺的護理師的工作負責。資淺，在這個脈絡下，沒有意味著階層關係，而只由學生護理師受訓的時間長短來決定，而所有的學生都比訓練過的員工「資淺」。一個在第四年第四學季的學生護理師意味著要為病房裡所有其它學生護理師負責，一個在第四年第三學季的學生護理師要為除了前者以外的所有學生護理師負責，然後以此類推。每個護理師被期待對任何資淺護理師的失敗發起管教行動。當然，如此分散的責任代表著責任一般而言不會特定或嚴重地被經驗到。

　　授權給上級以減輕責任影響。「授權」這個詞在任務上的一般性使用，意味著上司把任務以及其詳細執行的直接責任交給下屬，而他保留一般性督導的責任。在醫院裡，幾乎相反的情況似乎常發生，也就是說，任務常常被迫在階層中往上推，因而她們表現的所有責任可以被否認。這樣的話，個人沉重的負擔可以被減輕。

　　這個多年下來實踐的結果，在護理部門是明顯的。我們對她們的低層次任務由相對高個人能力、技能和階層位置的護理員工及學生來執行，一再地感到印象深刻。正式或非正式地，任務被分配給

---

[20] 一個病房裡通常有三份不同的任務清單，用數字1、2和3標識，一個學生護理師很可能在早上是1號而下午是2號，例如如果早上的2號在下午不值班。

那些層級遠高於其它機構處理相似任務的員工身上，同時，任務被安排的方式有效地防止它們被授權到恰當的較低層級，例如透過釐清政策。分配學生護理師到實際職責的任務就是這樣的例子。分配學生護理師的細部工作由第一和第二助理護理長[21]來做，並占用了她們相當多的工作時間。我們的想法是，事實上，如果政策被清楚定義而任務被適當安排的話，這個任務可以被一個有能力的兼職文書，在一個資深護理師花極少時間的督導下，有效率地執行[22]。當新的護理任務因為我們的研究造成的改變而發展時，我們看到了這個「向上授權」實際發生好幾次。例如，資深員工決定改變我們第四年護理師的實習，這樣她們可能會比以前的第四年護理師在行政和督導上有更好的訓練。這代表著她們至少要花六個月連續時間待在同一個運營單位，當修女或員工護理師的替角兼尾隨者。在這個情況下，個人的匹配程度被認為很重要，因此建議修女應該參與她們自己病房第四年學生的選擇。一開始對這個提議有熱誠，但是當確切計畫完成時，中間層級的員工開始覺得她們沒有作選擇所需的技能，最後，她們提議資深員工如往常一樣繼續為她們作選擇。雖然已經負擔過重，資深員工樂意的接受這個任務。

考慮到上述的相互投射系統，這種藉由上司和下屬相互共謀協議之此類事件的重複發生，一點也不令人驚訝。作為下屬的護理師常覺得很依賴她們的上司，她們精神上透過投射把她們最好、最能幹的部分賦予上司。她們覺得她們的投射給予她們權利來期待上司執行她們的任務，也為她們作決定。另一方面，作為上司的護理師不覺得她可以充分信任她們的下屬，她們精神上把她們不負責和

---

[21]在管理部門第三和第四資深的護理師。
[22]類似的任務重組安排幾乎完成。

無能力的部分賦予下屬。她們對下屬投射的接受也傳遞一種承擔下屬責任的責任感。

理想化與對個人發展可能性的低估。為了減少關於護理任務持續有效率表現的焦慮，護理師尋找護理部門員工是負責任有能力之人的保證。相當的程度上，醫院藉由招募與篩選已經是高度成熟與負責的「員工」——也就是學生護理師——的嘗試來處理這個問題。這反映在像「護理師是天生而不是後天培養的」或「護理是一種志業」的句子裡。這樣造成一種對潛在護理新手的理想化，並隱含一個信念：責任感和個人成熟不能用「教」的，或甚至被大幅改善的。結果，訓練系統主要朝向必要事實和技術的溝通，而很少關注在教導朝向專業環境中個人成熟的活動上[23]。沒有對學生護理師的個別督導，也沒有小組教學活動特別來幫助學生護理師處理她們在護理工作中第一個嘗試的影響，以及較有效處理她們與病人的關係以及她們自己的情緒反應。護理部門一定要面對這個兩難：雖然對病人的福祉來說，強烈的責任感和紀律是重要的，然而相當部分的實際護理任務卻極為簡單。這家醫院，跟大多數類似的英國醫院一樣，嘗試透過招募大量高品質、同時希望能準備好接受在訓練期間暫時性的降低其執行水準的學生護理師來解決這個兩難。

這個為這家和其它英國醫院30%到50%學生護理師浪費的問題帶來新的視角。長久以來這被當成是個嚴重的問題，且努力地嘗試解決它。其實，它可以被看成是此社會防禦系統的必要元素。對有責任感的半熟練員工的需求，大大地超過對接受過完整訓練員工的需求，例如在這家醫院幾乎是4比1。如果大量的學生護理師完

---

[23]這也和盡可能不作決定的企圖有關。如果不需要作決定，工作人員就只需要知道做什麼和如何做。

成她們的訓練，護理專業會有充斥著有完整訓練但找不到工作員工的危機。因此，這個浪費是潛意識用來維持不同技能層級員工平衡且所有人都有高個人水準的手段。看起來減低浪費的決心，努力到目前為止除了一、兩家醫院之外都失敗了，是可理解的。

逃避改變。改變在某個程度上不可避免地是進入未知的一場短途旅行。它意味著對不完全可預測的未來活動及其後果的承諾，而不可避免地引發懷疑和焦慮。任何一個社會系統內的重大改變意味著現存社會關係和社會結構的改變。因此，任何重大的社會改變意味著此社會系統作為防禦系統之運作的改變。當這個改變正在發生，也就是說，當社會防禦正在被重組，焦慮可能會更公開與強烈[24]。雅克（1955）曾強調，對社會改變的抗拒可以較好地被理解如果它可以被看成是在潛意識中死死抱住現存制度之人類群體的抗拒，因為改變威脅到用來對抗深層且強烈焦慮的現存社會防禦。

護理部門，它的任務激發如此原始及強烈的焦慮，在預期改變上會有不尋常嚴重的焦慮是可以理解的。為了避免這個焦慮，部門會盡可能努力避免改變，可以說，幾乎不計一切代價，並且傾向依附於熟悉的事物，即使當熟悉的事物明顯不合時宜或失去意義。改變通常只有在危機時刻才會被發起。這個主訴就是一個發起和完成改變之困難的好例子。員工和學生護理師長久以來覺得運營的方法令人不滿意而想要改變它們。然而，她們卻做不到。關於可能改變和其後果的焦慮和不確定性，抑制了有建設性和現實感的計畫及決定。至少，現在的困難是熟悉的，且她們有一些能力可以處理。當我們被找來的時候，這個問題正在朝崩潰的臨界點及相關之人的能力極限逼近。很多其它這樣依附於不合適但熟悉事物的例子可以

---

[24] 這是一個當個體的防禦在精神分析治療過程中正在被重組的熟悉體驗。

被觀察到。例如，醫療實踐的改變和國民保健署（National Health Service）的成立已經導致更快速的病人流動率、急性病人比例增加、每個病房被照料的疾病範圍更廣，以及每天病房裡工作量更大的變異。這些變化都指向增加病房裡護理師工作組織彈性的需要。事實上，此類彈性上的增加在這家醫院未曾發生。的確，這個來自試圖透過上述相當僵化的系統來處理不穩定工作量的困難，通常都藉由更多的指令和僵化性、以及藉由對熟悉事物的重複來處理。如同人們能理解的，焦慮越高，對從相當的強迫性重複中取得安慰的需求就越高。

　　上述對護理師正在改變的需求，讓越來越多技術熟練護理照護量能的增長成為必要。然而，這尚未導致任何護理工作大多可由半合格學生護理師來執行這個隱含政策的檢視。

對社會防禦系統的評論

　　社會防禦系統的特徵，如我們之前所述，是其幫助個體避免焦慮、罪惡感、懷疑和不確定體驗的取向。盡可能地，這是透過消除造成焦慮，或更正確地說，引發連結到人格中原始心理殘餘的焦慮的情況、事件、任務、活動和關係。幾乎沒有幫助個體對抗引發焦慮經驗並藉由如此做去發展她忍受和更有效處理焦慮能力的積極嘗試。基本上，在護理情境中的潛在焦慮，感覺上要去全然對抗會太深、太危險，並有個人崩潰和社會混亂的危險。事實上，當然，避免如此對抗的嘗試不可能完全成功。在社會防禦系統的隱含目的和表達在需要去追求主要任務的現實要求之間的妥協是不可避免的。

　　因此，精神的防禦機制，隨著時間，發展成為護理部門的社會結構防禦系統，總的來說，那些逃避的機制保護個體免於焦慮的全

然體驗。這些是由最原始的精神防禦機制衍生而來。那些機制常見於初生嬰兒嘗試處理——主要透過逃避——在他不成熟年紀無法忍受的他自己本能間相互作用所引發的嚴重焦慮㉕。

個體在年紀更大後，在修正或放棄他們早年防禦機制及發展其它處理他們焦慮方法的能力不同。值得注意地，這些其它方法包含以下能力：正視原始或象徵形式的焦慮情況並處理它們，接近並忍受精神和客觀的現實，區別它們，以及做在和它們相關有建設性並客觀上成功的活動㉖。每個個體在引發急性焦慮的客觀或精神事件中，都有可能會導致部分或全部較成熟面對焦慮方法的放棄，並退行到較原始的防禦方法。我們認為，由護理任務引發的強烈焦慮促使個體退行到防禦的原始類型。這些已經被投射並客觀存在於護理部門的社會結構和文化中，結果是焦慮在一定程度上被涵容，但藉由深度修通和改變而來對焦慮的真正掌控卻嚴重地被抑制。因此，可以預期的是，護理師會一直經驗著比客觀情況本身合理引發還要高程度的焦慮。更仔細的考量社會結構的防禦系統是如何無法支持希望能更有效掌控焦慮的個體，可以從兩個不同但相關的觀點來看。

我會首先考量現有的護理部門功能，多大程度導致本質上讓護理師放心或引發焦慮的體驗。實際上，作為此社會組織的直接後果，很多發生的情況和事件明顯地引發焦慮。另一方面，此社會系

㉕我會在此簡短列舉這些防禦中一些最重要的。這麼做時，我跟隨梅蘭妮·克萊恩（1952b, 1959）所詳盡闡述的佛洛伊德著作。嬰兒大量使用分裂與投射、否認、理想化和對自己和他人的僵化、全能控制。這些防禦在剛開始時是巨大且強烈的。之後，當嬰兒變得更能忍受他的焦慮，同樣的防禦繼續被使用，但沒有那麼強烈。它們開始以也許比較熟悉的形式呈現，例如，壓抑、強迫性儀式和對所熟悉的重複。

㉖或，用別的方式表達，從事昇華性活動的能力。

統時常用剝奪護理師必要的安心和滿足的方式運作。換句話說，此社會防禦系統本身引發了很多次級焦慮，也無法減輕主要焦慮。我將用一些典型的例子來說明這些觀點。

危機和運營崩解的威脅。從運營的觀點來看，護理部門繁重又沒有彈性。它無法輕易地適應短期或長期的狀態改變。例如，任務清單系統和詳細規定好的任務執行，讓在有需要時以延後或省略不緊急或不重要任務來調整工作量變得困難。病房裡整體需求異動頻繁，並會因為病人種類和數量以及開刀天數這些因素在短時間內被告知。學生護理師的數量和種類也異動頻繁及在短時間內被告知。當第二年或第三年學生護理師花六週在學校的時候，這些學生護理師常常會短缺；請病假或離開也常常使人數減少。因此，工作／員工比例異動頻繁並時常突然發生。既然工作不會輕易減少，這在員工和學生當中造成相當的壓力、張力和不確定性。即使當工作／員工比例令人滿意，突然增加的威脅總是存在。護理師好像不停地有一種危機即將到來的感覺。當工作壓力增加時，她們會為了害怕無法適當執行她們的責任而困擾。反過來說，知道她們可以現實有效地執行她們的工作時，她們極少體驗到滿足及焦慮降低。

護理部門被組織的方式，讓一個人或甚至一個關係緊密的團體有困難作快速和有效的決定。責任分散阻止作出和執行決定所需適當及明確的權威集中。工作團體的組織架構使其有困難達到需要知識的適度集中。例如，任務清單系統讓病房無法被分成一個個單元，其大小讓一個人能完全清楚所有單元的實際情況，而其數量可以讓他們彼此間並跟負責協調的人適當地溝通。在病房裡，只有修女和員工護理師可以收集並協調訊息。然而，她們必須在如此不可能有效做到的大小和複雜度的單元來做。她們不可避免地無法獲得好的簡報。例如我們遇到很多案例，修女不記得有多少護理師在值

班或各個護理師該做什麼,而必須依賴寫下來的清單。這樣的例子不能在根本上被歸因成個人的不適任。因此,決定常常是由覺得自己缺乏足夠相關明確事實知識的人來作出。這導致焦慮和憤怒。加在這個焦慮之上的焦慮,是決定將無法及時被作出,因為決策由於查核再查核的系統以及圍繞著責任局部化的晦暗不明而變得如此慢且繁重。

學生護理師的過度流動。工作/員工比例的增加僅能在很狹窄的範圍內藉由減少工作量來面對的事實,意味著時常需要有員工的增援,通常是調動學生護理師。因此僵化工作組織的防禦看來是促成學生配置這個主訴的因素。過度頻繁的流動造成了相當的壓力和焦慮。否認關係和感受的重要性沒有適當地保護護理師,尤其調動最直接影響學生護理師,她們還沒有完全發展出這些防禦。護理師為與病人及其它護理師破碎的關係悲傷和哀悼;她們覺得讓病人失望了。一個護理師覺得有必要回到她先前的病房去探望一個她覺得很依賴她的病人。此護理師在新環境中感到陌生。她必須學習新的職責,並跟新病人和同事建立關係。她也許必須護理那些她過去沒有護理過的病。直到她對新的情況了解更多,她因焦慮、不確定性及懷疑而痛苦。資深員工估計學生要兩週才能在新病房適應下來。我們認為這是低估。很多崗位調動的突然性增加其困難度。沒有足夠的時間來準備分離,使得分離帶來更多創傷。病人無法被適當地交給其它護理師,突然調動到不同病房,沒有給予機會對即將到來的做心理準備。護理師容易因這種缺乏準備而感到強烈匱乏。正如一個女孩所說,「如果我早些知道要去糖尿病房的話,我就會讀關於糖尿病人的知識,而那會很有幫助。」詹尼斯(1958)描述過如果預先的機會能被提供來消化焦慮,預期創傷事件的作用會如何被減輕。他稱這個為「擔憂的工作」(work of worrying),是佛洛

伊德「哀悼的工作」(work of mourning)概念（Freud, 1949）的平行概念。在目前的情況，處理預期分離創傷的機會沒有被給予護理師。這大幅地增加壓力和焦慮。

這個情況的確幫助產生一個防禦性心理分離。學生藉由限制她們與病人或其它同事在任何情況下的心理牽連，來保護她們自己免於調動或調動威脅所帶來的痛苦與焦慮。這樣做減少她們的興趣與責任感，並促進一種護理師和病人都強烈抱怨的「不在乎」態度。當護理師在她們自己身上覺察到這樣的感覺時，她們感到緊張和罪惡；而當她們在他人身上發現時，她們感到憤怒、受傷與失望。「沒有人在乎我們究竟如何，沒有團隊精神，沒有人幫助我們。」所造成的分離，也減少了人們非常在乎在工作中從做好工作獲得滿足感的可能性。

學生護理師的低用。可理解地，因為工作量的變異如此大並難以調整任務，護理部門試圖規劃其人員編制來滿足高峰而不是平均工作量，因此，學生護理師通常有太少工作量。她們極少埋怨工作過量，並且一些人抱怨工作量不夠，即使她們依然抱怨有壓力。當我們在病房走動時，我們觀察到明顯的低用，即使有學生護理師很會讓自己看起來忙著做些什麼並說到必須看起來忙碌以避免修女責難的事實。資深員工時常好像覺得需要解釋為什麼她們的學生沒有更忙，而會說她們「今天有點懈怠」或「今天多了一個護理師」。

學生護理師在工作級別上也是長期地被低用。一些防禦系統中的元素促成這個情況。細想，例如所有類別學生護理師的職責分配。因為護理師覺得難以忍受無效率和錯誤，每個類別的職責標準就訂得低，也就是說，接近那個類別裡最不勝任護理師被預期的標準。此外，讓學生作為有效率護理員工的政策，使她們重複執行簡單的任務到一個遠超過以她們的訓練所必須的程度。簡單任務的執

行本身不一定意味著學生護理師的角色處於低層級。級別也取決於在組織任務時，有多少機會可以使用決定權和判斷力——哪一個、何時及如何。理論上有一個需要高層級決定權的角色來組織相當簡單的任務是可能的。事實上，此社會防禦系統尤其極小化學生護理師在任務組織上決定權和判斷力的行使，例如經由任務清單系統。這最終造成許多有不錯判斷力並能很快地被訓練在工作上有效地使用的學生護理師的被低用。在資深員工中，類似的被低用是明顯的，例如與向上授權的做法有關。

這類的低用激起焦慮和罪惡感，當低用代表著無法盡全力服務那些需要的人時尤其特別嚴重。護理師對她們在表現上的限制非常挫敗。當她們很忠實地執行她們被指定的任務時，她們時常體驗到失敗的痛苦感受，並對一些事件——當她們根據字字句句完成指示，但是卻因此做了她們認為不好的護理工作——表達罪惡感和不安。例如，一個護理師被告知在某個時間給一個睡得不好的病人安眠藥。在那段時間，他自然地深睡了。遵從她的指示，護理師叫醒他來給他藥。她的常識和判斷告訴她應該讓他睡，而對於吵醒他，她感覺很罪惡。常常會聽到護理師抱怨她們「必須」早上很早叫醒病人洗臉——當她們覺得讓病人繼續睡會更好時。病人也強烈抱怨。但是在會診醫師在早上到病房前，「所有病人的臉都要洗好。」護理師覺得她們被迫拋棄好護理工作的常識原則，而她們厭惡這樣。

雅克（1956）討論過決定權的使用而得到的結論是，在一個工作上體驗的責任程度只和決定權的行使有關，而不是完成被指定的元素。順著這個說法，我們可以說，護理師工作的責任程度被試圖消除決定權的使用給最小化。很多學生護理師痛苦地抱怨，雖然表面上從事一個責任重大的工作，她們承擔的責任比她們在念高中

時還少。她們覺得被羞辱，事實上幾乎像是被攻擊，由於承擔更多責任的機會被剝奪了。她們感覺、也實際上被社會系統貶低。她們直覺性地知道她們承擔責任的能力的進一步發展被工作與訓練情況給抑制，而她們對此非常怨恨。這種經驗的痛苦變得更強烈，因為她們總是被告誡要表現得有責任感，而在工作上「責任感」這個詞的一般用法中，她們做不到。實際上，我們得到的結論是資深員工對「責任」這個詞的使用傾向不同於一般的用法。對她們而言，一個「負責的」護理師是在工作中能一字一句完成指示的護理師。在員工和學生之間有個本質上的衝突，大幅增加雙方的壓力和痛苦。雅克（1956）說過，企業的員工要等到他們達到工作上能完全自主決定責任的層級，才能覺得滿意。學生護理師，實際上，大多數時間是醫院的「員工」，當然不滿意。

個人滿足的被剝奪。護理部門好像為員工和學生提供非常少的直接滿足。雖然「護理應該是個志業」這個格言意味著護理師不應該期待一般的工作滿足，但滿足的缺乏添加壓力。之前已經提到護理師被剝奪潛在這個專業裡的正向滿足的一些方法，例如，因對護理技能有信心的滿足和安心。滿足也因為把護理師—病人關係分開，以及把需要護理的病人轉變成必須被執行的任務來逃避焦慮的嘗試，而被減低。雖然護理部門在護理病人上相當的成功，個別護理師卻很少有直接的成功體驗。成功和滿足跟焦慮一樣以相同的方式被消散了。護理師少了看到病人因為她自己的努力而變好的安心。護理師對這種體驗的渴望，顯示在被選去「特別」❶一個病患，也就是，對一個在危機情況病重的人提供特別、個別的照料的護理師所感受到的興奮和滿足。病人的感謝，一個對護理師而言

---

❶原文是 special，在此被當作一個動詞使用，應是護理師之間一種非正式的表達。

重要的獎勵，也被消散了。病人因為他們的治療與復原而對醫院或「護理師們」表示感謝，但他們對個別護理師無法輕易地用任何直接的方式表示感謝。有太多而且她們流動太快。情況的辛酸因為當今所傳達的護理目標，也就是照料作為一個人的整個病人，而增加。護理師被告知這麼做，這也是通常她想做的，但是護理部門的運作讓它不可能。

修女也被剝奪在她們角色裡潛在的滿足。她們很多想要和病人有更親近的接觸，並有更多直接使用她們護理技能的機會。她們很多時間被用在引領和訓練來到她們病房的學生。學生的過度流動，意味著修女時常被剝奪所付出訓練時間的回報，以及看到護理師在她們督導之下成長的酬賞。她們工作的酬賞，如同護理師的，被消散且非個人化。

護理部門以一些方式抑制在同事關係上滿足的獲得。例如，在員工和學生的傳統關係中，學生幾乎只會被員工挑出來批評或責怪。做得好是應該的，也很少有讚美。學生抱怨說當她們做得好、當她們加班或為了讓病人更舒服而多做些什麼時，沒有人注意到。工作團隊常常變動。即使學生護理師每三個月的異動都讓形成一個堅強有凝聚力的工作團隊有困難。更頻繁的異動，以及異動的威脅，讓它幾乎不可能。在這個情況下，有困難建立一個基於對每個成員優勢和劣勢及她的需要和貢獻的真正了解，並適應每個人喜歡的工作方式和關係類型的有效運作團隊。護理師對於工作上她們個人貢獻的重要性的缺乏，感到受傷與怨恨，而當工作不僅要根據任務清單系統來做，還要在一個不正式但僵化的組織工作，讓工作本身較不令人滿足。護理師得不到在工作中完全投入她自己的人格以及有高度個人貢獻所帶來的滿足。被用來作為防禦的「去個人化」讓事情變得更糟。所意味的對她自己需求和能力的漠視，讓護理師

感到痛苦，她感覺自己不重要，也沒有人在乎她發生了什麼。當她身處充滿危機和困難的情境並知道遲早她會很需要幫助和支持時，這個尤其令人痛苦。

在整個護理部門的工作關係上，對個人這樣的支持明顯缺乏。作為補償，會想在非工作時間和其它護理師有強烈的關係[27]。工作團體的特色是成員的孤立。護理師常常不知道她們團隊的其它成員在做什麼，或甚至她們的正式職責為何；的確，她們時常不知道她們團隊的其它成員是否在上班。她們做自己的事，很少注意同事。這導致護理師之間常常有困難。例如，一個正確按照指示執行任務的護理師，可能把另一個也按照指示執行任務的護理師的工作給破壞了，因為她們沒有一起計畫她們的工作，也沒有彼此協調。不好的感受通常因之而起。一個護理師可能很忙，而另一個沒有足夠的事可做。她們很少彼此分擔工作。護理師強烈抱怨這個情況。她們說：「沒有團隊精神，沒有人幫你，沒有人在乎。」對於沒有幫忙，她們覺得有罪惡感；而對於沒有被幫助，她們覺得憤怒。因為缺乏跟同事親近、負責任和友善的關係，她們覺得被剝奪。這個訓練系統被定位成資訊給予，也讓學生得不到支持和幫助。她覺得有動力去獲取知識與通過考試，去成為「一個好護理師」，而同時她覺得很少有人對她的個人發展和未來表達真正的關心。

對學生護理師而言，當她們看著給予病人的照顧和注意時缺乏個人支持和幫助是特別的痛苦。我們的印象是，相當多護理師是在對她們將來角色和功能帶著某種疑惑下進入這個行業。她們把醫院

---

[27] 傳統上，護理師在她的「舞台」，也就是她開始訓練的團體，找到她最親近的護理師朋友。在不同舞台的護理師間的友誼是文化上不被接受的。但在同一個舞台的護理師們，除了正式課程裡短暫的時間外，很少在一起工作。

理解成一個特別能處理依賴需求、體貼和支持的組織，而她們期待她們自己有非常依賴的特權。然而，因為分類，她們發現除了極少數情況，特別是當她們自己生病並在醫院裡被照顧時，她們得不到特權。

我現在接著考量面對社會防禦系統無法減輕焦慮的第二個一般性方法。這個是從社會防禦系統對個人的直接影響而來，不管特定的經驗，也就是說，從在社會防禦系統和個別護理師間更直接的心理互動而來。

雖然跟雅克一樣，我使用了「社會防禦系統」這個詞作為一個構念，來描述護理部門作為一個持續性社會機構的一些特徵，我希望釐清的是我沒有暗示護理部門作為一個機構操作此防禦。防禦是，也只能是，由個體來操作。她們的行為是她們的心靈防禦和機構間的連結。會員身分讓個體和社會防禦系統相配在相當的程度上。我不會嘗試去定義這個程度，而只會說如果在社會和個體的防禦系統差別太大，一些個體與機構關聯上的崩潰便不可避免。崩潰的形式各個不同，但在我們的社會，它通常的形式是個體的會員身分一時或永遠的破裂。例如，如果一個人繼續使用他自己的防禦並依循他自己的獨特行為模式，他可能會讓機構中比較適應社會防禦系統的其它人無法忍受。他們可能會拒絕他。如果他試著以和社會防禦系統而不是他個人防禦一致的方法表現，他的焦慮會上升，並且會覺得無法繼續他的會員身分。理論上來說，社會和個體防禦之間要達成一致，可藉由重組社會防禦系統來配合個體，藉由重組個體防禦來配合社會，或藉由這兩者的混合。達成適當程度匹配性的過程太複雜而難以在此詳述。只要這麼說就夠了：它們強烈依靠將心靈防禦系統重複投射到社會防禦系統，以及將社會防禦系統重複內射到心靈防禦系統。當個體經驗他自己和其它人的反應時，這提

供適配及適合性的持續測試㉘。

　　護理部門的社會防禦系統被描述成一個透過個體間的共謀互動，將她們心理防禦系統相關元素投射並具體化的歷史發展。然而，從護理部門新進者的觀點，進入時間點的社會防禦系統是個數據，是她必須反應和適應的外部現實的一部分。費尼謝爾（Fenichel, 1964）表達了一個相似的觀點。他說，社會機構的產生是人類為了滿足他們需要的努力成果，但社會機構之後成為相對獨立於個體的外部現實，進而影響個體的結構。學生護理師在適應護理部門及發展社會防禦系統和她的心靈防禦系統間適當的一致性時，面臨一個特別困難的任務。將會變得清楚的是護理部門非常抗拒改變，尤其是在它的防禦系統的功能上的改變。對學生護理師，這意味著這個社會防禦系統幾乎不可改變。在心靈和社會防禦系統間的配合過程中，重點絕大部分是放在個人心靈防禦的修正。這意味著在現實中，她必須吸收和運作差不多如她所見的社會防禦系統，依需要重新建構她的心靈防禦以與它相配。

　　前面的一節描述了醫院的社會防禦系統是如何為了原始心靈防禦——那些嬰兒最初期的特徵——而被建立。順著這個邏輯，學生護理師因為成為護理部門的成員，必須結合並使用原始心靈防禦——至少在那些直接和工作相關的生活空間範圍。使用這樣的防禦會有一些內在心靈的後果。這些和這篇論文裡在其它脈絡下提到的社會現象一致。我將簡單描述它們來讓敘述更完整。這些防禦以嬰兒期暴力及恐怖的情況為方向，並強烈依靠極度分裂來消除焦慮。它們避開焦慮的體驗，並有效地讓個體不用正視焦慮。因此，

㉘寶拉・海曼（Paula Heimann, 1952）提供這些重要歷程的描述，透過這些歷程，心靈和外在現實兩者都被修正。

個體無法把潛意識幻想焦慮情況的內容帶到現實中。不實際或病理性焦慮，跟真正危險產生的焦慮無法被區分。因此，焦慮容易永久待在一個更多由潛意識幻想而不是由現實決定的水平。因此，醫院防禦系統被強制的內射，讓相當程度的病理性焦慮長存於個體內。

　　強制內射和這類防禦的使用也抑制象徵形成的能力。防禦抑制了創造性與象徵性思考、抽象思考和概念化的能力。它們抑制了能促進有效面對現實及掌控病理性焦慮的個人理解、知識和技能的全方位發展。因此，個體在面對新的或陌生的任務或問題時覺得無助。這些能力的發展是以相當的心靈整合為前提，而這正是社會防禦系統所抑制的。它也抑制自我知識和理解力，以及它們所帶來對表現的現實評估。防禦系統帶來對現實感的不足也干擾判斷並導致錯誤。個體太晚發現它們，失敗感、更多不自信和焦慮隨之而來。例如，錯誤、罪惡感和焦慮因遵守指示而不是運用好護理的原則而產生。這個情況尤其影響對正向動力及其控制和減輕攻擊性效力的信念與信任。關於人格正向特質的焦慮在護理師身上很明顯，例如，害怕做錯事、對過失的期待、害怕沒有真正負責。社會防禦讓個體無法實現她全部的關懷、慈悲和同情的能力；還有基於這些情感，能強化她對自己好的特質和使用它們的能力的行動。因此，防禦系統直接打擊昇華性活動的根基，在這些活動中，嬰兒期焦慮以象徵的形式被重新處理並修正。

　　一般而言，我們可以說防禦系統的強制內射妨礙個人防禦的成熟，單單個人防禦的成熟能讓嬰兒期焦慮的殘餘得到修正，並減少早期焦慮被重新激發和投射到當下真實情況的程度。的確，在很多案例裡，它迫使個體退行到一個低於她進入醫院之前就達到的成熟程度。就此而言，護理部門嚴重辜負其個體成員。看來似乎清楚，選擇護理作為職業的一個主要動機是希望有機會發展在護理病人上

昇華性活動的能力，再藉此達到對嬰兒期焦慮情況更好的掌握、病理性焦慮的修正及個人成熟。

在這個觀點上，對浪費加上一個進一步的評論也許是有趣的。它似乎比單單數字所暗示的更嚴重。看起來較成熟的學生發現她們自己和醫院的防禦系統的衝突最嚴重，也最容易放棄訓練。雖然研究目標沒能讓我們收集統計資料，但我們明顯的印象是，在那些沒有完成訓練的學生當中，有很大一部分是較好的學生，也就是那些就個人而言最成熟，以及在適當的訓練下最能獲得智性、專業和個人上的發展。護理師時常提及那些離開的學生是「非常好的護理師」。沒有人可以了解為什麼她們不想完成訓練。我們有機會和一些認真考慮離開的學生討論過這件事。很多說她們還是想做護理，也難以說明為什麼要離開。她們在訓練及所做的工作中，因一種模糊的不滿足感以及對未來的無望感而受苦。從訪談的一般內容，無疑可以看出她們因為個人發展的抑制而痛苦。在不同訓練階段，學生群體的性格也有顯著的差異。我們沒有把所有這些差異歸因到訓練效果上。有些差異看起來是來自放棄訓練之學生的自我選擇。如果我們的印象正確，社會防禦系統讓護理部門的未來變虛弱，因為它容易讓那些在護理理論和實踐的發展會有最大貢獻的潛在資深員工離開，因而又回到原點，而改變系統的困難被強化。這個系統的悲劇是它的不足正好把那些可能改正它的人們給趕走了。

摘要與終結評論

這篇論文呈現了一些來自對一家綜合教學醫院護理部門的研究資料。它的特定目標是去考量，並且如果可能的話，解釋護理師長期的高度壓力和焦慮。這些資料暗示，護理師任務的本質，即使有

其明顯的困難，不足以解釋這個程度的焦慮和壓力。因此，我們嘗試去理解及說明護理部門所提供減輕焦慮方法的本質，例如，它的社會防禦系統，以及去考慮在哪些方面它無法適當運作。達成的結論是社會防禦系統代表非常原始心靈防禦機制的機構化，它的一個主要特徵是它們促進焦慮的逃避，但對它的真正改變和減輕沒有幫助。

在文章最後，我想簡短地觸及篇幅不允許我詳述的幾點。除了說過防禦系統的確讓部門的主要任務能持續執行，我只附帶地考慮過防禦系統在執行表現效率上的效果。然而，很明顯的是在很多方面，護理部門沒有效率地執行任務，例如，它讓員工／病人比率不恰當的高，它導致很多不好的護理慣例，它導致過度的員工流動，以及它無法適當地為她們真正未來的角色訓練學生。有很多其它的例子。另外，護理師的高度焦慮增加病人疾病和住院的壓力，並在如治癒率的這類因素有不好的效果。最近的一個研究（Revans, 1959）把治癒率直接聯繫到護理員工士氣。因此，護理部門的社會結構不僅僅在作為處理焦慮的方法上，還有在作為組織任務的方法上，是有缺陷的。這兩方面不能被分開看待。這個無效率是所選擇防禦系統的一個必然結果。

這讓我提出一個主張，一個社會機構的成功和生存，跟它所使用涵容焦慮的方法密切關聯。關於個體類似的假設，長久以來即廣被接受。隨著他工作的進展，佛洛伊德越來越常提到這樣的想法（1948）。梅蘭妮·克萊恩和她同事的著作，給予人格發展和自我功能上的焦慮和防禦一個中心位置（1948b）。我提出另一個主張，和第一個有關，那就是，在促進社會改變上，對一個社會機構功能這方面的理解是一個重要的診斷和治療工具。比昂（1955）和雅克（1955）強調理解這些現象的重要，並把達成社會改變的

困難聯繫到忍受在社會防禦被重新結構時所釋放焦慮的困難。這個看起來和人們——包括很多嘗試發起或促進社會改變的社會科學家——的體驗密切連結。從理智觀點看起來非常合適的改變建議或計畫被忽視，或實際上無法執行。一個困難似乎是它們沒有充分考慮相關機構的常見焦慮和社會防禦，也沒有在改變發生時提供對情況治療性的處理。雅克（1955）說：「有效的社會改變，很可能需要對常見焦慮以及在決定潛意識幻想社會關係之社會防禦下的潛意識共謀的分析。」

護理部門很大程度地呈現這些困難，因為焦慮已經很嚴重且防禦系統既原始又無效。發起重大改變的努力常引起嚴重的焦慮和敵意，其中傳達的訊息是相關之人覺得很受威脅，這個威脅不亞於社會混亂和個體崩潰。去放下已知的行為方式並踏上未知之路，感覺無法忍受。一般而言，我們可以假設對社會改變抗拒最大的是在社會防禦系統由原始心理防禦機制支配的機構，那些已經被梅蘭妮·克萊恩總體描述為偏執—分裂防禦（Klein, 1952a, 1959）。我們可以將社會治療經驗與在精神分析治療中的一般經驗作比較，最困難的工作是跟防禦主要是這類的病人，或是在分析的階段當這樣的防禦占主導地位。

有些治療上的成果在醫院被實現，尤其是和主要症狀有關的。有一套計畫好的課程已經準備好要提供給學生護理師，同時確保學生有足夠的訓練和醫院有足夠的人力配置。有趣的是，關於訓練和人力配置需求差異的客觀資料，是在準備這些課程時第一次被計算。例如，要提供適當的婦科訓練，婦科病房會需要維持多於4倍的員工；要讓手術室維持足夠的員工，護理師會需要有多於1.5倍的手術室經驗作為訓練。在這次之前，大家知道這樣差異的存在，但沒有人收集過可信的統計資料（這是一件簡單的事），而且沒有

實際可行的計畫曾經被制定出來處理它們。為了預防緊急事件干擾計畫課程的執行，一群預備護理師被創設，她們的特殊職責是可機動並處理它們。一些其它相似的改變被設立來處理其它在調查過程所暴露的問題。然而，改變的一般特徵是，它們涉及對現有防禦系統最小程度的干擾。的確，更正確的說法會是它們涉及強化及鞏固現有的防禦種類。為了更深遠改變所做的提議，牽涉到社會防禦系統的重組。例如，一個建議是在病房組織裡做一個有限度的實驗，去掉任務清單系統，並以某種病人指派的形式替代。然而，雖然資深員工勇敢地並嚴肅地討論這些提案，她們並不覺得可以照計畫實施。這發生在即使我們清楚表達了我們的觀點，除非在系統裡有相當根本的改變，否則護理部門問題可能會變得十分嚴重。然而，從焦慮和防禦系統的觀點看來，這個決定對我們而言是可以理解的。這些會讓護理部門和治療師雙方在達成改變的治療任務上都面臨極大的困難。

如果不從國家整體護理部門的脈絡來考慮這家醫院，這個情況的完全嚴重性也許不清楚。醫院的描述聽起來似乎是個有些嚴重社會病理的例子，但是在其它綜合醫院護理師訓練學校的脈絡中，這相當典型。沒有任何我們對醫院或護理行業的經驗會讓我們以為不是這樣（Skellern, 1953; Sofer, 1955; Wilson, 1950）。在細節上有不同，但結構和文化上的主要特徵在英國這類的醫院當中是常見的，並包含在護理師行業的一般文化和倫理中。這家被研究的醫院事實上有重要的地位。它在同類型醫院中被認為是較好的一家。

一般來說，護理部門在面臨要求作出重大改變時會表現出相似的抗拒。很少行業像護理行業一樣被研究過，或很少機構像醫院一樣被研究過。護理師在發起並執行這些研究上扮演一個主動的角色。很多護理師對她們的行業處在危急的狀態有敏銳與痛苦的覺

察。她們熱切地尋找解決辦法，而在這行業所傳遞的目標和政策上也已有很多變化發生。也已經有很多在護理周邊領域的改變，也就是，那些沒有很直接或嚴重侵犯社會防禦系統必要特點的改變。在這樣的背景下，一個人會驚訝地發現，基本且動力性的改變是多麼少地發生。護理師傾向於帶著憤慨去接受報告和建議，並以強化現有的態度和做法作為因應。

一個可能造成危機的一般性護理行業問題的例子是護理師的招募。醫療業務的改變為護理師增加了高技術任務的數量，因此，完整訓練並有效率護理師所需的智力和能力標準正在提高。國民保健署改善了醫院服務，並讓有更多護理師變得必要。另一方面，婦女的就業機會快速擴張，而其它行業比起護理，在發展和行使個人和專業能力機會以及在金錢上更令人滿意。因此，對高水準學生護理師逐漸增加的需求碰上來自其它來源逐漸增加的競爭。事實上，為了滿足數量的需求，招募標準被迫下降。這不是真正的解決辦法，因為新手中太多將會有困難通過考試，也將無法應付工作的標準。另一方面，她們當中有很多人在較簡單的護理職責上可以成為很棒的護理師。到目前為止，沒有一家綜合醫院能成功地面對這個問題，例如，把護理師的角色分成有不同訓練和不同專業的不同級別。

偏執—分裂防禦系統的不幸事實是它們阻礙對問題本質的真正洞察及對問題嚴重性的現實評價，因而常常是直到危機很近或已經發生了才能採取行動。這是英國綜合醫院護理部門我們所害怕的最終結果。即使沒有立即的危機，無疑地有一個長期的效率減低狀態，而這本身已經足夠嚴重。

第十二章
顧問作為容器：協助曼德拉時代南非的組織重生[1]

肯溫・史密斯（Kenwyn K. Smith）
羅斯・米勒（Rose S. Miller）
達納・卡明斯坦（Dana S. Kaminstein）[2]

肯溫・史密斯（Kenwyn K. Smith）

肯溫・史密斯是一位在團體和團體間關係領域的國際學者。他以其著作《團體生活的悖論：理解團體動力中的衝突、癱瘓和運動》(*Paradoxes of Group Life: Understanding Conflict, Paralysis, and Movement in Group Dynamics*)（與大衛・伯格合著）而聞名。史密斯博士在賓夕法尼亞大學等多所大學任教，教授領導力、團體和群際動力、組織政治和變革管理等課程。他的研究專長在於深入理解團體內及團體間的動態，以及如何應對在這些情境中常見的挑戰。

羅斯・米勒（Rose S. Miller）

羅斯・米勒是一位組織顧問和高階主管教練。米勒女士採用系統和心理動力學的視角，研究組織的人力流程及其工作實務。她與客戶協同合作，幫助他們發現可能阻礙組織發揮最佳功能和生產力的根本原因。她的工作與理解組織內的團體動力和人際關係有關。

達納・卡明斯坦（Dana S. Kaminstein）

達納・卡明斯坦博士是賓夕法尼亞大學組織動力學課程的講師。他的教學和諮詢主要集中在團體和系統層次的組織，具體包括團體和組織動力學、組織診斷、組織生活的心理動力學，以及領導力發展。卡明斯坦博士目前的研究和寫作，關注團體如何為其所屬部門或組織「承載」責任、退伍軍人社區諮詢委員會、團體動力學、對領導力研究和應用的批判性分析、不平等的權力關係以及指導。

---

①肯溫・史密斯、羅斯・米勒、達納・卡明斯坦（2003）。*應用行為科學期刊*，*39*(2)，145-168。轉載經Sage Publications, Inc.同意，千橡市，加利福尼亞州。
②全面合作之下。

摘要

這個案例研究描述對南非一個國營機構資深領導團隊的介入。一開始的一個主管教育項目後來轉變成一個諮詢專案，這是對組織領導團隊和顧問雙方的一趟發現之旅。與這個資深領導團隊動盪且有時反轉角色的工作經驗，透過五個異常事件被檢視，這些事件作為建立有關顧問可以如何做客戶系統情緒容器理論的基礎。在這個專案中，顧問對於吸收領導團隊的焦慮、無助和投射並與其一起工作的意願，讓參與者能處理許多阻礙了他們成長的困擾情緒。這篇論文記錄了讓這個主管團隊能獨立和成熟運作的歷程和理論。

前言

這是一個介入CALDO這個資深領導團隊——一個在曼德拉時代南非國營組織——的案例研究[3]。伯格（1990）指出案例研究的五種不同形式：比較式、說明式、代表式、詮釋式和異常式。在這個項目當中，我們遭遇很多讓我們驚訝的地方，多次被要求處理動盪的動力，被迫做一些令人不安的轉折，並被要求當場做出重大的設計調整。因此，「異常的案例」標籤最符合這個介入的現實。

這篇論文的核心是重要理論洞察，在我們和CALDO領導團隊相遇中發展出來，當時他們面臨的是來自一個在種族隔離政權造成社會、經濟、政治和道德上的大屠殺後，試圖重建南非的政府的要

---

[3] CALDO是一個假名。為了保護匿名性，關於該組織及其員工的所有名稱和細節都已被偽裝過。我們想對跟我們工作過的南非主管表示感謝，感謝他們願意讓我們進入他們的世界，並教導我們在新南非工作和生活的意義。

求。隨著介入的進展，我們發現我們在承載許多這個領導團隊轉移的焦慮。但我們也發現當我們吸收了這個團隊的焦慮，它變成能自由地去實驗新的改變策略。在另一個時間點，我們受到啓發而採取戰士般的姿態，當團隊逆反的能量被啓動時，以相當大的力量和堅定的態度來回應。當我們這麼做時，CALDO的領導團隊離開了一段沮喪和絕望的時間，並找到它自己的力量和堅決。有時，這個團隊把我們當作它的「敵人」，而有段時間我們接受了他們丟給我們的這些投射。我們這麼做的意願好像幫助CALDO的領導團隊克服了它的癱瘓：很快這些主管收回他們對我們的投射，並且在我們眼前，他們成為越來越有力量及獨立的領導者。

在一篇之前的論文（Kaminstein, Smith and Miller, 2000），我們討論了和這個南非組織工作的經驗。這兩篇論文內容有一些重疊，但相似處只在對這個項目的描述。在我們之前的出版品中，我們提到與這類組織工作之介入者相關的六個學習：(1)把諮詢當成共同學習；(2)在「陌生的」環境工作時，用第一個原則；(3)避免成為殖民主義或帝國主義的代理人；(4)成功的諮詢需要有品質的關係；(5)把共同產出當成合作的重點；(6)顧問作為容器。這裡要闡述的是這個最後的主題。

• 好糟啊！

當納爾遜·曼德拉被選為總統時，非洲全國議會（ANC）決定要建立一個沒有種族主義的南非。這意味著他們必須建立可以服務所有四千五百萬公民需求的社會架構，而不只是六百萬白人（新南非年鑑，1999）。CALDO，一個曾只由南非白人運作且很長一段時間是政府的壓迫性種族戰爭工具的國營組織，被曼德拉政府賦予一個新的任務目標：變成財務獨立，為黑人提供工作，發展一個

能為所有利益關係人（政府、ANC、控股公司、工會、地區客戶等等）激勵成長與工作的企業策略，很多這些利益關係人有強烈、互相衝突的任務目標。CALDO已經裁減員工（從七萬人到三萬人）。工會正在警戒。老的僱人方法已經被排除。政治指派者被放在資深職位，而有商業能力的黑人也被聘來加入主管階層。

當華頓（賓州大學的商學院）被請來為CALDO資深領導者，十六個南非白人和九個黑人，進行一個教育項目時，我們開始涉入。這個邀請因為幾個原因而講得通：(1)華頓擁有一個國際知名的主管教育專精；(2)在1980s中期到1990s初期之間很多年，華頓已經把好幾群黑人及所謂有色的南非人帶到賓州校園，來幫助他們準備好承擔一旦種族隔離政權被推翻之後，他們會被要求承擔的領導位子；(3)一個華頓的資深教授，他是移居國外的南非人，曾經是ANC的長期會員。

• 建立初期關係

為了幫助決定是否華頓要接這個專案，作者中的兩位，羅斯和達納，去南非和CALDO的人做一些診斷性訪談。我們發現這是一個分裂得很厲害的組織。它的資深團隊有嚴重的種族衝突而無法領導。傳統南非白人對CALDO的歷史很驕傲，對如何經營一個有競爭力的企業缺乏理解，對權力的失去充滿怨恨，哀悼老文化的死亡，認為新的資深團隊缺乏維持CALDO運作的專業技術，並擔心為了讓所謂「沒有能力的黑人」上來，他們會失去工作。精力充沛且有野心的年輕白人專注在CALDO可能追求的競爭性策略上。很多黑人認為傳統派故意阻攔改革。幾個有海外MBA學位的人想要專注在CALDO面臨的商業問題上。其它黑人知道種族隔離的過去，覺得是CALDO為那些被剝奪公民權的人創造工作的時候到了。

就在完成我們的診斷時，我們感到困擾。我們感覺被審查、被說教，也被公司裡最資深的黑人懷疑。他表現得就好像他不知道為什麼我們在那裡，即使他就是那個同意我們來訪，也是那個和華頓洽談所有合約協定的人。最後他變得比較不輕蔑，也開始說到南非官僚體制留下來的窘境。對比之下，有兩個「年輕的土耳其人」，一個黑人一個白人，他們好像對發展一個主管教育項目感到樂觀，想要和我們談談他們的故事和挫敗。

　　揭露出最有意思資料的訪談是我們（達納和羅斯）和執行長的訪談，他是一個大部分職業生涯都在CALDO度過的南非白人。即使他非常歡迎我們，但他絕望的舉止，加上深色且由許多布簾遮著的辦公室環境，創造出一股陰鬱的氛圍。他因為政府對於處理商業上需求的要求而感到擔憂。他知道要做什麼（發展策略、從盈利的角度思考、用標準衡量、恢復執行上的卓越、成為一個學習組織等等），但被強加上的社會議程威脅，也懷疑他自己有能力引領因為政府對CALDO的要求而必須執行的文化轉變。他嘗試透過僱用高品質的黑人人才來改變事情，也把他們送到世界各地去接受最好的教育。這個執行長努力在組織裡多個分裂的地方去團結眾人，但卻無效；他越是這樣去試，他越是把他們隔得越開。

　　CALDO就像是執行長的新孩子，而他質疑自己做父親的能力。他把訪談變成懺悔，並且開始追憶並悔恨過去。他對問題的回覆表現得就好像他處於恍惚狀態，幾乎像是在獨白；他講述作為一個領導者的失敗，也暗示他近來對他過去在種族隔離期間犯下的罪行的擔憂。這個執行長不相信他可以繼續領導，並且感到焦慮，因為他可能被要求向真相與調解委員會告知在1980年代罷工時他的角色，在事件當中有幾個黑人工人被殺。

　　他的恐懼和焦慮觸發了我們的。我們想知道我們踩進了什麼以

及我們被要求做什麼。從過去的經驗和理論我們知道，在診斷訪談中，調查者可能變成成員困擾情感的容器。但是否有任何人可以接受並且涵容這個執行長可怕的絕望？即使知道他沒有足夠能力來領導歷史上這個時間點的CALDO，但他覺得他沒有選擇，只能去試。他想要知道如何發展情緒的能力來用新的方式實驗，同時也用新的方式來面對他的組織的挑戰。

我們感謝他對得到我們幫助的願望發出清晰的信號，然而，他依賴需求的性質與形式，讓我們懷疑華頓可以為這個組織做什麼有用的事。同時，在個人層面，我們也懷疑在華頓有人夠格或說有足夠的力量來處理CALDO的沉重擔憂。

• 諮詢 vs. 教育

在完成我們的診斷訪談之後，我們的結論是，CALDO的資深主管需要的是歷程諮詢多於主管教育。但他們斷然拒絕這個建議，很激烈地爭論說：「我們希望別人可以來告訴我們做什麼，我們之前就用過顧問，而他們每一個都很沒用。」我們知道CALDO過去常常邀請英國的商業大師，簡短的聽他們說，摧毀他們的論點，然後讓他們打包回家，上演那種老舊的儀式，借由羞辱別人來處理自己的自卑心態。理性的反應應該是拒絕CALDO跟他們一起工作的邀請。但是，看在這個組織需要很多幫助，以及我們被曼德拉在南非以高尚的方式安排了政權轉移所感動的程度（Mandela, 1994），我們的結論是有時候像我們這樣的人應該進入最糟的情況，然後盡力試一下。我們私底下知道成功的可能性是低的。

協議作好了。華頓會在南非帶三個單元，每單元一週的主管教育專案，包含系統思考、全球化、組織政治、領導力、團體動力、衝突管理、組織變革與主管發展。

達納和羅斯花一些時間跟CALDO的代表一起設計課程。在這些對話中，我們明白地談及有關這個公司壓迫的歷史，這些在訪談中都很詳細地被描述給我們。CALDO規劃組最資深的白人成員在我們用這樣的方式談論公司的時候，表現得很憤慨。然而，一位非洲黑人顧問，他被聘來確保黑人視角被聽見，肯定了在訪談中我們得到的觀點。

　　設計過程極端動盪。被CALDO指定來的人無法處理我們認為關鍵的地方，因為他們對幾乎每件事的觀點都不同。當我們試圖一起計畫，有時候不可能被聽見，我們也覺得自己的意見被輕忽。我們從來無法判斷他們會對我們所說的如何反應。我們的想法會被體驗成妄加批評，還是我們的理解和同理的表示？我們會被看成考慮周到的合作者，還是公司的敵人？我們的情緒和反應在計畫階段幾乎每一個小時都上上下下。我們為了找出什麼是真實而戰鬥，並常常覺得我們的生存有危險。這個毫無疑問地映射了很多CALDO資深主管的感受，他們覺得自己的未來不保。只有透過尖銳的對質，一些明確性才開始從這個困境浮現出來。

　　隨著設計過程的持續，達納，代表我們做這個工作的人，感受到真實的目標感和熱情。事情越困惑或衝突，他感覺越有活力。達納逼著CALDO代表澄清執行長可能必須去真相與調解委員會是什麼意思，也以一個明確的態度告訴他們，華頓不會參與一個設計來支持公司南非白人領導層的專案。我們越是聽到CALDO主管不可能合作，我們越是認為應該是可能的。我們看到越多潛藏在表面之下的悲傷、衝突和憤怒，我們越是覺得需要把衝突公開出來。我們越是覺得爭議、問題或憤怒被隱而不言，我們越是覺得有必要說出實話。但是在課程設計晚期，我們不確定是否任何人可以和CALDO工作，考慮到它運營的混亂以及他們微妙、無意識地把

華頓困住的方式。我們最後有很多我們可以或不可以跟他們做的限制。

• 我們是誰？④

我們，這篇文章的作者，組成這個項目的核心工作團隊。本來還有另一個成員，勒羅伊・威爾斯（Leroy Wells），霍華德大學（Howard University）的一個非裔美國人教授並且是一個很好的同事，但他在項目快開始的時候突然去世了。

還有幾位其它學者在不同的時間點幫到我們。一位教師成員是英國學者馬克斯・博伊索特（Max Boisot），他是巴賽隆納ESADE的策略管理教授，牛津大學賈吉（Judge）管理研究所❶的資深成員，也是北京第一個商學院企管碩士班的首任院長。在教育單元期間，兩位非洲同事也以教師身分參與，一位是南非白人男性，他是南非大學教授，還有一位辛巴威黑人，曾經替CALDO帶過種族關係工作坊。在這篇文章裡，我們沒有聚焦在他們的貢獻，因為那些和這裡討論的素材核心無關。

這篇文章的兩個作者（肯溫和羅斯，以及勒羅伊・威爾斯），曾在1990年先前華頓的專案中在南非工作過。那是在一個充滿希

---

④肯溫・史密斯是一位澳大利亞白人，是一個組織心理學家並在賓州大學擔任教職。他在社會工作研究所、費爾斯政府學院以及華頓商學院任教。
　羅斯・米勒是一位非裔美國女性，是一個私人執業的組織顧問，透過系統和心理動力視角研究人類歷程和工作實踐。她是華頓主管教育研究所的高級成員，也在紐約威廉・阿朗森・懷特機構的組織課程擔任教職。
　達納・卡明斯坦是一位美國白人，在賓州大學的組織動力課程中授課，也是華頓主管教育研究所的高級成員。他的顧問實踐專注於組織層面諮詢，以及為國際公司開發大規模領導力發展計畫。
❶現為賈吉商學院。

望和夢想成真的時候：納爾遜・曼德拉在六個月前已經從他二十七年監獄生涯中被釋放出來；南非充滿了期待，而大部分的世界也一樣。在我們準備開始這個將會是我們的冒險時，我們覺得喜悅，也充滿期待：在社區組織的計畫裡與幾個黑人城鎮的領導層工作。

當我們得知有機會回到南非和CALDO工作的可能性時，回想起那些溫暖的記憶並想著另一個獨特機會的前景，就像是個反射反應。還有什麼會更好？納爾遜・曼德拉現在是這個曾監禁他三分之一生命的土地的總統。能為他的新政府做出任何的貢獻是何等的榮耀！

• 早期的悔恨

在決定和CALDO工作之後不久，我們就後悔接受了這個任務。CALDO常常改變已經同意的事甚至沒有告知我們，把期待拉高到幾近不可能，然後再指責我們沒有能力。他們對待我們的方式就好像我們是無能的，不想去面對他們的危機狀況，並且對南非的複雜情勢缺乏敏感度。從他們的觀點，這些指責也許是對的。而從我們這邊，當要求立即回應時，CALDO的要求需要精心安排，尤其是當牽涉到像安排時間。要在短時間內重新安排日程是困難的，尤其是為了從美國到南非的旅程；然而當我們很努力在調整時程的時候，CALDO的聯絡人漢斯（Hans）會打電話來，表示他們對我們的緩慢有多麼挫敗。當我們終於完成必要的側手翻來滿足他們的時間表，CALDO會沉默好幾個星期，然後要我們延期或提前我們的到訪一個月，再次啟動相同指責的循環。

我們一再地被保證因為CALDO所有資深主管都參加過由一位著名黑人顧問所帶領的三天種族關係工作坊，他們團體中的黑白張力已經被充分處理了。然而，在我們的訪談裡，我們找到很多相反

的證據。要去分辨哪些是真的一直是困難的。他們聲稱已經做了該做的去弭平種族間的隔閡，但當我們問他們做了什麼及達成了什麼，他們的回答模稜兩可。幾個黑人主管完全逃避我們，或表現得好像我們是被白人僱用來完成一些不能被公開討論的祕密任務。我們接受到矛盾的訊息：「CALDO的領導層已經處理過它的種族議題，也準備好要往前走了」，以及「CALDO非常需要幫助來脫離它在種族關係上的癱瘓狀態」。當我們要求他們幫助我們釐清事實時，他們的回應是我們好像太過於專注在種族，並暗示說我們把這個議題強加在他們身上。

　　達納負責和漢斯協商所有教育工作坊的細節，漢斯是CALDO對華頓的指定聯絡人。和CALDO工作的複雜性就在這個介面上變得清楚。

　　曼德拉總統的新政府一直像龍捲風一樣地在改變事情及人事，造成由高強度的不確定性和恐懼所組成的動盪。這個混亂在7000英里外的華頓主管教育辦公室可以感覺得到。漢斯大範圍地找尋適合的商學院，他調查了歐洲和美國的商學院，研究過華頓及其過往和南非的接觸。他很確定他找到了對的地方，也下定決心要讓我們符合他的期待。他常常打電話。儘管每個提出的議題都有道理，他的每通電話丟下更多他的混亂與焦慮到達納身上。幾乎每一天，達納都接到來自漢斯緊急、苛求與不一致的訊息。而在每一次的談話後，達納會明顯的煩亂、挫敗或受驚；我們必須一起釐清CALDO傳遞了什麼給達納。我們也必須注意我們自己的恐懼。漢斯的每個回應都讓我們升起是否有能力做這個工作的疑問。我們問：「接受這個任務的我們是誰？我們有需要的技能嗎？」事後回想，我們問自己的問題正是CALDO在接到政府命令後問自己的問題。但即使在我們開始和CALDO進行任何教育單元之前，我們已經因他們似

乎知道會出錯的事而先被指責了。

• 嘗試作為教育者

在我們初次和CALDO接觸的五個月後，達納和羅斯去南非帶領為資深領導團隊籌劃的三週教育單元的第一個單元。第一晚被設計用來建立合適的學習條件，用一系列的練習來促進真實與誠實的氛圍。我們再一次被確保沒有必要專注在種族議題上，因為這個主題已經早在我們和CALDO接觸之前就被充分處理了，這些保證來自CALDO教育計畫團隊成員以及那位帶領種族／多元性工作坊的教授。

我們也被告知這個領導團隊不喜歡顧問或教育者，所以我們不應該期待溫暖的接待。就在我們開始之際，氛圍很冷淡：二十六個面無表情、沉默的臉孔，以及沒有動作、僵硬的身體好像在說：「證明你能拿我們如何。」我們照我們為這個團隊所規劃的進行，並聆聽他們提出的議題和擔憂。在當晚結束之前，他們的抗拒少了且其中一個成員公開地說：「如果我們想要有進展，我們將必須對彼此更加坦誠。」那句話是一個線索，但我們還不知道要如何詮釋。

• 公開的雷區

第二天開始的時候，房間裡沸騰的種族張力顯而易見。這就是前一晚那個「必須坦誠」的評論下隱含的「真相」。種族是個議題，一個很大的議題！我們的焦慮升級了！我們被設計了嗎？是否籌劃團隊的成員對CALDO的種族情況隱瞞了什麼？如果是這樣，是說這代表了一個要暗中破壞我們工作、激起對我們能力之懷疑及威脅我們公信力的破壞性手法？還是他們只是沒有意識到在

CALDO還存在的種族張力的深度？

我們立刻明白，當這個團隊的種族張力如此強烈且如此明顯，在這個教育單元裡，有關商業策略或領導力的學習是不可能了。如果我們繼續忽視這些種族議題，這整個課程的完整性會一開始就受到威脅。

我們（羅斯和達納）覺得必須要介入。當場做了一些課程修正，我們請參與者形成黑人和白人種族次團體，並請他們各自在新聞用紙上記錄(1)它如何看自己，(2)它如何看別人，(3)他們希望另一個次團體如何改變，以及(4)他們自己願意改變什麼。個別次團體然後就這些問題報告，並開始討論如何去面對他們被要求的部分。這個練習被證實了是有力量且有用的，當這些主管發現他們可以(1)在沒有種族間惡言相向的情況下協商，(2)坦誠地討論一些他們埋藏的感受，以及(3)打破舊有的種族反應模式。他們也意識到有多少他們過去一直在底下使用的錯誤假設。

在這個活動過程中，這個團體好像充滿了幻滅、憤怒、嘲諷、沮喪和絕望的感受。有時，這些感受因為一種希望感、想繼續推進的願望以及對克服他們之間差異的渴望而得到平衡。在我們的角色上，我們常常是這些感受的接收者。不是用對抗的方式，我們（尤其是羅斯）有愛心地展現給他們一種用誠實、堅定和憐憫去彼此相處的方式。我們的力量和直率似乎幫助他們公開地談及一些隱藏的感受。我們發現我們和他們越直率，他們彼此之間就越直接。我們越去標籤並討論我們在團體裡看見的衝突，他們就越去把這些衝突公開出來，團體也變得越穩固。

隨著這週的進展，他們變得更加合作，也更想學習。他們的評價顯示主管教育的第一週是成功的；他們對系統思考、他們自己、他們的組織、組織文化的特性、外部環境的本質、以及全球競爭有

新的洞察。他們想要更多。第一週結束時，我們相信教育模式可能行得通。

• 介入

第二單元三個月後在南非舉辦，由羅斯和肯溫培訓／引導。根據我們在第一單元的觀察，我們的想法是為了讓CALDO能達成政府的要求，這些主管必須要學習如何成為一個有凝聚力及有效率的領導團隊。因此，第二單元的設計是一個探索團體和團體間動力、領導力和組織變革的體驗性工作坊，而最重要的部分是自我和團體的反思。

• 癱瘓：不是種族

第一天進行得還好，雖然很明顯地他們對任何和團體動力相關的學習很抗拒。當被問到是什麼力量讓他們如此困難參與集體反思時，他們的反應是清楚的。這個團體堅稱種族是阻礙，但也重申他們絕對不想再去談論種族的話題。他們再一次申明對他們而言，種族是一個禁忌的話題。我們越是要求這個團體去想是什麼卡住他們，他們就越是不妥協。

第二天早晨，我們再一次嘗試要他們進行一個對話，為的是增加他們參與集體反思的能力。就在我們相信可能有進展的當下，CALDO控股公司的老闆，那天他在場，打斷了活動。他發表了一個吸引人的長演說，告訴他們一個新近由曼德拉內閣發布的命令。「讓我來總結，」在他高談闊論一陣子以後，他有力地說。「訊息是這樣的：你必須增加利潤並戲劇性地增加黑人的工作數量。如果這兩個指標在不久的將來沒有顯著的增加，CALDO會被私有化。」這個演說有清醒的效果；房間被陰影籠罩；這就好像他們剛

被通知他們已經被解僱了。

接下來一整天,參與者看起來是沮喪、焦慮和沒有希望的。在接下來幾個小時,這個團體的成員參與了活動,做了我們要他們做的事;但在當天結束時,很清楚的是沒有學習發生,且這些參與者沒有意願參與任何的反思。這讓這個單元原先同意好的目標無法實現。他們一直重複的是「我們再也不會談論種族了」,即使浮出水面的衝突是有關他們作為一個領導團隊是如何運作的,他們如何面對公司的其它部分,他們如何與彼此互相依賴的外部組織合作。從他們的觀點,他們被衝突包圍,他們堅持所有的衝突都起因於他們國家中沒有希望的種族關係歷史。但繼續去談論這個是沒有意義的。

● 變換角色

在第二天結束的時候,我們(肯溫和羅斯)深深地感到不安。我們覺得再也無法在教育模式中運作了,也確信我們會為那些被視為出錯的任何事物被指責。我們決定如果我們要被擊敗,我們會一起被擊敗,而且我們會用壯麗的方式來結束。我們的專業想法一直以來都是,主管教育對這個團隊是一個錯誤。但這是CALDO的領導層要的,也是華頓的權威人物要的。然而在這個時刻,是我們在現場而且離華頓半個地球那麼遠。而且我們「在家鄉有權力的人」對我們當下的困境並不知道,為什麼我們要被動?為什麼要一直去做那些我們的專業判斷說是錯的事情?

我們的困境,就某個較小的程度來說鏡射了CALDO的困境,讓我們變得大膽。我們決定要單方面改變我們和CALDO的關係。早上的時候我們會告訴這個領導團隊,我們要拋下主管教育模型並提供我們自己當他們的顧問;如果這個計畫無法執行,我們會立刻辭職回美國去,讓任何想知道的人知道我們失敗了。我們因為這個

決定而更有能量。至少我們不會浪費我們的時間在沒有意義的教育活動上；而更重要的是，它給我們帶來一個和CALDO參與者一起去創造什麼的可能性。

就在即將筋疲力竭的時候，我們（肯溫和羅斯）知道如果我們讓我們自己被分裂，我們會對任何人都沒有什麼用了，而我們發現這個情況正慢慢地在發生。我們可以在我們的身上感覺到這個困境的襲來。我們曾經與彼此經歷過同樣的事情，並知道事情的徵兆。如果我們兩人分裂，我們會變得無能，過不久，也許就會像這個主管團隊一樣癱瘓。去做每個人一直在逃避的事似乎更明智，而不是順從地去執行一個注定會失敗的專案。

次日早上，我們向參與者宣布我們已經決定要終止作為主管教育者的角色，而且提議要和他們建立顧問關係。CALDO主管沒有拒絕這個想法。我們很高興。但是他們說我們選擇稱呼我們自己什麼其實無關緊要，因為所有我們對他們做的完全是浪費時間。我們感謝他們的坦誠。他們認為我們是我們大家之所以達到這個僵局的原因。我們認為這個團隊的癱瘓來自三個源頭：(1)團隊裡很多交戰的陣營，都與國家目標的某些層面連結（ANC、政府、勞工、傳統南非白人、控股公司等等），而他們彼此對立；(2)當有對立目標派系之間的戰線被畫出時，他們就把種族議題搬出來，而不是就事論事；(3)這個團隊為發生的錯誤而指責我們的決心，以及表現得就好像他們對解決他們的困境毫無力量。

我們強硬地宣布說為了讓我們繼續和他們合作，我們需要知道他們會使用來調節他們自己團隊行為的基本規則是什麼。這個團隊因這個要求而精力充沛，30分鐘不到就產生了一打的規範，這些如果能被遵守的話，會徹底改變他們團隊的功能。最突出的是「我們會直接處理我們的衝突，而不會用第三方來逃避面對我們的爭

執」。這個團隊接下來用大膽且明顯可見的方式打破了這個規範。

• 把顧問丟出去

當我們在接著規範討論的休息之後嘗試把大家重新聚在一起，團隊被動地抗拒著。處於造反的狀態。沒多久，執行長進來並說：「我們都同意你們正在做的沒有用！沒有必要繼續下去。」我們問：「你代表誰？」他說：「四個黑人。」我們回答：「那不能作為決定的基礎。」幾分鐘後他回來，說：「每一個人都同意這沒有意義。」我們以強烈地要求團隊回到會議室作為回應。團隊善意地回應了我們增加的能量。

我們的開場白是：「我們接受被解僱，但是你們剛剛嚴重違反了你們新立下基本規則的其中一條——直接面對所有的衝突而不使用仲裁者。為了實踐你們的新規範，你們團隊必須直接解僱我們，而不是用執行長來做仲裁者。」團隊因為被這樣地面質而感到震驚與興奮。

在接下來的對話中，四件事情發生了。(1)幾個黑人說執行長不代表他們的意見。他們不希望我們離開，而是希望每個人能更嚴肅地面對討論。(2)很多人對執行長生氣，希望我們離開是因為他們害怕我們會讓這個憤怒跑出來，而他們會不知道如何處理。(3)他們團隊內很多派系彼此對立，而當他們整個卡住時，他們讓某個人來承擔指責。他們已把我們當成他們替代性敵意的最新目標。(4)他們不喜歡他們的癱瘓狀態，希望我們留下來幫助他們解套。他們違背規範的結果成了我們大家都需要的轉捩點。

• 取得領導力

這週接下來的日子很有生產力。首先，在誠實地評估他們自己

的領導能力後，他們的結論是：「我們有像過去一樣經營這個系統的領導能力，但沒有給出新政府想要結果的領導能力。」第二，他們決定要去直接面對這個現實。第三，他們指定他們當中的七位，四個黑人以及三個南非白人，成立任務小組來決定能如何讓CALDO得到它所需要的領導能力。

在這週結束前，在他們授權來領導他們的次團體的指導下，這二十五位CALDO主管在困難的僵局裡找到方向，建立也開始使用基本規則來管理他們自己的行為，發展出一個包含他們具有及缺乏的領導能力清單，開始處理他們自己內部的衝突，而不是將自己的癱瘓歸咎於別人，並在未來計畫上努力工作。他們開始以一個團隊的樣子行動與感受。

有一個深刻的時刻象徵這個改變。一個黑人主管問執行長，成立這個任務小組是否損害他的權威。執行長感動地回應說：「我需要我能得到的所有幫助，也對你擔起這個挑戰的方式感到激動。」

• 心對心

由於轉換成顧問模式，我們把精力放在協助這個任務小組上。作為第一步，在第二單元的三個月後，他們來華頓待一週。用意是給他們幾天離開工作壓力，這樣，他們可以把時間用在他們所承擔的任務並得到需要的幫助。然而，當這七個主管來到華頓，明顯地他們已在南非的動盪裡爭鬥得很疲累。需要休息與放鬆，他們大多專注在建立對彼此有意義的連結上。

這四位黑人和三位南非白人發現，他們是藉由告訴彼此關於把南非種族隔閡彌合起來有多麼困難的故事而變得親近。下述是這些經驗的例子：一個黑人說他的ANC同事把他當成一個叛徒，因為他花這麼多時間和白人在一起；一個南非白人說他已經失去了很多

朋友，因為他歡迎黑人到他家裡。這些任務小組成員認識到當他們越誠實去表達他們之間的不同，他們就越能找到共同點，也越能感覺到是一體的。

在這段時間，任務小組明顯需要我們提供一個心理上的安全空間來維持他們新的連結方式，當他們告訴彼此有關從種族隔離生存下來以及脫離這個社會苦難的心酸故事。我們也作為他們正在超越撕裂他們國家的種族隔閡的非凡旅程上的國際見證人。我們對他們掙扎的傾聽以及我們對他們用以超越他們差別的高尚的明顯欽佩，是我們對這個次團體連結的貢獻。

• 和解

在他們費城之行的末尾，CALDO來的這七位被邀請去對那一週在華頓參加主管課程來自二十個國家的四十八位參與者演說。在一起，他們說了在種族隔離政策下的成長故事，讓新南非誕生是什麼樣的體驗，以及讓原來的壓迫者和被壓迫者成為真正夥伴所需要的辛苦工作。這是一個動人也資訊豐富的教育活動。作為一個多種族團隊，他們可以在這樣的演說如此有效運作的事實，證明了他們終於鍛造了跨越曾經分隔他們的種族隔閡的真實強健關係。

一個南非白人的經驗，可作為那天所報告深刻個人改變的一個例子。「當曼德拉掌權，我既憤怒又沮喪。我曾經經營一個含括了五分之一南非的公司。我曾經有我自己統治的封地。我現在什麼都沒有了。我被搬遷到約翰尼斯堡的一個小辦公室，並被迫住在一個在身體或專業上我都不覺得安全的罪惡之城。我充滿仇恨。我有CALDO不能沒有的技能。我同時覺得被需要和被利用。當華頓剛到南非時，我不想參與。我能得到什麼呢？我想他們只能幫助黑人，沒有什麼可以給我們南非白人，我們已經失去了特有的生活方

式。然而，一年之後我在這裡。我對CALDO的未來和我在南非未來所扮演的角色感到興奮。我恨我被迫去做的改變。我恨要去看我自己的種族歧視。我恨意識到南非白人在過往對黑人所做可怕的事。但聽了他們所承受的一切，我的仇恨沒有了。我想如果我的黑人同事能如此鎮定地挺過這三百年的暴力迫害，我也可以克服我那可鄙的仇恨。我不知我曾喪失我的靈魂。現在，我也許能重新將其取回。」

當他說話時，他的眼睛裡有光，也帶著興奮。他不自願地放棄了權力、特權和地位。然而，他面對了他的仇恨，也對他找到的內在力量和他所感到黑人和白人一樣為他所作改變的支持而感到喜悅。聽他道來，我們可以看見在個人維度上，他的轉化反映了曼德拉和ANC在社會維度上的努力。

我們的諮詢又持續了一年。在接下來和CALDO的互動上，這個主管團隊不再癱瘓，它能用有成效的方式改善其內在關係，同時處理南非正在面臨的重大問題。

▌充滿異常的諮詢

這個諮詢工作之所以對我們如此有挑戰性，是由於這些我們必須處理的許多異常狀況。我們三個人加起來一共有超過五十年的諮詢工作經驗，並且通曉我們專業的知識與理論。然而，當我們試圖和CALDO工作，我們總感覺處於不熟悉的領域。回頭來看，這些異常提供了一扇理解CALDO、我們以及我們之間互動的重要窗戶。我們選擇討論我們遭遇的五個異常狀況，以及我們從它們所學到的來組織我們對這個案例的分析。然而，在分析之前，我們必須列出一些我們用來理解那些發生之事的概念。

• 顧問作為容器

這章的中心主旨是由一個問題開始：當一個組織在經歷改變時，誰要來涵容伴隨的混亂？當有多個有衝突的派系時，通常發生的是顧問被邀請來容納，代表爭戰的派系，他們衝突的觀點、他們對轉化關係的希望，以及他們對改變歷程中所產生痛苦的蔑視。

• 作為一個容器是什麼意思？

最基本的涵容形象來自液體可以被倒進去的實體容器，像花瓶、水桶、大桶和水壩等等。如果界線維持住，而液體也沒有因為蒸發而改變狀態，它會維持被涵容著。這個類比是有限的——感受不是液體，也沒有辦法被放在水桶裡——但是當我們說一個人作為此團體情感的容器時，我們指的是她或他正在維持、束縛、限制、圍住那個系統的情感。

這個概念的本質是熟悉的，不需要太多解釋。當治療師說到（例如，Minuchin, 1974）「被認定的病人」（identified patient），他們的意思是一個個體已被充滿了（正承載著）家庭作為一個整體的病症，而個體的症狀最好是由集體動力的呈現來解釋。團體的作者提到個體被變成「代罪羔羊」（Wells, 1980），意思是多個成員分裂的情緒（Klein, 1959）被放到一個人身上，他被要求把這些不被喜歡的情感帶走。處於混亂的系統常弄走領導者並尋找一個新的，意思是下屬不再追隨（把他們的追隨力放在，或把他們的追隨力依附在）那個當下作為「領導者」的個體（Berg, 1998）。

• 比昂和涵容的概念

和 CALDO 工作的時候，我們常常想到「容器與被涵容」，這

個概念是經由比昂在1961年的書（Bion, 1961），才進入團體思考的語彙裡。然而，特里斯特（Trist, 1985）提到，涵容的概念在實際被寫下來之前，已經被那些在塔維斯托克機構工作的人使用很久了。剛開始是當一個治療師因為他的病人團體缺乏進展而感到沮喪。比昂認為治療師被不想改變的病人團體捲入而承載他們的情緒。他挑戰治療師不要只是沉入這些感受，他建議關鍵任務是為**團體作為一個整體**（group-as-a-whole）「托住」這些沮喪的感受，讓病人團體可以探索它自己願意改變的部分。因而比昂對治療師作為團體情緒容器的觀點就此誕生，就像是佛洛伊德（1912）為雙人組關係所發展的移情—反移情概念一樣。

相反地，「團體可以作為個體情緒的容器」是佛洛伊德提出的。參考麥杜葛（McDougall）的著作，佛洛伊德（1922）提出個人情緒和團體運作之間有連結。佛洛伊德認為個體表現得最好是當他們隸屬的團體是穩定的，當成員了解團體的本質和能力，當團體有形塑成員間互動的清楚規範等。當這些特性不存在，個體在心理上就容易雜亂無章（Trist, 1985）。這是團體是成員混亂和焦慮感受容器的早期觀點陳述（Jacques, 1955; Smith and Berg, 1987; Wells, 1980）。

再往前推進一步並使用比昂（1961）的基本假設，Brown（1985）聲稱在「依賴」狀態的團體設法把它的力量放在領導者上，當「戰／逃」被激起時，它把自己的「壞」放在一個外來的敵人上；而當「配對」發生時，憤怒和絕望會被充滿希望的幻想創造物給隔開。因此，領導者可被變成一個團體對自身能力焦慮的容器，或一個敵人可被變成一個與內部團體衝突有關負性投射的容器，或一個幻想可以被製造出來承載被壓抑的情緒。

分析和詮釋

• 異常1：要出去，先進來

CALDO的權威人物拒絕再僱用更多顧問，因為他們厭惡專家。但是他們似乎沒有注意到主管教育模式把老師放在專家的角色，並把主管放在跟教授的依賴關係上。我們看到了這個困境。那為什麼我們走進這樣一個注定失敗的安排呢？因為我們想做這個項目，而這是我們能創造的唯一關係。特別吸引人的地方是南非處於不斷的變動中，且曼德拉的訊息不僅是給CALDO，它也是給我們的。它說：「嚴肅起來！這個國家正在改變，而那些一起努力的人必須能夠理解。」CALDO知道舊的公式沒有用了，並想找一個新的存在方式。這個對我們特別有吸引力，因為在那個時候我們工作的地方，華頓主管教育這一支，正在失去它的創新力，而且在種族關係上處在一個很糟的位置。光是能和一個想要重生的組織工作就令人興奮。

我們知道接受華頓指定給我們的這個任務，以它被構想的方式來看，不太可能成功，但我們還是去做了。為什麼？因為我們是那些在華頓對維持與那些我們所認識南非民族們的關係有承諾的人，很久以來我們直接的經驗告訴我們，他們為了脫離他們的歷史所帶來的困境已經掙扎好幾代了。最終，我們接受了這個任務，因為我們被它的重要性所吸引。

*進入客戶系統*是診斷、行動科學或諮詢歷程的一個重要部分。在進入時所發生之事充滿關鍵資料，如果一個人有理解它的理論和測知潛伏在系統運作中重要細微差別的方法。它也提供很多關於長期客戶—介入者關係可能像怎樣的線索（Alderfer, 1980, Alderfer and Smith, 1982; Smith and Zane, 1999）。

我們意識到與CALDO的進入歷程永遠不會有結束的一天；這條路上的每一個點都會是一個進入的時刻，會需要我們保持警覺、有彈性、能經受和混亂有關係時一定會產生的不安。我們不喜歡這些情況引起的感受，但是它讓我們維持創造力，不斷地即興變化，並必須接受失敗的可能。我們經常被拉進他們的焦慮，這些很快混合而變得很難區分哪些是他們的，哪些是我們的。我們嘗試讓他們進入他們想逃離的歷程，想逃離是因為他們覺得無法處理系統的複雜以及這種探索引發的情緒痛苦。同樣地，我們也必須進入我們寧願避開的地雷區，然後投入到注定會綁住我們雙手、限制我們效率及促進我們無能感的歷程裡。作為介入者，我們和客戶系統一樣經歷著學習動力。

在進入可能適得其反的動力後，我們要如何退場？外來者要對他們諮詢的系統有幫助，必須從一開始就去想如何退場，脫離關係，想像沒有我們的存在，客戶系統會如何運作。基於這個華頓—CALDO合約，我們一直在辯論如何退場。像他們一樣，我們必須進入我們想離開的局面，即使當協助CALDO從他們想脫離的動力離開。像他們一樣，為了找出如何丟下那些重重壓著我們的東西的方法，我們必須更深入到我們想避免的地方。

• 異常2：面質種族禁忌

種族是南非很長期的一個重擔。它是他們生活中一個耗盡能量的特徵且他們從未不受其控制。然而，這個團隊的成員希望遷移到一個新的未來，接納他們歷史的現實，不需要把種族當成他們唯一聚焦的事情。我們很快發現CALDO的領導團隊無論何時有什麼衝突，他們就會掉到拿種族解釋的溝裡，像為什麼他們爭吵、癱瘓或

不管什麼。這是一個如此明顯的模式，如果我們（達納和羅斯）要在第一單元裡有任何合法性，我們必須贏得自己的位子。只有在之後我們才理解要和他們建立真實的關係，我們必須把他們帶到他們不想去的地方，然後創造一個他們能學習的過程，學習如何在當他們需要的時候去到這個不舒服的地方且不會因而癱瘓掉。

羅斯和達納在單元一所帶的種族練習沒有什麼特別的地方。它的複雜性是在建議它、成功完成它，並讓CALDO成員從參與其中體驗到釋放。這個對我們來說很有挑戰，也帶來能量，因為我們在面質一個禁忌；我們一而再再而三地被告知，「不要探究種族；這會引發造反，也會損害你們的可信度。」我們是在要注意系統提供的資料、好好分析資料且用扎實的理論來引導的傳統內受教育。但在這個例子裡，我們要看的是什麼資料？每件事都矛盾對立。而什麼理論是恰當的？在國際社群中，誰有處理南非種族關係複雜性的線索？我們可以採用的理論在哪裡？

雖然在那個時候不是用這些語彙來表達，達納和羅斯用矛盾理論（paradoxical theory）（Smith and Berg, 1987）來工作：當有矛盾的資料時，把所有兩極的資料托於中央，並讓這個撕裂作為關注的資料。我們的左腦（理性的、數位的）把我們帶往一個方向，去接受說種族已經被適當討論過，就像 CALDO 成員聲稱的那樣。我們的右腦（直覺的、類比的）推論如果有這麼多能量被用在逃避像種族這麼強大的事物，也許成員必須時不時造訪它一下，這樣，他們可以繼續前進到其它關鍵的主題，讓種族待在意識裡，但不用藉由立法將其當成無關來讓它總是浮現出來。

藉由帶領參與者去討論種族，我們是在跟比昂的戰／逃動力工作。我們要拖著參與者戰鬥著、大叫著去到那個他們想要逃開之事？或者我們要和他們的逃跑歷程共謀，並不經意地在這個團體生

命裡的另一個領域貢獻我們補償性的戰鬥動力？當下浮現出來的問題似乎無限多。但在我們能行動的短短時間裡，我們在由比昂的戰／逃動力所定義的縱橫交錯水流裡游泳。

這個種族練習要求參與者明白說出他們由於不同種族和歷史遺產所投射到彼此的是什麼。當我們這麼做，我們有注意到我們的種族和我們的遺產引起跟他們不同的投射。然而，一個美國非裔女性和一個美國白人男性能在這樣的一個練習很容易地合作的這個事實，讓他們把一種安全感投射到我們身上，而我們懷疑這個安全感是有傳染效果的——至少當我們要求他們去做這個任務時，他們沒有瘋掉。

● 異常3：粉碎期待！

對我們而言，一個很複雜的時刻發生在單元二的第二天，當CALDO的老闆，傑夫（Jeff），一個高階政府官員，曼德拉內閣一個成員的屬下，劫持了這個工作坊並對參與者發起攻擊。我們不認為這是事先預謀或是有意圖的。那些話就這樣從他的口裡說出來，並很快地成了長篇激烈批評。不是說他說的沒聽過；他在重述之前執行長告訴他們很多遍的那些話。但是他說的方式以及他選擇失控的時間點，完全重新定義了那天的議程，而且讓那些話感覺像是攻擊。

我們稱之為「劫持」，是因為傑夫其實是當時的一個參與者。在單元二的第一天，我們很驚訝看見他。在他將近40歲時，傑夫參加了華頓在1980年代為了南非黑人辦的其中一次教育活動，這些黑人有一天可能會管理南非。當傑夫沒有預警地出現，並說為了他自己的學習和支持我們在CALDO的工作，他要出席這個工作坊時，我們大吃一驚，但是也願意接受他出席的這個事實。我們在過

去十年當中沒有見過他，也沒有和他說過話，即使我們知道他在曼德拉政府裡的角色。如果我們事先知道他可能會來，我們會請他不要來，或至少跟他訪談，讓他對這個工作坊的目標買單。但第一天他很融入，做一個參與者沒有製造什麼漣漪。這是為什麼他第二天早上的爆發讓我們手足無措。

在帶領這樣的體驗式工作坊時，關鍵決定之一是決定權力階層中的誰會出席。每增加一個層級，動力就變得更加複雜。我們已經有執行長、他的直接下屬，以及很多第二層所管理的人。傑夫的出席讓這整件事變得更困難一點，但大家似乎應付得還可以──直到他失控。從那時開始，每件事變得不可能。更糟的是，午餐時一個參與者告訴他說他帶來很多干擾，請他離開。在我們有機會和他一起工作、反思他的意見或從他的行動去取得學習之前，他離開了。傑夫沒有再回來。

這般不可預測的程度如果發生在社區中心的界線關係上是可預期的，但是發生在如CALDO這樣的政府事業則讓我們沒有任何防備。我們知道CALDO的界線關係很混亂，但我們以為已經事先協商好我們所需要的每件事，因而像這樣的事不會發生。在我們看到所發生之事後，我們立即無法信任任何事，我們必須對無法預測之事更極盡注意，並比一般教育工作者所需要的更鐵石心腸。傑夫的行動讓我們知道，我們會需要戰鬥來贏得並維持支撐我們工作所需的條件。而且我們必須停止假設CALDO代表所說的話可被信賴。任何事在任何時間都可能改變。

由傑夫的講話帶給CALDO團隊的焦慮，幾乎瞬間與我們自己關於是否可以在這個地方以專業角色運作的持續焦慮融合。事情變得很清楚，我們處在一個無休止的狗打架中，不管我們想要還是不要。要維護界線，我們最好準備好鬥爭，因為不會知道下一個會被

丟給我們的是什麼。CALDO一點也不典型，而我們最好快速地盡力應對這個現實。

　　CALDO的主管團隊除了對他們自己的情況感到絕望之外，並不把我們看在眼裡。即使他們爭取我們，說他們對華頓的聲譽有多麼印象深刻，他們對被我們教導的不情願很強烈。此刻，他們的團隊已經下降到團體在沒有完全破碎情況下通常達到的低點。我們懷疑如果我們——華頓代表——不是人在現場，他們可能已經回家，接下來幾天就不來了。但在這個活動已經投入這麼多了，他們覺得應該要留下來。但我們知道他們已經把我們看成是他們的監獄管理員，那些把他們留在他們不想待的地方的人。

　　他們的期待已經被粉碎；我們的也是。我們顯然需要共同產生一個新的一起工作的方式。

• 異常4：緩和投射

　　我們在單元二的第三個早上使出了一個大膽且非正統的招數。實際上，透過宣稱我們不願意再做教育者，我們不讓CALDO主管做學生。而藉由提議我們進入一個諮詢關係，我們要求他們做相反於他們聲稱想要的事。這個行動是基於幾個理論考量而產生的。

　　這個團隊的內部派系無止盡地爭吵，但從來沒有超越表達他們的強烈差異。我們用做一個決定的需求來面質他們：跟隨我們、拒絕我們，或一起共創什麼。我們的「引導師」方式已經讓他們內部的衝突更加根深柢固；不是直接和我們戰鬥，他們抗拒我們的方式是投入跟彼此更多的爭吵。當我們把對抗提升到新的層次，他們必須彼此合作，至少時間夠長到能想出應付我們的辦法。

　　我們熟知古典的團體和團體間理論，總結如下：當一個團體覺得沒有方向，成員間關於如何前進的衝突會浮現，這會引起他們對

一條出路、一個拯救者、一個有願景能推動人們追隨力的領導者的渴望（見Smith and Simons, 1983）。找尋領導者的作用是逃離團體的內部爭吵，如果成功的話，將逃跑轉化成對領導者的依賴。領導者的權威大多來自成員的這些依賴。如果領導者無法讓團體從癱瘓它的困境中脫離，成員會更依賴那個領導者，更加崇拜她或他，類似神格化的過程，斯萊特（Slater, 1966）聲稱會繼續到領導者被體驗成是遙遠的、無法接近的、無法碰觸的，而同時團體成員成為他們自造現實的受害者。因為這個過程是超出領導者所能控制，當那個領導者最終表現得和成員自造的現實不符時，他或她可能會被視為是一個假神，然後造反會發生。然而，這個對這個領導者的造反是一個假的戰爭。他們需要廢黜的不是領導者，而是他們共享幻想的容器以及他們的依賴。對領導者的造反，一開始是對存在團體裡爭吵的逃避，已經變成對次級衝突的二級逃避，次級衝突是由和他們的依賴相關的複雜感受所引起。

在CALDO，我們沒有看見資深團隊成員和他們執行長之間有任何相似的過程。然而，我們注意到他們把華頓放在神壇上，他們很想要跟我們有依賴關係，很快地，他們把我們看成遙遠、冷漠及無法觸碰的，並且不情願去做他們要求我們代表他們提的方案。我們是否被僱用，所以他們可以把通常在造反領導者時所表達的感受倒給我們？執行長已經失去任何正向影響他資深主管團隊的能力；他必須面對真相與調解委員會的預期，宣告了他是「損壞的商品」，而不再是一個下屬共同依賴性的合適容器；對大家也很明顯的是政府把他留著作為看守人，直到一個新的領導者可被找到。

此外，這個資深團隊內的衝突源自這個國家和CALDO的種族歷史。CALDO沒有一個領導者可以作為黑人和白人依賴性的共同容器。這個團隊的種族組成還是偏向白人，而持續在位的執行長，

一個傳統的南非白人，意味著黑人還是要為達成平等和社會正義而奮鬥。這個團隊初始的爭吵是真實的，但成員已經因為同樣無止盡地重複種族歸因模式而筋疲力竭了，毫無進展。比昂也許會說，「他們從他們無法再容忍的爭吵逃離了。」

他們不知道如何應付我們對支持他們繼續卡住的拒絕。從他們的觀點，我們是被僱用來帶領他們、讓他們依賴、讓他們不再卡住。因為畢竟，我們是他們的老師，不是嗎？沒有按他們的期待行事，我們反而同意他們他們迷失了，而且向他們保證我們不知道怎麼讓他們「不迷失」，或甚至「不迷失」是什麼意思。然而，我們表示願意在他們的迷失狀態中加入他們，然後看我們是否可以一起創造一條可能帶他們從他們所處破壞性循環離開的路徑。我們勸阻他們依賴我們，並表示願意支持他們找到自己的力量。我們讓他們知道試圖讓我們覺得無能是沒問題的，但這樣的歸因不會癱瘓我們。我們清楚表明，當他們和我們爭鬥時，我們能也願意堅強使用我們的權力，如果需要，也邀請他們動用他們自己的力量來對付我們。

在單元二，當主管們試圖丟下我們而我們還擊，這個團隊內在分裂的面具被撕下，而更深的議題變得明顯。這個讓他們清醒過來，他們決定面質自己的分裂，而不是繼續和我們對抗。他們知道需要幫助，也願意接受我們的協助。在發現如何對我們——他們的「敵人」——說真心話的時候，他們好像可以對彼此更加真實。當他們面質他們自己的不同，這個衝突比起他們逃避時的衝突較不會讓他們癱瘓。然後容易看到在他們自己的團隊裡，他們有能力去處理那些讓他們苦惱的事。從那個時候開始，他們讓我們參與他們去檢視他們面對的選擇點，以及去評估選擇什麼途徑會有什麼結果。用比昂的話來說，藉由退出我們的教育者角色，我們宣告當他們和

我們對抗時，我們會跟他們配對；而當他們被動地抗拒我們時，我們拒絕那些激起他們抗拒的依賴性。在那一天，我們持續繞著隱藏的動力（至少是我們所理解的）不斷工作，希望他們團隊的隱藏歷程能被看見，變得可被處理。他們對此既愛又恨。但從那個時候開始，我們和他們進入關係中，而當這些CALDO主管找到和我們真實互動的方式，他們發展出更有建設性的方法來彼此相處。

• 異常5：縮影團體加速成熟

從我們和CALDO的工作中所發生最有創意的結果是，轉化性領導任務小組的形成。我們建議去發展它是因為我們的一個信念，一個次團體比**團體作為一個整體**能更好管理他們的集體情緒。此外，我們希望去引發一個新的內部社會結構的建立來代表他們進行反思。然而，關鍵議題是確保這個任務小組是他們團體作為一個整體的真正縮影（Alderfer and Smith, 1982）。意思是，它必須在種族、性別、功能性和行業團體上是平衡的。在讓這個團體維持在相對小型時，所有內部派系也都要能被代表。

資深主管團隊的動力徹底改變，當他們建立一個七人任務小組，並讓這個小組領導CALDO決定他們需要什麼領導技能來僱用或發展，以便完成政府要求他們做的。這個任務小組進行了很多對立派系在過去無法接受的項目，因而把整個團體從癱瘓的情緒解放出來。當這個任務小組篩選整理出更大團體的衝突麻煩情緒並承擔起它被指定的角色，這個團體作為整體就能進行其它CALDO需要面對的明確任務。一旦這個轉化性領導任務小組被創建，大家都能看出，沒有一個人，不管是白人還是黑人，能容納所有這些複雜充滿種族的情緒。需要一個跨種族團體在這個領導位置。而當他們展示了他們的能力，可以接受所有更大團體成員丟給他們的東西，他

們被視為可信賴，並因而取得下屬支持和依賴的權利。

當這個任務小組來華頓做資深主管團隊指派他們做的工作，我們再次面對和CALDO工作的不可預測性。這個任務小組已經要求我們把他們商議出來的東西做成一個架構。然而，他們再次開始忽視我們很多的建議。然而，我們可以接受他們對聽從我們領導的不情願。在費城的他們當中，有些人是第一次離開南非，而他們所有人都已經深受他們文化鬥爭的影響那麼久，離開南非給他們一個深呼吸的機會。

在那一週，很多時候我們在想，我們是否帶給他們任何價值。然而，我們再次發現他們需要和我們建立跟我們所期待不同的關係。他們只需要我們做一個有愛的東道主，以及作為他們正在經歷的不凡改變的國際見證者。

我們感恩在和CALDO工作這個階段的尾端，這個任務小組的成員表現得像是他們自己命運的塑造者，感謝華頓提供的幫助，但不再把我們看成被詆毀者或是奇蹟締造者。我們最初的工作已經完成，他們完全專注在他們面臨的關鍵任務上。

反思

這個諮詢從頭到尾，我們被捲入很多複雜的歷程裡，但常常在我們可以辨識它們之前，我們必須先體驗它們。我們被要求代表CALDO領導階層的爭戰派系，來容納他們衝突的觀點，去珍惜他們對轉化關係的希望，以及去處理他們對改變歷程中所產生痛苦的蔑視。這個需要我們在過程中成為學習者。不清楚的是，我們要對我們從他們敵對派系接受的情感做些什麼，我們能怎麼回應他們對重生的極度渴望，或怎麼處理在他們多數互動中瀰漫的輕蔑。每

一個我們碰到的異常，逐漸讓我們意識到我們是被要求去托住資深領導團隊的焦慮，成為戰士一樣，因而他們團隊的力量與權力可以被使用，並讓這個旅程從詆毀中走出來，而又不被理解成奇蹟締造者。

從一開始，我們作為診斷者、引導者、教育者和顧問，認出那些癱瘓CALDO領導者的情緒。雖然我們體驗到的情緒漩渦在那時是晦澀的，我們現在認為發生之事可以用比昂的基本假設語彙來理解。當他們表現得好像想要摧毀我們，這是他們團隊中戰鬥／逃跑動力的替代。當他們緊抓我們，這是依賴需求的表現，照顧每個團體對新生命的追求。當他們製造出華頓可以拯救他們這個充滿希望的幻想時，他們是被配對的動力卡住了。我們沒有跑開或變得有攻擊性，過度餵食或剝奪他們，打破或相信他們的幻想。反而，我們和這些動力工作，信任（更正確來說是希望）團體會變成熟，收回那些傾倒在我們大腿上的東西。

只有當我們的工作完成後我們才了解，我們被要求的和CALDO以及南非整體兩者中更大的主題是平行的。在CALDO資深團隊的混亂和焦慮是來自南非每個結構的動盪和改變。我們像戰士一般的態度，鏡映了很多自由戰士為了讓南非的社會改變可被推進所採取的傳統態度。最著名的是納爾遜・曼德拉，他成為幫助了他的國家免於內戰的和平戰士。他的堅強和決心讓和平成為可能。他不退縮的誠實和戰士般的姿態，幫助了他的國家面對涉及從種族隔離制度的恐怖過渡到民主社會的現實。最後，我們從被詆毀到奇蹟締造者的簡短旅程，就像是納爾遜・曼德拉所經歷非凡旅程的皮影戲一樣。多年來，曼德拉被南非白人政府詆毀，只有在入獄多年後他才成為南非的英雄和奇蹟締造者。明智地，曼德拉抗拒被選派扮演一個人形的神。他的態度幫助我們認識到永不屈服於任何客戶

系統對有人將他們從他們自己拯救出來之願望的重要。

作爲顧問，我們以轉化這個組織這件必做之事去滿足一個新和不同的政府的社會和商業要求，來面對這個資深領導層所面對的混亂。我們已經討論過我們的諮詢和教育角色演變的各種方式。例如，第一個單元的第一天是當我們離開教育者和引導者角色，去承擔就某個程度來說治療師角色的時候，透過創造出黑人和白人能處理存在他們之間痛苦和憤怒的環境。活動的重新設計幫助緩和種族張力。他們已進入了一個情緒領域，如果被探索可能會受傷，但如果維持不被探索則可能會破壞他們作爲領導者的成功發展。提供一個處理這些深層種族張力的機制，移除了黑人和白人踏出第一步的阻礙，開始費勁地處理無數中的很多頑強分裂他們的種族假設。結果是，他們更強大了，也得到新的洞察；他們的工作爲兩個種族團體間更有意義的合作奠下了基礎。

在第二個單元，當他們發現他們缺乏引領改變和轉化的技能時，我們持續面對資深領導團體的爭吵、混亂和暫時性的沮喪。然而，他們最終藉由選出同儕中的七人作爲任務小組來應對他們的不足。這個任務小組現在變成更大領導團體之混亂的最新容器。除了朝更有能力去領導而設計策略這個更有目標的任務之外，這個團體現在協助管理組織領導層中的衝突派系，並維持CALDO整體轉化的努力。

我們開始認爲南非的社會經濟福祉落在像CALDO這樣的組織上。即使它所面對要去反轉它在歷史上的壓迫形象，以及在種族隔離政策中它的壓迫性領導角色的壓倒性挑戰，它現在另外象徵了對新的一天的希望。在曼德拉的政權下，這個組織被指示用不同的方式來展現其魄力：增加利潤，促進經濟，發展一個確保黑人和白人能一起合作的新的基礎設施，將合格的黑人放在主管位置，以及爲

黑人和有色人種提供工作。

在CALDO以及其它組織，被壓迫者和他們的前壓迫者被要求創造新南非。這個劇本跟黑人和白人所期待的都不一樣。幾十年來，黑人一直在準備一場解放戰爭，一場從未發生的戰爭；白人，前加害者，期待成為新的受害者。來自新政府對跨過這些激烈種族分界去合作的指示，似乎挫敗了多年來對一場真正戰爭的情緒準備。然而，種族衝突似乎到處都有，常常看起來是領導團隊成員間互動中持續不斷、癱瘓以及精神官能症般的內部爭吵的隱含主題。

我們相信我們見證到種族之間的組織衝突是集體被壓抑情緒的呈現，這些情緒來自對後種族隔離生活的期待，而這些處境艱難的事件是內戰的替代品，歷史顯示在一段為解放而奮鬥的過程後，內戰是難以避免的。

在南非街上發生的敵意和騷動巨大且明顯，稱得上火藥桶。令人好奇的是，是否有足夠的社會工具可被用來控制這麼多具有爆炸性的情緒。我們開始相信我們觀察到的組織衝突是在為國家整體實現一個功能。藉由像CALDO這樣組織內的這些領導者儀式性地發洩種族張力，也許幫助釋放如果在街上表達會對這個國家太有爆炸性的張力。這些受困情緒的重複循環，雖然和這個組織的實際運作沒有關係，也許扮演著一個安全閥的角色，並因此幫助了整個國家。

南非作為一個國家，可以被想成象徵整個非洲的希望。南非的通訊部部長恩卡巴（Ngcaba）說過，由於從那些它征服和剝削了三百年的人身上它所獲得的重要「幫助」（"Access to cutting edge", 1999），它在一些領域上是先進的。然而，如果南非為它自己達成它的社會經濟目標，它會提升整個非洲。

南非代表一個克服迫害，而不針對前迫害者或創造一個新的被

迫害團體的實驗。真相與調解委員會已經找尋一個療癒這個國家的方法（Tutu, 1999）。這個國家是否會成功，難以預測；然而，它的人民願意開啟這樣一個新的旅程，對整個世界來說都很有啟發。

• 參考文獻

Access to cutting edge technology drives economic revival. (1999, December 13). *The New York Times*, p. A25.

Alderfer, C. P. (1980). The methodology of diagnosing group and intergroup relations in organizations. In H. Meltzer & W. R. Nord (Eds.), *Making organizations humane and productive* (pp. 355-372). New York: Wiley Interscience.

Alderfer, C. P., & Smith, K. K. (1982). Studying intergroup relations embedded in organizations. *Administrative Science Quarterly, 27,* 35-65.

Berg, D. N. (1990). A case in print. *The Journal of Applied Behavioral Science, 26*(1), 65-68.

Berg, D. N. (1998). Resurrecting the muse: Followership in organizations. In E. B. Klein, F. Gabelnick, & P. Herr (Eds.), *Psychodynamics of leadership* (pp. 27-52). Psychosocial Press.

Bion, W. R. (1961). *Experiences in groups.* London: Tavistock Publications.

Brown, D. G. (1985). Bion and Foulkes: Basic assumption and Bion. In M. Pines (Ed.), *Bion and group psychotherapy* (pp. 192-219). London: Routledge & Kegan Paul.

Freud, S. (1912). *The dynamics of transference. Standard edition, Vol. 11* (pp. 141-151). London: Hogarth Press.

Freud, S. (1922). *Group psychology. Standard edition, Vol. 18.* London: Hogarth Press.

Jacques, E. (1955). Social systems as a defense against persecutory and depressive anxiety. In M. Klein, P. Heimann, & R. E. Money-Kyrle (Eds.), *New directions in psychoanalysis.* London: Tavistock Publications.

Klein, M. (1959). Our adult world and its roots in infancy. *Human Relations, 12,* 291-303.

Kaminstein, D., Smith, K. K., & Miller, R. (2000). Quiet chaos: An organizational consultation in Mandela's South Africa. *Consulting Psychology Journal: Practice and Research, 52*(1), 49-62.

Mandela, N. (1994). *Long walk to freedom: The autobiography of Nelson Mandela.* Boston: Little, Brown & Co.

Minuchin, S. (1974). *Families and family therapy.* Cambridge, MA: Harvard University Press.

The New South African Yearbook—1999-2000 (12th ed.) (1999). London: IC Publication Limited.

Slater, P. E. (1966). *Microcosm.* New York: Wiley.

Smith, K. K., & Berg, D. N. (1987). *Paradoxes of group life: Understanding conflict, paralysis, and movement in group dynamics.* San Francisco: Jossey-Bass.

Smith, K. K., & Simmons, V. M. (1983). A Rumpelstiltskin organization: Metaphors in field research. *Administrative Science Quarterly, 28,* 377-392.

Smith, K. K., & Zane, N. (1999). Organizational reflections: Parallel processes at work in a dual consultation. *The Journal of Applied Behavioral Science, 35*(2), 145-162.

Trist, E. L. (1985). Working with Bion in the 1940's: The group decade. In M. Pines (Ed.), *Bion and group psychotherapy* (pp. 1-46). London: Routledge and Kegan Paul.

Tutu, D. (1999). *No future without forgiveness*. New York: Doubleday.
Wells, L. (1980). The group-as-a-whole: A systematic socioanalytic perspective on interpersonal and group relations. In C. P. Alderfer and C. L. Cooper (Eds.), *Advances in experiential social processes, Vol 2*. (pp. 165-198). New York: Wiley.

謝誌

這本書得以順利出版，有賴許多人的協助與支持。首先，我要感謝萊斯社會系統研究機構（A. K. Rice Institute for the Study of Social Systems）董事會（時任主席Jack Marmorstein）對我的信任，授權我將本書中十二篇論文翻譯為中文。若無他們的支持，這本書將無從問世。

我也要誠摯感謝一群台灣的團體關係同道——徐維廷、盧盈任、王裕安、陳意玫——在AI翻譯工具尚未普及的年代，投入大量心力協助翻譯與校稿。特別是徐維廷，除了參與翻譯與校對，更協助處理繁瑣的編務與接洽出版社。對於出版社方面，我由衷感謝橡實編輯團隊在整個出版過程中所展現的細心與專業。

除了上述直接促成本書出版的夥伴外，我也想藉此機會，感謝在我團體關係學習與實務歷程中，給予深遠啟發與支持的前輩與同道。

Mary McRae博士是我在紐約大學攻讀諮商心理學博士期間的教授，她啟蒙我對團體關係的理解，並多年來持續給予我支持。Jeffrey Roth醫師是芝加哥的精神科醫師，對過去十年間中國團體關係的發展有深遠貢獻。我與他於2014至2019年在中國的合作，不僅讓我有機會發揮自身潛力，也得以結識來自世界各地的團體關係前輩。來自澳洲的Allan Shafer博士與以色列的Ilana Litvin是我十分敬重的前輩，我們三人於2018年共同合作，將團體關係以「非殖民化」的方式引入台灣，這是一段意義深遠的歷程。

最後，我要感謝在台灣推動團體關係工作中提供支持的幾個機構與夥伴，包括：中華團體心理治療學會（理事長周立修醫師、前

理事長張達人執行長與陳俊鶯醫師）、台灣精神分析學會（理事長林俐伶分析師與樊雪梅博士）、國立清華大學教育心理與諮商學系（許育光教授），以及台灣團體關係小組（盧盈任、吳子銳、徐維廷、陳意玫、林勻婷）。正因這些機構與人士的理解與支持，團體關係才得以在台灣逐步生根與發展。

　　誠摯感謝所有曾經在我團體關係旅程中提供幫助與啟發的人。這本書因你們而生。

團體關係理論入門：
比昂傳統下的系統心理動力學論文選集
Introduction to Theories of Group Relations: Selection of Papers on Systems Psychodynamics in Bion's Tradition

原始論文出處
Reference for Original Papers

GR Reader 1

Bion, W. R. (1983). Selections from: Experiences in groups. In A. D. Colman & W. H. Bexton (Eds.), *Group Relations Reader 1*, (pp. 11-20). Jupiter, FL: A. K. Rice Institute.

Menzies, I. E. P. (1983). A case-study in the functioning of social systems as a defense against anxiety. In A. D. Colman & W. H. Bexton (Eds.), Group *Relations Reader 1*, (pp. 281-312). Jupiter, FL: A. K. Rice Institute.

Miller, E. J., Rice, A. K. (1983). Selections from: Systems of organization. In A. D. Colman & W. H. Bexton (Eds.), *Group Relations Reader 1*, (pp. 43-68). Jupiter, FL: A. K. Rice Institute.

Rioch, M. J. (1983). Group relations: Rationale and technique. In A. D. Colman & W. H. Bexton (Eds.), *Group Relations Reader 1*, (pp. 3-9). Jupiter, FL: A. K. Rice Institute.

GR Reader 2

Horwitz, L. (1985). Projective identification in dyads and groups. In A. D. Colman and M. H. Geller (Eds.), *Group Relations Reader 2*, (pp. 21-35). Jupiter, FL: A. K. Rice Institute.

Bayes, M., & Newton, P. M. (1985). Women in authority: A sociopsychological analysis. In A. D. Colman and M. H. Geller

(Eds.), *Group Relations Reader 2*, (pp. 309-322). Jupiter, FL: A. K. Rice Institute.

Turquet, P. M. (1985). Leadership: The individual and the group. In A. D. Colman and M. H. Geller (Eds.), *Group Relations Reader 2*, (pp. 71-87). Jupiter, FL: A. K. Rice Institute.

Wells, Jr. L. (1985). The group-as-a-whole perspective and its theoretical roots. In A. D. Colman and M. H. Geller (Eds.), *Group Relations Reader 2*, (pp. 109-126). Jupiter, FL: A. K. Rice Institute.

GR Reader 3

Hayden, C., & Molenkamp, R. J. (2004). The Tavistock primer II. In S. Cytrynbaum & D. Noumair (Eds.), *Group Dynamics, Organizational Irrationality, and Social Complexity: Group Relations Reader 3* (pp. 135-156). Jupiter, FL: A. K. Rice Institute.

Kahn, W. A., & Green, Z. G. (2004). Seduction and betrayal: A process of unconscious abuse of authority by leadership groups. In S. Cytrynbaum & D. Noumair (Eds.), *Group Dynamics, Organizational Irrationality, and Social Complexity: Group Relations Reader 3* (pp. 159-181). Jupiter, FL: A. K. Rice Institute.

Skolnick, M. R., & Green, Z. G. (2004). The denigrated other: Diversity and group relations. In S. Cytrynbaum & D. Noumair (Eds.), *Group Dynamics, Organizational Irrationality, and Social Complexity: Group Relations Reader 3* (pp. 117-130). Jupiter, FL: A. K. Rice Institute.

Smith, K. K., Miller, R. S., & Kaminstein, D. S. (2004). Consultant as container: Assisting organizational rebirth in Mandela's South Africa. In S. Cytrynbaum & D. Noumair (Eds.), *Group Dynamics, Organizational Irrationality, and Social Complexity: Group Relations Reader 3* (pp. 243-266). Jupiter, FL: A. K. Rice Institute.

Editor: Ming-Hui Daniel Hsu
Translator: Yimei Chen, Ming-Hui Daniel Hsu, Vincent Hsu, Ian Lu, and Yu-An Wang

國家圖書館出版品預行編目（CIP）資料

團體關係理論入門：比昂傳統下的系統心理動力學論文選集／許明輝主編；比昂（W. R. Bion）等人合著；徐維廷等人合譯．－－初版．－－新北市：橡實文化出版：大雁出版基地發行，2025.07
面；　公分
ISBN 978-626-7604-19-9（平裝）

1.CST: 組織心理學

494.2014　　　　　　　　　　　　　　　113019376

BC1143

團體關係理論入門：比昂傳統下的系統心理動力學論文選集
Introduction to Theories of Group Relations:
Selection of Papers on Systems Psychodynamics in Bion's Tradition

作　　者	比昂（W. R. Bion）、瑪格麗特・里奧克（Margaret J. Rioch）、夏拉・海登（Charla Hayden）、雷內・莫倫坎普（René J. Molenkamp）、艾瑞克・米勒（Eric J. Miller）、艾伯特・萊斯（Albert K. Rice）、李奧納德・霍洛維茨（Leonard Horwitz）、小勒羅伊・威爾斯（Leroy Wells, Jr.）、皮耶・圖爾凱（Pierre M. Turquet）、瑪喬麗・貝葉斯（Marjorie A. Bayes）、彼得・牛頓（Peter M. Newton）、馬文・斯考尼克（Marvin R. Skolnick）、扎卡里・格林（Zachary G. Green）、威廉・卡恩（William A. Kahn）、伊莎貝爾・孟席斯（Isabel E. P. Menzies）、肯溫・史密斯（Kenwyn K. Smith）、羅斯・米勒（Rose S. Miller）、達納・卡明斯坦（Dana S. Kaminstein）
譯　　者	盧盈任（第一、二、七章）、徐維廷（第三、四、十章）、王裕安（第五、六、九章）、陳意玫（第八、十一、十二章）、許明輝（第四、八、十一、十二章）
主　　編	許明輝博士
助理編輯	徐維廷
協力編輯	劉芸蓁
封面設計	斐類設計
內頁構成	歐陽碧智
校　　對	蔡函廷、徐維廷、盧盈任、許明輝
發 行 人	蘇拾平
總 編 輯	于芝峰
副總編輯	田哲榮
業務發行	王綬晨、邱紹溢、劉文雅
行銷企劃	陳詩婷
出　　版	橡實文化 ACORN Publishing 地址：231030新北市新店區北新路三段207-3號5樓 電話：02-8913-1005　傳真：02-8913-1056 網址：www.acornbooks.com.tw E-mail信箱：acorn@andbooks.com.tw
發　　行	大雁出版基地 地址：231030新北市新店區北新路三段207-3號5樓 電話：02-8913-1005　傳真：02-8913-1056 讀者服務信箱：andbooks@andbooks.com.tw 劃撥帳號：19983379　戶名：大雁文化事業股份有限公司
印　　刷	中原造像股份有限公司
初版一刷	2025年7月
定　　價	580元
ＩＳＢＮ	978-626-7604-19-9

版權所有・翻印必究（Printed in Taiwan）
如有缺頁、破損或裝訂錯誤，請寄回本公司更換